德国泰特昂地区的酒花田，远处是阿尔卑斯山

捷克共和国的一处试验田种植的矮架杆酒花，背景是高架杆种植的酒花

在苏塞克斯郡的酒花干燥间是英国保存的3500个的其中一个，大多数已经改造为住所了（照片由多纳尔·雷斯科夫提供）

希尔兹堡（Healdsburg）附近的酒花干燥间葡萄酒厂（The Hop Kiln Winery）是加利福尼亚最后一个酒花干燥间，是索诺玛县曾经盛产酒花的一个见证

2011年哈拉道酒花女王维洛尼卡·斯普林格（Veronica Springer，中间）和她的宝座。克利斯蒂娜·塔尔麦尔（Christina Thalmaier），2010—2011年度的酒花女王，站在她的左边

精彩的酒花节，每三年一度的酒花与啤酒节日，在比利时的波佩林格（Poperinge）举行，是一场盛大的游行。在彩车上，孩子们穿上酒花服装坐在棚架上

位于扎泰茨的捷克酒花研究所（Czech Hop Research Institute）收集的品种资源，包括长期保存的品种可供今天培植使用

在扎泰茨市中心，40m高的“酒花灯塔”俯瞰着占地4000平方米的酒花博物馆

皮特·达尔比（Peter Darby）在惠氏酒花公司的试验田，位于邻近坎特伯雷的中国农场

惠氏酒花公司的育种袋将杂交授粉后的植株隔离起来（避免它们再次自然授粉）

泰特昂酒花博物馆二楼的人行道，可让参观者在散步时看到酒花植株顶部

在沃尔恩察赫的德意志酒花博物馆（Deutshces Hopfenmuseum），这个5米高的酒花球果能散发各种酒花的香味

虽然今天的比利时只种植少量的酒花，但是对于波佩林格在日常生活中曾占有重要的位置。上图，市中心教堂的彩绘玻璃描绘了采摘酒花的场景。下图，棚架环绕着一个巨型的酒花球果。市镇的很多街道使用其他酒花产区命名，例如萨兹

内华达山脉啤酒厂使用多个新式“酒花鱼雷”生产广受欢迎的鱼雷特酿IPA啤酒，这些鱼雷可串联起来对大型发酵罐进行酒花干投

内华达山脉啤酒厂只使用压缩酒花酿造，在使用前要先将捆包打碎

啤酒酿造
技术译丛

酒 花

啤酒酿造风味指南

[美] 斯坦·希罗尼穆斯 ◎著

崔云前 ◎主译

中国轻工业出版社

图书在版编目（CIP）数据

酒花：啤酒酿造风味指南/（美）斯坦·希罗尼穆斯著，崔云前主译. —北京：中国轻工业出版社，2023.7
（啤酒酿造技术译丛）
ISBN 978-7-5184-2248-7

Ⅰ.①酒… Ⅱ.①斯… ②崔… Ⅲ.①啤酒花—基本知识 Ⅳ.① S571.9

中国版本图书馆CIP数据核字（2018）第268838号

策划编辑：江 娟　　责任终审：张乃柬　　整体设计：锋尚设计
责任编辑：江 娟　　责任校对：吴大朋　　责任监印：张京华

出版发行：中国轻工业出版社（北京东长安街6号，邮编：100740）
印　　刷：三河市万龙印装有限公司
经　　销：各地新华书店
版　　次：2023年7月第1版第3次印刷
开　　本：720×1000　1/16　印张：18.25
字　　数：300千字　　插页：4
书　　号：ISBN 978-7-5184-2248-7　定价：80.00元
邮购电话：010-65241695
发行电话：010-85119835　传真：85113293
网　　址：http：//www.chlip.com.cn
Email：club@chlip.com.cn
如发现图书残缺请与我社邮购联系调换
231066K1C103ZYQ

《酒花——啤酒酿造风味指南》翻译委员会

主　译：崔云前（齐鲁工业大学）

副主译：庄仲荫（美国雅基玛酒花有限公司）

　　　　马长伟（中国农业大学）

参　译：吴梓萌（齐鲁工业大学）

　　　　张海梦（齐鲁工业大学）

　　　　洪　凯（中国农业大学）

　　　　李　睿（中国农业大学）

总序

中国是世界上生产啤酒最多的国家，像很多行业一样，我国啤酒行业正在朝着既大又强转变，世界领先的管理技术指标不断在行业呈现，为我国啤酒产业进一步高质量发展奠定了良好基础。

啤酒是大众喜爱的低酒精度饮料，除了大型啤酒企业外，高规格的中小型啤酒企业和众多的“啤酒发烧友”也正在助力着行业的发展。这一切为能够更好地满足人们日益增长的物质及文化需求做出了贡献，也符合未来啤酒消费需求的发展方向。

啤酒酿造是技术与艺术的结合。在相关酿造理论的指导下，通过实践，不断总结，才能在啤酒酿造上越做越好。这套由美国BA（Brewers Association）出版社组织编写的啤酒酿造技术丛书，由《水》《酒花》《麦芽》和《酵母》四册组成，从历史文化、酿造原理、工艺技术、产业动态等多维度进行了深入介绍。《酒花》的作者是著名行业作家；《酵母》的作者是美国知名酵母公司White Labs的创始人兼CEO，联合作者曾多次获得美国家酿大奖；《麦芽》的作者则在美国一家著名的“craft beer”啤酒厂负责生产；《水》的作者是美国家酿老手。这套丛书的作者们从啤酒酿造的主要原料入手，知识深入到了整个酿造过程。丛书中没有过多介绍关于啤酒酿造方面的理论知识，而是为了满足酿酒师的实际需要，尽可能提供详尽的操作指南，对技术深度的把握应该说是恰到好处。

他山之石，可以攻玉。为了更好地满足啤酒行业对酿造知识日益增长的需求，由马长伟教授和酿酒师张炜先生负责（二位分别担任翻译委员会正、副主任）组织了由高等院校、科研机构和行业企业的专业人员构成的翻译团队，除了食品和发酵工程外，还有大麦育种和水处理等专业的专家学者加入，保证了丛书的翻译质量。他们精心组织，认真工作，不辞辛苦，反复斟酌，把这样一套可读性强、适用范围广的专业科技丛书贡献给了行业，在此，我衷心感谢他们的付出和贡献，向他们致敬。

我相信，这套译丛的出版一定会对国内啤酒行业的技术发展产生推动作用。

張五九

2019年3月

译者序

本书介绍了啤酒酿造的重要原料——酒花，是一本系统介绍酒花的专业书籍，书中详细描述了酒花种植、酒花品种、酒花收获、酒花香气/苦味的化学组成、酒花制品制备以及在啤酒酿造中的应用（尤其重点介绍了风靡世界的酒花干投技术）等，内容全面，重点突出，实用性和可读性强，是啤酒酿造技术人员的必备用书，也是精酿啤酒从业人员和自酿爱好者不可多得的经典收藏，其中的世界经典啤酒配方也将是开发啤酒新产品［特别是印度淡色爱尔啤酒（IPA）］的重要依据和参考。

目前，精酿啤酒火爆全球，已成星火燎原趋势，究其原因，不外乎精酿啤酒色泽各异、口感新鲜、品种繁多、特色鲜明等特点，和大型啤酒企业生产的主流啤酒有明显的差异。除麦芽、酵母外，酒花在啤酒酿造过程中也起着至关重要的作用，不同品种酒花的组合带来了不同苦味和多种香气的变化，尤其是美国、新西兰等新世界酒花赋予的热带水果香气。多层次的酒花风味受到啤酒酿酒师、酒花爱好者的大力追捧，大有“无特色酒花、不精酿啤酒”之意，甚至有美国酿酒商采用多种酒花组合推出一系列IPA啤酒，引发了啤酒酿酒师、爱好者购买热潮……

鉴于酒花在啤酒酿造中日益凸显的重要地位，在中国轻工业出版社的牵头下，在中国农业大学马长伟教授、安益达商贸有限公司张炜先生的组织下，齐鲁工业大学、中国农业大学、美国雅基玛酒花有限公司等单位联合对*For the love of hops*：*The Practical Guide to Aroma, Bitterness and the Culture of Hops*这本书进行了翻译。具体分工为：齐鲁工业大学吴梓萌翻译了序、前言和致谢，齐鲁工业大学崔云前翻译了第1章、第2

章、第3章和第7章，美国雅基玛酒花有限公司庄仲荫翻译了第4章、第5章和第6章，中国农业大学李睿、洪凯分别翻译了第8章和第9章，齐鲁工业大学张海梦翻译了第10章和第11章。全书最后由齐鲁工业大学崔云前统稿。

由于中西方文化差异、思维方式不同，加之译者水平有限，翻译过程中难免有不当甚至错误之处，请给予批评指正，以便在今后的翻译工作中加以完善。

齐鲁工业大学中德啤酒技术中心
崔云前
2019年3月

目录

致谢

在这本书的最后一段，波士顿公司大卫·格林内尔（David Grinnell）总结道：“有些人把他们的一生都奉献给了酒花。”正因为这些人的存在以及其他人的慷慨相助，《酒花》（*For the Love of Hops*）这本书才得以及时出版。

我不知道为什么埃文·瑞尔（Evan Rail）选在一个极度寒冷的二月冒险从捷克共和国首都布拉格到一个偏远乡村去收集14°P深色特种啤酒（14° Tmavé Speciální Pivo）的配方，但我很感激他，你也应该心怀感激。我可以提供许多其他与此类似的故事，不过，我会尽量简述。

如果酿酒师出版社（Brewers Publications）的发行人克里斯蒂·斯微泽（Kristi Switzer）没有给我这个出版的机会，我就不会开始筹备这本书了。如果我的妻子达里亚·拉宾斯基（Daria Labinsky）没有对这些琐碎的工作付出努力，并为每位作家提供编辑支持，我将永远不会完成此书。

如果克里斯蒂娜·史润伯格（Christina Schönberger）、瓦尔·皮科克（Val Peacock）、汤姆·邵尔海默（Tom Shellhammer）、汤姆·尼尔森（Tom Nielsen）、皮特·达尔比（Peter Darby）、马特·布吕尼尔松（Matt Brynildson）和拉里·西多尔（Larry Sidor）不了解这么多关于酒花的知识，我或许在撰写目录之前就已经放弃了，我要特别感谢克里斯蒂娜·史润伯格，因为：（1）她发邮件告知了我一些在别处不好找到的资料；（2）让我保持最好的状态应对最近的研究；（3）在编辑过程中提供了独一无二的专业意见。

当然，我也要感谢肯·格罗斯曼（Ken Grossman）撰写了前言部分，也许更要感谢他在内华达山脉啤酒厂所开创的钻石和创新精神，所以我在内华达山脉啤酒厂不需要花费太多的研究时间，每本书的撰写想法都是在闪念间，直至变成现实。对于这件事情，第一次有这种感受是当我出席一场名为“啤酒中酒花香气成分剖析”的演讲，这场演讲是在2008年美国精酿啤酒师大会上进行的，由来自塞拉利昂内华达山脉啤酒厂的汤姆·尼尔森进行演讲，很久之后我才知道我会写这方面的书。第二次有这种感受是在与安东·卢茨（Anton Lutz）和伊丽莎白·塞涅（Elisbeth Seigner）在希尔酒花研究中心交谈时，当我觉得距离21世纪还很遥远的时候，卢茨已经在考虑酒花问题了。

我也感激约翰·哈里斯（John Harris）对酒花筛选的总结比我做得好得多，以及皮特·达尔比、马丁·康奈尔（Martyn Cornell）和克里斯·斯沃斯（Chris Swersey）提供了一系列独特的见解以及回复了不计其数的邮件。特别是盖尔·高石（Gayle Goschie）、詹森·佩罗（Jason Perrault）、佛罗莱恩·塞茨（Florian Seitz）和莱斯利·罗伊（Leslie Roy），这些人花费大量的时间向我解释我所好奇的问题，例如一位美国中西部居民种植酒花的事情，这位居民在玉米和大豆的种植区间套种了酒花。然后我要感谢拉尔夫·奥尔森（Ralph Olson）、吉姆·索尔伯格（Jim Solberg）、保罗·科比特（Paul Corbett），以及酿酒师培养小组所有成员向我解释我所好奇的另外一些问题，如酒花贸易方面的事情。另外，要向多年来展示过自己酒花的1000位酿造者表示感谢，其中七位包括：罗恩·巴契特（Ron Barchet）、伊万·德·贝茨（Yvan de Baets）、维尼·奇卢尔佐（Vinnie Cilurzo）、丹·凯里（Dan Carey）、理查德·诺格罗夫（Richard Norgrove）、泰德·赖斯（Ted Rice）以及埃里克·托夫特（Eric Toft）。

当然，我还要感谢这样一群人，当我无法找到资料以及不知道该做些什么时，你们所给予的帮助和指示。首先要感谢德国哈拉道酒花种植协会的总经理奥特马尔·温加滕（Otmar Weingarten）对我的盛情款待，同样还要感谢乌特·拉赫迈尔（Ute Lachermeier）、朱根·维斯豪普特（Jürgen Weishaupt）、米歇尔·科瓦里克（Michal Kovarik）、特洛伊·雷斯伍凯（Troy Rysewyk）、格伦·佩恩（Glenn Payne）、约翰·汉弗莱（John Humphreys）以及丽贝卡·詹宁斯（Rebecca Jennings）。

最后，我要向斯蒂芬妮·约翰逊·马汀（Stephanie Johnson Martin）和朱莉·怀特（Julie White）再次表示感谢，因为在将所有手稿编译成书籍的过程中遇到了许多的麻烦，正是因为她们的努力，本书才能够出现在大家的面前。

从2011年开始收获酒花的前几天，我和泰特昂酒花公司的总经理维斯豪普特，一起坐在泰特昂小镇的广场上观看社区乐队的表演，他给我介绍了其中一位单簧管演奏家，是之前泰特昂的酒花女王。那天早些时候，维斯豪普特已经提到：“我们愿意说，我们的生活离不开酒花。”

现在我也可以这么说了，必须要感谢我的家人达利娅（Daria）、赖安（Ryan）和西拉（Sierra）全力支持我撰写本书。

前言

当我第一次闻到酒花的芳香味道时，虽然没有准确的记忆，但我确信这个味道已经有五六次出现在我的生活中了。随着年龄的增长，我的大部分时间都是在邻居和好朋友的家中度过的，他的父亲卡尔（Cal）是罗克韦尔公司的一名冶金家和火箭科学家，也是一位熟练的家酿师。在我整个童年时期，许多个周末我都能看到他在火炉上烧一口大锅，煮沸一些看起来很神秘的药水，这种药水来自一种加有异国原料的混合物。他的临时酿造设备深深吸引了我，设备由过滤锅、软管和水桶组成，这些物品一部分来自他对妻子的厨具的增补和改装，另外一部分购自五金店，很久以前，业余爱好者已经自主研发这些东西了。直到现在，我还能清楚地回忆起偶尔发生的令人激动的溢锅，以及包容他的妻子对火炉上脏乱东西的不在乎。这种煮沸麦汁中不同寻常的香气深深吸引着我继续追寻，尽管有些人并不认同，我仍然对其刺激味、甜麦芽味以及植物酒花的芳香着迷，这种味道不同于我以前闻到的任何味道。

多年来，我经常环顾整个酿造过程，从煨着的水壶、盖盖子的瓦罐、带泡沫的塑料桶，到走廊上带着水封冒泡的一排玻璃瓶子。当年龄大一点以后，我们偶尔会被派去帮忙清洗瓶子或在装瓶的日子里盖盖子。酿酒是卡尔的爱好，并且很快也成了我的爱好。我现在理解了早期酒花的出现和酿造对我的职业生涯有多么重大的影响，并且在不久后我选择了酿造专业，并热爱不同风格的啤酒。我经常问自己一个问题：“如果我早期没有被芳香的酒花所吸引，那我现在还会成为一名酿酒师吗?”在我生命的大部分时间里，我被称为酒花狂人。虽然我喜爱并欣赏一些啤酒风格，但我总是倾向于酒花味，永远不会厌倦极好的酒花带来的复杂的芳香气息。

我的邻居开始酿造时，那时还没有优质的原料，尤其是优质酒花，只有资深爱好者才使用它们。幸运的是，他有一个朋友在一家大型国际啤酒厂工作，并不时能够收到一些来自世界各地的优质酒花“样品”，这些酒花“样品”新鲜度颇高，远远比家酿商店所买到的品质高得多，它们来自遥远的地方，比如英格兰、南斯拉夫、波兰、德国和原捷克斯洛伐克。后来，我成为了一名有抱负的家酿师，我会记得我有多么幸运，能够接触到普通人不知道也用不到的酒花，并大大提高了所酿啤酒的质量。

如果你是20世纪六七十年代的家酿师，那时候销售的都是小包装的“酒花”块，用粉红色的纸包着，标签上写着“酒花”。最多包含生长两年或三年的酒花簇，采用普通贮存方式，也就是未被冷藏的，这些很有可能是酿酒师没使用的，或者是一些库存品种。限制使用优质酒花未必与反对家酿师的提议有关，因为那时家酿啤酒仍然是非法的，家酿活动仍然处于初期发展阶段，并且很少有人能意识到把酒花提供给业余酿造爱好者的市场潜力。有趣的是，这些用粉红色纸包装的重约4oz（113.4g）的酒花块最初是销往亚洲和南美洲的，用于面包焙烤，其进入美国家酿市场只是机缘巧合，并非初衷。将酒花应用到面包中的起源有一点神秘，我已经发现在一些古老的配方中提到酒花作为一种配料有利于酵母的生长。虽然酒花一直用于增加风味，更有可能是某个人偶然发现了一个事实：酒花的抑菌特性能防止未冷藏的酵母培养物酸败。几年前，在与一位粉色酒花块供应商交谈时，他告诉我，某一年他把经典的老酒花都卖光了，不得不向客户供应新酒花，但并不受欢迎，因为其具有刺激性气味而被拒绝。他的解决方案是拆开酒花包装，把它们暴露在阳光下几周，使酒花快速老化，并驱除任何与酒花香气类似的味道。

由于在我的领域已很难找到高质量的酒花和其他的家酿用品来满足我日益增加的酿酒兴趣，所以我做了一个决定——1976年在（美国）加利福尼亚州的奇科市开了一家自己的家酿商店。那一年，沉迷于酒花在啤酒中扮演的角色，我去了华盛顿的雅基玛旅行。我结识了私有酒花种植农场的农场主，以及一位刚接触酒花贸易的精力充沛的年轻人拉尔夫·奥尔森（Ralph Olson）。家酿商店规模太小，以至于我无法购买任何一种标准的200lb（90kg）包装，我和他们说各自打成100多个包卖给我，把他们种植的每一个品种都做成酿酒师喜欢的1lb（0.45kg）包装。从众多的包装中取出25或50包作为样品，提供给啤酒厂用于质量评价。那时候，美国酒花工业仍然只是集中在少数几个品种，首选的是球果饱满、性质稳定以及宜于贮存的花簇。我记得在第一次旅行中购买了纯金（Bullion）、北酿（Northern Brewer）和酿金（Brewer's Gold）三种酒花。后来，我从俄勒冈州购买了一些卡斯卡特（Cascade）和威廉麦特（Willamette）酒花，因为华盛顿地区还没有种植。我们最近刚刚宣布，卡斯卡特酒花将是内华达山脉啤酒的标志。我将货物装满丰田车开回奇科老家，内心因购买的新酒花而狂喜。当然，从新收获的酒花球果中散发出的酒花油香气更是令我欣喜若狂。同年晚些时候，我还与欧洲供应商建立了直接联系，为家酿实验的酒花品种打开了一个全新的世界。

尽管我对酒花的热爱只限于对它的历史、培育和使用等，但在历史上的几个关键时期，人们经常忽略酒花是必不可少的酿酒原料。当我1980年开始商酿时，美国富含酒花风味的啤酒几乎消失殆尽，仅有少量进口啤酒和早期的几个产品（例如雷尼尔山爱尔和具有酒花油风味的百龄坛啤酒）富含酒花风味，这些品牌的销量急剧下降，我亲眼目睹了这些品牌的重新调整，并失去了一些酒花风味，如此对年轻人或辨识力不足的消费者更有吸引力。总的来说，随着麦芽的使用和酒花品质的普遍下降，随着向颜色更浅、缺乏特色的贮藏啤酒转变，啤酒正在走向同质化和淡爽型的道路。由于啤酒厂极力生产不突出味觉敏感性的啤酒，酒花在大多数啤酒中都处于次要地位。

弗里茨·美泰格（Fritz Maytag）可能是第一位专注于酒花的美国精酿啤酒师，紧随其后的是像我这样的第一批精酿啤酒师。弗里茨起始于家酿的背景，让我们日益欣赏富含酒花的啤酒。近几年，精酿啤酒师进一步关注酒花，改变酒花的传统使用方法，并普遍追求“酒花香气”。就在几年前，美国和全球范围内成熟的酿酒师都回避这种刺激性、非典型的香气，而如今却受到精酿啤酒师的全力推崇。

该书是关于酒花的一些概述，在一定细节层面将会引起历史学家、化学家和酿造者的共鸣。斯坦·希罗尼穆斯（Stan Hieronymus）的详尽研究追溯了许多传统的和最近开发品种的历史和演变，这些品种得到了精酿师的接受和支持，同时他还对驱动行业发展的动态进行了大量分析。斯坦·希罗尼穆斯也对酒花的家族谱系提出了自己深刻的见解，以持续满足酿酒师不断变化的需求。该书是一本技术专著，学术研究性强、注释清楚，以深入中肯的方法研究了酒花的应用和历史，专为酿造行业从业人员和酒花爱好者度身打造。

肯·格罗斯曼（Ken Grossman）

内华达山脉啤酒厂（Sierra Nevada Brewing Co.）创始人

绪论

二十一世纪的酒花

每年八月，为了收获即将成熟的酒花，来自德国巴伐利亚哈拉道（Hallertau）酒花产区的3000位农民会在位于沃尔恩察赫（Wolnzach）中心的大帐篷中休息一晚，在这里他们会订购丰盛的节日美食，听传统的铜管乐队，碰啤酒杯，并选举出新一届的哈拉道酒花女王。在2010年赢得这一荣誉的克丽丝蒂娜·萨尔迈耶（Christina Thalmaier）说："对于每一位酒花种植者的女儿们来讲，这都是她们的梦想；对于每个女儿的父亲来说，这也是一个梦想。"

该活动也会邀请来自德国其他地区的酒花女王、啤酒女王以及酿酒大师。不同酒花培育机构的代表们穿着巴伐利亚最好看的盛装，而每一位啤酒女王的候选人都必须来自酒花种植者家庭，她们需要回答各种各样的问题，有酿造技术的问题，也有关于酒花的问题。萨尔迈耶说，当她母亲带她去家族的酒花苗圃时，她还只是个孩子。在她六岁的时候，她开始修剪和培育酒花，用一根绳子按顺时针方向将它们固定。她说："当我年轻的时候，我非常讨厌这份工作。虽然不明白其中的原因，但这是年轻时必须要做的工作。"

获得2011年酒花女王的薇罗尼卡·施普林格（Veronika Springer）帮助照料位于沃尔恩察赫南面车程15min、大约40英亩（$0.16km^2$）的家族酒花苗圃。她在小镇的$NATECO_2$工作，每年大约可生产10000t酒花浸膏。她将酒花颗粒制成稠膏状，采用听装或圆桶装，这一点也不像施普林格加冕后所佩戴的酒花球果花环。

晚上，施普林格被选为酒花女王。我绕着$NATECO_2$走了一圈，短暂的步行后，回到了霍普芬金宾馆。我试图想象40年前的庆祝活动该是什么样子，当时哈拉道有6000多名农民种植了酒花，而现在只剩下不到1200人。这家还经营着许多其他产品的工厂是忙碌的，85名员工几周内每天要工作三班，且还需要八个多月的时间来处理哈拉道产区三分之一的酒花。

在捷克的扎泰茨（Žatec，德语为Saaz）开始了我的一天，雾气覆盖着捷克萨兹（Saaz）酒花的苗圃，直到我越过酒花园，距离比尔森（Pilsen）还有一半路程时，阳光才穿透薄雾。在通往美茵堡（Mainburg）的路上，我走过一段酒花田，很快就穿过了哈拉道酒花产区的几百英亩（1英亩≈$4047m^2$）地和成千上万的绿色球果区域，经由德国酒花街转向由沃尔恩察赫的途中，又经过了非常多的酒花加工厂。

几周内，每英亩地能平均生产8包酒花，当它们并排堆积在一起时，它们占据的空间不足4ft×4ft×8ft（1.2m×1.2m×2.4m）。随后，这些包装好的酒花球果被加工成颗粒，然后颗粒被加工成浸膏。酒花颗粒的占用空间只是球果包装的一半，一英亩酒花制成的浸膏适宜放入45gal（170L）的圆桶内。

在21世纪，共存有两种不同形态的酒花：一种是传统农业的著名产品，能赋予酒花产地所独有的口感；另一种是几千克装的α-酸商品。上述情况既适用于能赋予啤酒香气和风味的酒花，也适用于只提供苦味的酒花，尽管其苦味值可能很低。没有这样的平衡，酒花生意是不可能延续的。

在农民首次种植高α-酸酒花的20多年后，2011年它们占据了哈拉道产区产量的一半左右。佛罗莱恩·博根斯伯格（Florian Bogensberger）记得，他的父亲迈克尔（Michael）和其他哈拉道的种植者们在开始种植来自美国和英国的天然金块（Nugget）酒花和目标（Target）酒花之前，已经考虑过产量了。1977年，博根斯伯格从巴斯（Barth）家族手中购买了大约350英亩（$1.42km^2$）的农场，其中160英亩（$0.65km^2$）专门种植酒花。博根斯伯格说："一方面，这里的人无法确定种植高α-酸酒花是不是一个好主意，如果种植太多必将淘汰其他的品种；另一方面，我们与市场的联系并不密切。"不久之后，希尔（Hüll）酒花研究中心推出了“马格努姆（Magnum）”酒花和“道如斯（Taurus）”，这是德国首次培育的高α-酸含量酒花。

一条位于沃尔恩察赫和薇罗尼卡·施普林格农场之间的小路弯弯曲曲地穿过了一个又一个酒花院子，偶尔也会穿过绿化带，绿化带提供了自然保护，使酒花免受自然风的破坏。在他们的邻居成为酒花女王的两天后，亚历山大·费纳（Alexander Feiner）和他的父亲欧文（Erwin）做好了收获酒花的准备。生于1985年的亚历山大是种植酒花的第六代农民，七岁便在收获酒花时开拖拉机，当时哈拉道酒花种植者是现在的三倍多，他是青年酒花种植者协会主席，该协会有350名成员。

在去往沃尔恩察赫附近费纳酒花农场和施普林格酒花农场的路上（在其他农场之间）

他说：“对于青年种植者来说，信息的获取是很重要的，因为这与未来的一切息息相关。”2008年，他访问了位于华盛顿雅基玛山谷的农场，并立即明白他需要赶回来。他说：“当我看到这些大型的农场时，我才意识到，你必须知道你最大的竞争对手是如何对待酒花的。”

按当地标准来看，位于雅基玛地区的塔本尼许（Toppenish）西边的佩罗（Perrault）农场其实并不大，但是其750英亩（3km^2）的土地面积大约是德国费纳农场的六倍。詹森·佩罗（Jason Perrault）是1971年出生的第四代农民，当他五岁的时候，他已经开始使用麻绳缠绕酒花。在培育酒花的同时，他也是这个农场的销售副总裁，这让他对未来有了不同的看法，其中包括利于环保的低架杆酒花、有机酒花和新的专利品种，这些品种赋予了它们如今梦寐以求的风味和香味，但在其培育初期时却被认为是不受欢迎的。

他说：“酒花生意的延续有着各种各样的因素。如果我们种植的每一种品种都是一种商品，我们就不会在商界继续停留下去，但特殊的品种有助于维持经营。”佩罗农场中大约一半的酒花已升级为“超级α-酸酒花”。佩罗说：“这里需要α-酸，因为我们在世界各地有一批有价值的客户，我们想要满足他们的需求。”

高α-酸/苦味的酒花在世界酒花种植中占了61%，其中76%的α-酸的产量作为商品交易，这些高α-酸酒花品种之间的特性差异是值得考虑的。500多年前，酒花商人们来到德国法兰克尼亚（Franconia）的司派尔特（Spalt）小镇，买家们就会基于酒花的香味来评价酒花。自1877年以来，《巴斯报告》（*The Barth Report*）几乎每年都出版，并于19世纪70年代开始区别香型酒花和“具有苦味价值”的酒花。

1991—2011年间，全球范围内的香型酒花种植面积减少了49%，α-酸酒花种植面积下降了5%，但是由于农民种植了产量更高的品种，而这些品种含有更高比例的α-酸，所以全部的α-酸酒花产量增加了59%。对于那些购买香型品种的啤酒商们来说，这些都不是特别好的趋势，但是人们对2011年《巴斯报告》中所提及的“风味酒花”的兴趣暗示了变化。这些都是酒花，比如来自澳大利亚的银河（Galaxy）酒花或来自美国的西姆科（Simcoe）酒花和西楚（Citra）酒花，它们都有强烈的、独特的品质，这些独特性在几十年前是不受欢迎的，事实上，到今天为止也没有被普遍接受。

美国精酿啤酒厂使用这些酒花或其他酒花的数量要比其他啤酒厂大得多，而且这种趋势已经蔓延到其他国家。尽管美国精酿啤酒在2011年的啤酒销量中占据的比例不到6%，但是他们所使用的酒花60%是在国内种植的。巴特哈斯（Barth-Haas）集团旗下酒花供应商John I. Haas公司董事长亚历克斯·巴斯（Alex Barth）说：“酷爱精酿的酿酒师们将酒花的注意力主要集中在该农作物本身。”

美国精酿啤酒厂酒花的使用量（磅/桶）

啤酒厂产量	2007年	2008年	2009年	2010年
小于2500桶	1.75	1.19	1.44	1.79
2500~25000桶	1.26	1.42	1.03	1.27
大于25000桶	0.84	0.85	0.93	0.94
所有啤酒厂	0.93	0.92	0.95	0.98

来源：美国酿酒师协会（BA）。

注：1lb=0.45kg。

2012年初，巴斯曾预测在接下来的十年，香型酒花的种植面积可能占据美国种植面积的一半，而2011年的这一比例仅为30%。他说："我的一项预测是，若想满足客户的需求，种植面积将会超过一半以上。我对这个行业（种植者）的告诫是，你无需去追赶酒花潮流，你需要一个平衡的投资组合。"

通过以α-酸的含量尝试进行酒花品种分类，其结果可能是混乱的。酿酒师们明白，它们必须长时间地煮沸酒花才能萃取苦味的异α-酸，但在此过程中，产生香气和风味的酒花油将会多半流失，故他们在此过程中会较晚加入香型酒花。添加苦型酒花和香型酒花时，也可能包含"风味酒花"。在煮沸初期或煮沸结束用的某些酒花品种有"双重作用（苦香兼优）"。尽管在煮沸结束时，有些酿酒师们使用所谓的香型酒花或高α-酸酒花来增加苦味。收入巴斯"风味"酒花目录的许多产品都比30多年前的任何一种酒花有更多的潜在苦味。

20世纪70年代中期，欧洲经济委员会曾考虑标明"香型酒花"和"高α-酸酒花"。根据气相色谱分析，"香型"酒花的定义是酒花成分中α-酸含量较低（小于7%），其余的酒花品种都被分类为"高α-酸酒花"。1976年，Wye学院酒花研究部门的劳斯（D. R. J. Laws）在年度报告中反对这项提议，他指出英国酿酒师们的经验是干投酒花，即在发酵后添加部分酒花，他报告说他们当时已经拥有了更新的高α-酸酒花品种，这些品种通常会带来更令人满意的酒花香气。

他推断，"所有用于商业种植的酒花都含有酒花油和α-酸，因此能够给啤酒带来酒花特点和苦味。酒花中α-酸的含量与酒花油成分或总含量之间没有必然的联系。人为试图将酒花分为香型酒花或煮沸锅用酒花，这显然是没有任何实用价值的[1]。"

因为它们的定义可能是模糊的，所以专业术语是不可避免的。例如，英国最著名的酒花种植者托尼·瑞德赛尔（Tony Redsell）仍然把诺斯登（Northdown）酒花称之为"双重用途酒花（苦香兼优）"。他于2011年8月说道："我是一名香型酒花种植者。"这时他正准备收获第64号酒花。

1878年，英国农民种植了71000英亩（288km^2）酒花，大部分都位于东南部，如今回想起来，那时大约有3500个烘干室，通常这些烘干室是独特的圆形建筑，有白色的圆锥体和通风帽，它们分散于整个城市中，其中最著名的城市是肯特郡（Kent）。然而，这些曾经用于晾干酒花的建筑，现在已变成了昂贵的、时髦的住宅，其中只有大约2500英亩（10km^2）地仍种植酒花（占肯特郡地区一半），在瑞德赛尔的3000英亩（12km^2）农场中，只有200英亩（0.8km^2）种植酒花。他说："这是很辛苦的工作，但又怎样呢？当你把它融入血液里的时候……可能只有50余人留在英国，但我们是一群坚强的人。”

英国酒花种植者发现了与德国或美国不同的现象。瑞德赛尔说：“α-酸酒花市场不是一个卖方市场。”过去三年，酒花供应大量过剩。1970年，英国农民仍然有17000英亩（69km^2）地，当时目标（Target）酒花是世界上第一个高α-酸的酒花品种。现在，该酒花的香气特点受到了赞赏，英国酿酒师使用该酒花的数量通常占据了英国酒花产量的四分之三。

克里斯·道斯（Chris Daws）是一位自己种植酒花、在合作社中能代表37名种植者，在合作社中任销售总监，他说：“用本地原料酿啤酒很重要，苏塞克斯（Sussex）的酿酒师就用苏塞克斯酒花。”道斯了解各地的酒花。他只种植了8英亩（3.2hm^2）酒花，这在司派尔特地区是很小的，在哈拉道或雅基玛地区也是很小的。Botanix是世界最大的酒花供应商巴特哈斯的一个部门，专门从事提取、加工和销售各种高端或下游产品。

需要记住的专业名词

要写一本酒花书，而不包括饮酒者或酿酒师很少使用的专业名词几乎是不可能的，例如反式异葎草酮。当它们出现在文章中时，应当注明其含义。然而，还有一些更经常出现的词汇也应该要明确。

α-酸与异α-酸：酒花中含有的α-酸并不苦。当它们在煮沸时异构化为异α-酸时就会变苦。

酒花球果，整酒花：未加工的酒花（它们是干的或成包的，否则就会腐烂）。

常见的或传统的酒花添加：以整颗酒花或颗粒酒花方式添加，它们与酒花球果含有相同的蛇麻腺和绿色物质。

精酿啤酒：本书采用美国酿酒师协会为精酿啤酒和精酿啤酒厂所作的定义。你可以在下面的网站中找到：www.brewersassociation.org/pages/business-tools/craft-brewing-statistics/craft-brewer-defned.

酒花类型：除了球果和颗粒，酿酒师们还有其他很多的选择，包括酒花浸膏和广泛的高端产品，每一类型都有不同形式。

气味：气味是一些化合物的综合反应，经过大脑处理反应为芳香。

捷克类型酒花：萨兹（Saaz）、司派尔特（Spalt Spalter）、泰特昂（Tettnanger）和卢布林（Lublin）在基因上是相似的，有时把它们有意识地分为同一组。

他说："你不能把自己的酒花和市场规律分开。酿酒师们是聪明的，如果有替代品，他们会选用更加便宜的东西。"

他的五个孩子都是在酒花收获中度过了自己的假期，他希望有一天会有人接手他的农场。他的曾祖父曾管理着200英亩（0.8km^2）酒花，是该地区第一个将酒花进行架杆的人。2009年，他的朝圣者（Pilgrim）酒花赢得了英国酒花竞赛总冠军；2010年，他的海军上将（Admiral）酒花因其高α-酸含量而荣获最佳销售样品。

他很感激酒花本身不是最终产品。他说："当你看到酿酒师们使用那些酒花时，使用你种植的酒花来酿造大众喜爱的啤酒……这种感觉会融入你的血液中，一整年你都会围绕着它……你总是在想七月能下场好雨，即使它会妨碍你的假期。"

瑞德赛尔仍然每周花2天或更多的时间在他的酒花园内散步，寻找潜在的问题。他说："对我来说，酒花就是我的生命，如果早上起床没有一点研究酒花的想法是很可怕的。我倾向于更多地考虑酒花而不是啤酒，对我来说，啤酒是酒花的副产品。"

几周之后，即酒花收获即将开始的几天前，亚历山大·费纳还有许多事情要做，包括担心天气情况。他说："对于酒花来说太热了。"在酒花干燥过程中，使用计算机系统可以轻松监测到酒花中残留的水分含量。他说："最好的计算机仍然是你的手掌。"他摸了摸自己的拇指，挤压想象中的酒花球果——我一遍又一遍地看着这重复的动作，就好像是农民与生俱来的一种神经紧张，佩罗说，每当他走过一片酒花产区时，他就会不断地重复相同的事情，即摘下球果、掰开、细闻。

费纳谈到了更多关于技术、市场营销以及其他年轻的酒花种植者们需要考虑的商业行为。他有很多想法，这些想法都是从他与酒花的关系中产生的。

当他开始描述时，弯曲起左手指到右手腕，将指甲划到肘部，然后迅速回到右手腕上。他又做了一遍，然后解释道："他们说，无论谁被酒花所伤，也不会逃离它们。"

扪心自问：你想写一本关于酒花的书吗？

我什么时候感觉到自己有麻烦了呢？也许是我们在谈论20世纪90年代初创造的酒花香气单位所付出的努力时，内华达山脉啤酒厂的汤姆·尼尔森说："今天就要有人拿博士学位了。"或者在六个月之后，与酒花咨询有限公司的瓦尔·皮科克讨论酒花中确切化合物的来源，他说："这将是一个好的博士论文题目。"

事实上，这可能是在密尔沃基（Milwaukee）的一个晚春时节，米勒康胜（Millercoors）公司酿造与研究副总裁大卫·瑞德（David Ryder）坐在啤酒厂技术中心会议桌的最前面，坐在对面的帕特里克·丁（Patrick Ting）、杰伊·雷福陵（Jay Refling）和帕蒂·阿伦（Pattie Aron）都是像瑞德一样的理论和实践水平的专家，以及坐在我左手边的特洛伊·雷斯伍凯（Troy Rysewyk）是中试啤酒车间的经理。

这是一个提出问题的地方，会议桌四周的人经常这样做。瑞德说："我们从不接受别人告诉我们的事，我们总是问那些愚蠢的问题，但他们中的一些人没有得到任何答案。"

他们回答问题且问了一个新的问题。瑞德说："你回到20年前，人们接受了关于酒花的想法。"这就解释了为什么最近出版的文本信息可能过时或不完整。他说："研究的重点是证明已知的东西。"

在一篇评估高端酒花制品对香气和苦味影响的论文前言中，比利时研究人员提供了大约2010年前后核心的知识总结。菲利普·范·奥普斯太尔（Filip Van Opstaele）和他的合作伙伴写道："如今，人们很容易理解酒花中的α-酸衍生出苦味的化学过程，因此在酿造过程中，啤酒的苦味是可以控制的。当使用高端的苦味制剂时，这种方法是正确的……啤酒厂可以用这种方法来增加啤酒的苦味，并能在贮存中提高苦味的稳定性。"

一直以来，酒花香气几乎没有得到很好的诠释。"这一差距可以归因于化学成分的极度复杂性和酒花油本身的品种依赖性，以及在酿造过程中发生的酒花油成分的变化和损失。因此，鉴于啤酒风味的再现性和足够稳定性，不一致的酒花香气代表了一种严重的质量问题[2]"。

米勒康胜啤酒厂使用高端酒花制品酿造了许多啤酒。瑞德说："我们将酒花看待成一种工具，我们认为使用其他酒花制品不属于欺骗行为。"许多酿酒师们（包括家酿师）可能永远不会采用任何形式的酒花浸膏，但是所涉及的化学过程和所要回答的遗留问题都是一样的。

阿伦说："有很多事情需要去做，许多人也知道这些事情，但并不是所有的人都在谈论他们所知道的事情，人们在追问这些零散的事情，我认为没有人会把它们放在一起。"

在俄勒冈州立大学完成了博士学位之后，她去了米勒康胜啤酒厂工作，她对那里的啤酒文化很熟悉，其酒花香气与风味的"平衡"与世界上最大的啤酒厂的要求有所不同。她说："在日本、德国或其他地方，人们对于酒花或干投酒花都感到兴奋，他们想要了解美国的酒花。”

本书解决了这个问题，但如果就此打住，那便是目光短浅的。本书的目标读者是那些以镑为单位购买酒花的微型啤酒酿酒师们，他们对世界啤酒产量的贡献非常小，但是因为添加酒花数量较多而对酒花消费的贡献却很大。酒花行业里的人们都很关注一些新颖的、大胆创新的酒花品种，也比以往更加关注酒花香气。

六年前，德国酒花种植者协会主席约翰·丕氏迈尔（Johann Pichlmaier）谈到了一位经受挫折的农民经历，即酒花的价值是基于其潜在的苦味。他说：“我们不喜欢只讨论酒花的α-酸含量。”当重读旧笔记本中的标记时，我意识到只讨论酒花的特有香气将是一种错误，因为我还记得意大利酿酒大师安东尼奥·特尔尼（Antonio Terni）在《偶然的鉴赏家》（*Accidental Connoisseur*）中所说的话：“我只能说，美国人喜欢向玻璃杯中倒入过多的啤酒，总是倒得过多。除此之外，如果我们生活在美国，在杯中倒入啤酒较多而泡沫较少也不一定是美国人的错。[3]”如果用粗犷的画笔来描绘风味多变的美国啤酒，那就太傻了，但如果每个人都喜欢啤酒，那么新的酒花潮流也就不那么有吸引力了。

回到密尔沃基的会议桌上，瑞德考虑了最基本的问题：还有多少东西要学习？需要多长时间学习？他摇了摇头。

“我们确定还没有答案。”

他笑了，我试着也笑了，这不是你在写书的时候想要听到的答案。

关于本书

协同作用和感知，两者都不是容易测量和解释的，但是它们是讨论任何酒花问题的关键。当酿酒师、育种者、农民、酒花加工者和消费者们开始关注酒花的任何特殊方面时，其影响就会波及整个生产过程。本书从酒花种植的历史或涉及的化学成分开始，从该领域的一个新时期开始，或从酿酒师们汇编的配方开始。

就像大多数关于酒花资料的通用写法一样，本书以酒花香气开篇。第1章讲述了酒花油、气味化合物的产生，以及人类感觉系统和大脑如何将气味转化为香气。英国Wye学院酒花研究部门的皮特·达尔比说：“酿酒师们想要一份‘酒花油和风味相匹配的清单’，这并不是一件简单的事情。”当科学家们了解到嗅觉是如何工作的，并与我们所说的味道联系在一起时，它就变得更加复杂了。

第2、3章描述和展望了酒花这种植物的过去和未来。如果这本书被称为《酒花的浪漫追求》（*Romancing the Hop*），它将包含更多的历史信息。这种植物有着很多迷人的故事，从第2章的讨论开始，讲述了它是如何成为啤酒中必不可少的成分的。一份完整的酒花历史是本书容量的两倍多；扎泰茨的捷克酒花博物馆面积有4000m^2，几乎不涉及波西米亚以外的任何东西。培育、耕种和贸易的历史都可以是独立的书籍，我当然也会购买一本只介绍当地酒花品种的书，可能是一本完全关于英格兰哥尔丁（Golding）酒花及其姊妹酒花的书。相反，这一章详细介绍了酒花是如何作为一种重要原料出现的，以及酒花培育极大改善生长条件之前，已赢得名气的酒花品种。关于酒花新品种和未来的讨论自然会直接引起对酒花育种的关注，这是第3章的主题。与创造“风靡一时的酒花风味”相比，了解市场还有更长的路要走。

本书第4章和第5章讲述了农场中酒花种植、收获和烘干的问题。酿酒师们称球果（甚至是颗粒）为酒花，但植物本身也让查尔斯·达尔文（Charles Darwin）着迷。酒花追随着太阳的脚步，每天生长1in（2.5cm）。由于植物的生长和开花依赖于白昼时间的长短，故这种植物只在特定的纬度生长，而最近的科学家们已经能够解释为什么植物的生长改变了球果自身的特性。农民的工作是在收获和干燥时进行的，而在测定酒花的酿造质量方面，烘焙与其他任何阶段的生产一样重要。小型啤酒厂可能没有足够的资源派代表到酒花种植区去挑选特定的酒花，但是了解其选择的过程是很重要的。2012年，在离开创办自己的啤酒厂之前，约翰·哈里斯带领满帆酿造公司（Full Sail Brewing）的精选团队20年，提供了一步步的指导，以选择最佳的酒花。

尽管现在很多人能够接受二氧化碳酒花浸膏，大多数传统的酿酒师只使用“整”酒花，也就是球果或颗粒。第6章是酒花制品，包含了酿酒师们使用酒花的所有形式的总结，提供了关于105种酒花的重要信息和描述。

第7章讲述了酒花在啤酒厂中的应用，三分之一的内容为酒花化学；萃取、计算、检测和预判苦味；在整个酿造过程中，不同酒花添加量会带来的不同结果；酿酒师们可能会将酒花利用率最大化。第8章专门研究干投酒花，即酿酒师们如何在后发酵中添加酒花以及他们如何考虑所有的变量。第9章包括波士顿啤酒公司总酿酒师大卫·格林内尔（David Grinnell）所称的“实用性、不花哨的细节”，包括酿酒师们可能会采取的质量保证措施，酒花对于保持啤酒质量的好处以及可能的失误。

在第10章中，酿酒师们提供的配方说明了他们是如何使用酒花的。为了广泛探究不同类型酒花的作用，就需要另外一本书，这也是这些酒花风格值得出书的原因。相反，接下来的配方说明了一些酿酒师们是如何在我们真正感兴趣的啤酒中加入酒花的。这些包括狂热加入酒花的啤酒，但是那些寻找有关印度浅色爱尔啤酒（IPA）信息的人，尤其是那些关注酒花共性，特别是香气的人，应该考虑米奇·斯蒂尔（Mitch Steele）的著作《印度浅色爱尔：酿造技术、配方以及IPA的发展》（*IPA*：*Brewing Techniques*，*Recipes and the Evolution of India Pale Ale*）。

19世纪晚期，一位不受赞誉的英国作家评论道："流行是一种奇怪的怪胎，这也让酿酒师们为接下来发生的事情做好相应的准备。"酒花的未来不仅取决于啤酒未来的流行趋势，还取决于酿酒师们与酒花行业的交流方式、进一步的科学发现以及其他因素。酿酒师在啤酒中所占的比重相对较小，但酒花在啤酒中所占的比重很大，这种情况可能会再次发生变化。没有关于未来流行的预测，但也有一些参与者的想法会直接影响到"接下来会发生什么?"

注：加工者通常基于α-酸的含量将酒花浸膏包装于圆桶中。最常见的是，高产α-酸的品种产量往往较高，故被提取出来。因此，在美国的海库莱斯或哥伦布产区，将会产生非常多的桶装酒花浸膏，直到现在仍然如此。一英亩地的7m（几乎23英尺）高的酒花大约有一百万立方英尺（2.83万立方米）。世界上大多数的酿酒师们只对其中很小的一部分感兴趣。

[1] D.R.J. Laws，"A View on Aroma Hops，" 1976 Annual Report of the Department of Hop Research，Wye College（1977），60–61.

[2] F. Van Opstaele，G. De Rouck，J. De Clippeleer，G. Aerts，and L.Cooman，"Analytical and Sensory Assessment of Hoppy Aroma and Bitterness of Conventionally Hopped and Advance Hopped Pilsner Beers，" *Institute of Brewing & Distilling* 116，no. 4（2010），445.

[3] Lawrence Osborne，*Accidental Connoisseur*（New York：North Point Press，2004），19.

1

第1章 酒花与香气

BB1的传奇，为什么你闻起来像西红柿，而我闻起来却是热带水果

1917年的春天，在距伦敦东部60英里（96.5km）的帝国理工学院Wye校区中有一个苗圃，苗圃里第一个山丘的B行B列（BB）里，欧内斯特·史丹利·萨蒙（Ernest S. Salmon）教授种植了一株雌性酒花。萨蒙根据所有育种材料在苗圃中的位置，将它们重新划分。首先，他将行与列依次标记为A、B、C等；于是便出现了所谓的AA、BB、CC等位置。当他把一株野生型马尼托巴酒花（Manitoban）种植在第一个山丘的BB位置中时，这株酒花便被命名为BB1。BB1在1918年夏初成熟，7月开花，逐渐形成了体积略大的、表面粗糙的、摸起来有点尖锐的锥形球果，许多酒花还带有多余的叶状分枝。在秋季，萨蒙收获了由酒花球果产生的种子。

1906年，萨蒙在Wye校区中负责酒花的培育工作，两年后，学校开始了此项目的研究。作为一名植物病理学专家，他在白粉病的研究中已有显著成就，但是他并没有将工作重点单一地放在抗白粉病品种的培育上。1917年，他向伦敦酿酒协会提交了一篇论文，论文显示了他的主要目标，即将美国酒花（包括某些已经发现的野生型酒花）具有高树脂含量的特点与欧洲酒花具有香味的特点相结合，这项计划引领酒花迈向了一个崭新的方向。

20世纪初期，美国酒花种植户每年出口的酒花都超过1000万lb（14.54×10^3t），其中80%出口到了英国，在使用酒花的同时，大多数酿酒师也会适当利用酒花的防腐功能。由于美国的酒花品种含有较高的α-酸，故比英国的酒花品种具有更高的“贮藏能力”。1862年，尽管有人在《爱丁堡评论》（*The Edinburgh Review*）上严厉批判了美国酒花，但世人对美国酒花的观点并没有发生真正的改变，评论中写道：“可以用几句话驳斥美国酒花，就像美国葡萄一样，它们从无人看管的贫瘠土壤中散发出了一种下等的、令人讨厌的气味，然而无论多么小心，它们迄今为止都成功中和了这些味道。在我们的市场中，除短缺季节和不寻常的高昂价格以外，美国酒花想要与欧洲酒花一争高下是没有机会的[1]。”

富勒奇思维克啤酒厂啤酒配方如图1.1所示。

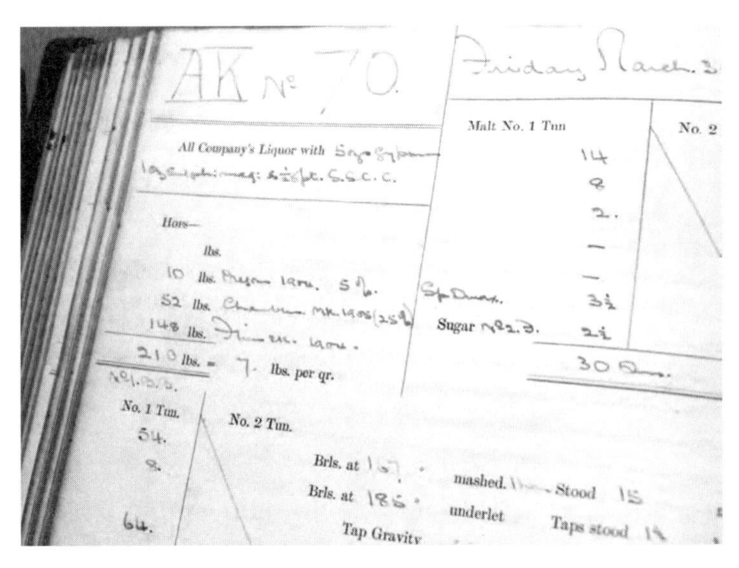

图1.1 富勒奇思维克啤酒厂酿酒主管约翰（John Keeling）在办公室中的书架上摆放着一本如上图所示的配方书［配方表明富勒奇思维克啤酒厂在1906年酿造*AK no. 70*啤酒时使用了5%的俄勒冈（Oregon）酒花］

当萨蒙收到加拿大著名园艺学家马孔教授（W.T.Macoun）采集的来自马尼托巴南部、莫登小镇小溪旁的野生酒花枝条后，萨蒙将雌性美国科拉斯特（Cluster）酒花与雄性欧洲酒花进行异花传粉，同时也将雌性欧洲酒花与雄性美国科拉斯特酒花进行异花传粉。马孔教授写信道：“小镇中的年长者曾告诉我，这片区域从来没有引进过酒花种植，那些沿着小溪茂盛生长的野生酒花被大量移植到小镇中，尤其是沿着栅栏和车道，以覆盖那些不雅观的地方。”[2]

BB1并不能适应这个新的环境，于1918—1919年的冬天死去。在苗圃中，从BB1裁剪下来的两条枝条也未能长时间幸存下来，这也就代表了BB1的幼苗注定是与众不同的。

因为无法培育出真正的种子，所以农民和育种者们通过剪枝来繁衍酒花后代；每一株幼苗在遗传学上都是独一无二的。19世纪中期，奥地利神父格雷戈尔·孟德尔（Gregor Mendel）的研究（此研究直到1900年才被世人承认）表明：某些性状可能出现在后代中，且这些性状与亲本表现不同，这一观点与查尔斯·达尔文理论相悖。孟德尔的遗传定律为培育新品种奠定了基础。BB1的种子是自由授粉生成的，它们都是杂交品种，这在酒花的培育过程中并不罕见。尽管如此，每株酒花的父本也都有可能是哥尔丁酒花或富格尔（Fuggle）酒花。

从1919年起，萨蒙在温室中培育了上百株BB1的后代，在1922年，其中某些BB1从校区苗圃中移出，同时也包括山丘上位置C9和Q43的每一株酒花。由于先前的C9植株有成功的希望，他将下一株酒花命名为C9a。到了1925年，该植株由于硕果累累而引起了人们的注意，无论人们何时打开或摩擦任一球果时，摸起来都会产生像黄油一般的油腻感。萨蒙迅速繁殖了C9a，并在多地加大种植力度，很快就培育出了足够多的球果，用于每年的酿造试验。位于附近东马灵研究站（East Malling Research Station）的分析师们在那里种植了更多的试验田，他们运用了一种基于α-酸和 β-酸的公式，根据其比值来判定C9a的防腐价值，萨蒙称其为酿金（Brewer's Gold）酒花。C9a和Q43始终比那些α-酸和β-酸比值最高的进口美国酒花品种要更高。

酿造试验取得了喜忧参半的结果。在肯特郡啤酒厂进行了一项测试之后，该公司总酿酒师C.W.Rudgard写道：“为了便于比较，他们混合使用了美国俄勒冈酒花与捷克波西米亚萨兹酒花，比较他们所酿造的成品爱尔啤酒后发现：使用C9a酒花所酿造出来的啤酒在任何方面都与使用‘俄勒冈酒花与捷克萨兹酒花混合物（Oregon-Saaz）’所酿造出来的爱尔啤酒差不多；但当从两种爱尔啤酒的酒花香气和风味角度考虑时，使用C9a所酿造出来的爱尔啤酒在酒香上更加突出[3]。”分别用C9a酒花与东肯特郡酒花做了相类似的测试实验，也是以C9a酒花酿造啤酒的得分更高。

然而，Wm. Younger 公司的福特（J.S. Ford）声称C9a不适合生产浅色爱尔啤酒，尽管他断定：当少量使用或混合使用C9a酒花时，由于其防腐效果，在某些地区可能会令人满意。其他酿酒师使用的是没有提供酒花风味介绍的品种，例如俄勒冈酒花、美国（American）酒花和美国唐（American tang）酒花。有时能区分出美国酒花（American）与马尼托巴（Manitoba）酒花的香气，而有时又只能感受到马尼托巴酒花的“辛辣香气”。

1934年，萨蒙将酿金酒花用于商业种植，并于1938年推出了名为纯金（Bullion）酒花的Q43。在美国和加拿大，农民迅速种植了此品种，在美国此品种的α-酸为8%~10%，但是在英国，该酒花从来没得到广泛认可。目前还不清楚酿酒师是否会拒绝使用它们，因为他们简单地认为该酒花特点尚有争议或只是有差异，但是口味粗糙。有人说，“在许多酒花品种中，美国酒花的普遍特点在于它比欧洲酒花具有更强烈的苦味和香味[4]。”

对美国酒花的更具体抱怨是其“猫骚味”和“黑加仑味”。几十年后，科学家们发现了一种名叫4-巯基-4-甲基-2-戊酮（简称4MMP）的物质，它是麝香葡萄和黑加仑的主要成分，这种成分与美国卡斯卡特（Cascade）酒花和西姆科（Simcoe）酒花有着密切的关联，它具有很低的气味阈值，且本身存在于葡萄、葡萄酒、绿茶和葡萄柚汁中，那些生长在新世界（如新西兰、澳大利亚和美国）的酒花都含有4MMP，而在英国和欧洲大陆生长的酒花中，4MMP含量只有痕量水平，4MMP与葡萄酒/黑加仑的特点有关。

曾经，萨蒙的酒花栽培品种大约占世界酒花品种的三分之一。当萨蒙刚开始在Wye校区工作时，酒花中α-酸含量平均只有4%，最多6%。自萨蒙推出超过20% α-酸的酒花后，几乎所有的培育者都使用萨蒙所培育的品种。在过去的世纪，大家一直关注于提高α-酸的含量和复制原有的香气。萨蒙可能从未设想过，现在对于酒花风味成分（那些能够使人心情愉快的成分）的定义已经扩展到酒花中包含的水果风味和外来风味。然而几乎所有受欢迎的新品种，无论是富含百香果香气的西楚（Citra）酒花，还是具有显著蓝莓香气的马赛克（Mosaic）酒花，都包含一点美国野生酒花的特点，很有可能就是来源于BB1。

1.1 酒花油：未解之谜

米勒康胜啤酒厂酿造与研究副总裁大卫·瑞德提供了一份简明的清单，清单展示了在酿酒过程中酒花的7大贡献：

（1）苦味

（2）香气

（3）风味（香气与口味）

（4）口感

（5）泡沫与挂杯

（6）风味稳定性

（7）抗菌性，能够抑制那些破坏啤酒风味和外观的微生物生长。

葎草属包括三类：蛇麻草（*Humulus lupulus*）、葎草（*Humulus scandens*）[5]和滇葎草（*Humulus yunnanensis*），后两者不能产生含有树脂的锥形球果，且无法用于酿造。蛇麻草属大麻科家族，其中包括印度大麻（毒品大麻和能量大麻），由于两者如此相似，以至于科学家们常将酒花与能量大麻互相嫁接，啤酒饮用者们同样也在能量大麻与酒花浸渍的啤酒之间建立了一种语言上的连接。例如，有时喝啤酒的人会描述通过干投酒花（特别是像西姆科这样辛辣的酒花）酿造的啤酒为“大麻（dank）”，“dank”一词通常指的是令人不适的、强力能量大麻。

当酿酒师讨论酒花时，他们不但关注酒花植物本身，而且还关注酒花的锥形球果（图1.2），该球果是从雌花中（花序）发展而来。弯曲的梗茎贯穿球果的中心，在每一个节点上，花轴开出一对苞叶（外部叶子）和4个花苞（内部花瓣），蛇麻腺生长在花苞的底部。蛇麻腺本身呈黄色，有黏性，具有芳香气味。锥形球果的尺寸范围在2.5~5cm，外观差异较大。

蛇麻腺含有硬树脂、软树脂、酒花油和多酚物质，软树脂包含α-酸和β-酸，二者赋予啤酒苦味。一直以来，科学家们认为硬树脂是没有酿造价值的，但是最近的研究表明，它们可以提供一种令人舒适的苦味。在麦汁煮沸过程中转换而来的异α-酸是生成啤酒苦味的主要来源（见第7章）。酒花油是赋予啤酒香气和风味的主要贡献者（表1.1），但与苦味化学相比，香味化学并没有被很好地理解。

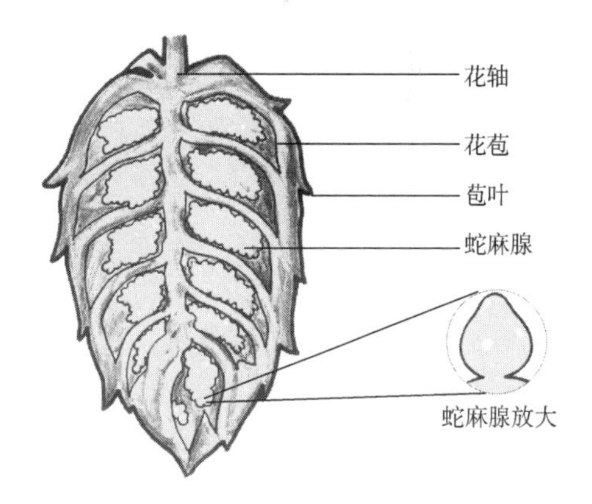

图1.2 酒花锥形球果（一片干燥的酒花锥形球果包括8%~10%的水分、40%~50%纤维素、15%以上的蛋白质、8%~10%的灰分、2%的果胶、多达5%以上的脂类和蜡状物、2%~5%的多酚、0~10%的β-酸、0~22%的α-酸和0.5%~4%的精油。酿酒师主要关注的是α-酸和精油的含量，但也关注其他含量）

表 1.1　已发现于酒花和加酒花的啤酒中的气味化合物

成分	香气
2- 甲基丁酸	乳酪香
3- 甲基丁酸	乳酪香
3- 巯基 -1- 己醇（3MH）	黑加仑味，葡萄柚味
3- 巯基己基乙酸酯（3MHA）	黑加仑味，葡萄柚味
3- 巯基 -4- 甲基 -1- 戊醇（3M4MP）	葡萄柚味，食品大黄味
4- 巯基 -4- 甲基 -2- 戊酮（4MMP）	黑加仑味
α- 蒎烯	松树味，草药味
β- 紫罗酮	花香，浆果味
β- 蒎烯	松树味，辛辣味
石竹 -3，8- 烯 -（13）- 烯 -5-β- 醇（又名石竹烯醇 II）	雪松味
石竹烯	木味
顺 - 己烯醛	青草味，树叶味
左旋 - 玫瑰醚	水果味，草药味
柠檬醛	柑橘味，水果味
香茅醇	柑橘味，水果味
2- 甲基丁酸乙酯	水果味
2- 甲基丙酸乙酯	菠萝味
3- 甲基丁酸乙酯	水果味
4- 甲基戊酸乙酯	水果味
桉叶油醇	辛辣味
法呢烯	花香味
香叶醇	花香味，甘甜味，玫瑰味
葎草酮	木味，松树味
异丁酸异丁酯	水果味
柠檬烯	柠檬味，橙味
里哪醇	花香味，橙味
香叶烯	青草味，树脂香
橙花醇	玫瑰味，柑橘味
松油醇	木味

1819年，哈宁（J. L. Hanin）首次使用蒸馏法分离出酒花油，但是直到19世纪末，阿尔弗雷德.查普曼（Alfred Chapman）才发现了酒花油的主要成分为香叶烯、葎草酮、里哪醇、异戊酸沉香酯、香叶醇和二萜，他也知道将来还会发现更多的成分。他写道："没有人会单单依靠嗅觉来搞错在加利福尼亚州生长的巴伐利亚酒花还是之后在肯特郡生长的巴伐利亚酒花[6]。"因为他所鉴定的这些化合物成分并不能去解释酒花的差异，他猜想，那些微量的芳香物质一定会被发现，因为当时他们无法使用现有的技术去分离它们。

酿酒师当然知道酒花油的重要性。1788年，威廉·科尔（William Kerr）在英国发明了一套设备，这套设备使用一根管子去收集离开煮沸锅的蒸气，然后，酿酒师在分离酒花油和水之前将蒸气冷却，将回收后的酒花油加入沸腾的麦汁中，许多相似的发明也紧跟其后。一位酿酒师详细地说道："使用酒花的前一天，将酒花放到一个装满水的容器中浸湿，直到容器浸满酒花为止。在容器中，用小火将酒花熬煮14h，并覆盖完好，当熬煮到第10h，容器中的温度不能超过79.4℃，熬煮14h之后，再将酒花慢慢煮沸10min，然后倒入装有头道麦汁的煮沸锅中，同样的过程再重复一次[7]。"

20世纪中期，由于气相色谱的问世，彻底改变了对酒花油和香气成分的分析，不久，研究人员便鉴别了超过400多种化合物，这项数字还在不断攀升。它们中有很多化合物对于成品啤酒的贡献不是很突出，因为它们的含量很少，所以很难发现，甚至有些化合物的含量低于阈值。同时，它们通过使用添加剂或协同效应来创造出那些独特的香味。

对酒花香气的研究连接着酒花工业的方方面面和酿造过程的每一步，这些兴趣总是包括对酒花油的讨论。培育者不但关注酒花油的含量，还关注酒花油的成分。农民种植不同的品种，时常讨论不同品种的收获日期和烘焙温度。酿酒师致力于从酒花中浸提更丰富的香气，准确地说，是向啤酒中加入更多的香气。2007年和2008年的酒花短缺让很多人更加意识到酒花是一种农副产品。俄勒冈酒花的栽培者盖尔·高石（Gayle Goschie）说道："他们想去学习关于酒花的所有事情。"

一位酿酒师在酒花收获的两周前参观了酒花农场，参观期间，酿酒师闻到酒花锥形球果的味道与收获酒花时所散发出来的味道是不同的，这种产生香气的化合物已在大脑中留下了相应的印象，这种印象在酒花烘焙和贮藏的过程中会再次发生改变。进入煮沸锅之前的香气可能与成品啤酒的香气有着显著的不同，也会随着啤酒的老化而发生改变。

没有单一的配方，英国Wye酒花种植者皮特·达尔比说道：“（酿酒师）想要一份能够与酒花油和风味相互匹配的清单，但这不是一件简单的事情。”

俄勒冈酒花供应商独立（Indie）酒花公司，成立于2009年，承诺在俄勒冈州立大学提供超过100万美元的资金用于酒花香气研究。负责俄勒冈州立大学酿造科学教育与研究项目的托马斯·邵尔海默（Thomas Shellhammer）说道：“我们的最终目标是要确定酒花油中的何种成分驾驭了酒花的风味。”肖恩·汤森（Shaun Townsend）主管独立酒花公司香气的育种项目，他将利用这些信息去开发带有特殊酒花油的品种。此外，如果酿酒师能够直接了解酒花油中影响香气和风味的成分，例如使用气相色谱，它将会减少啤酒酿造试验的时间和费用。

俄勒冈州立大学的研究（包括酒花的育种、酒花成熟对酒花油质量的影响、干投酒花实验等）表明，国际上对于香气的关注已与20多年前所做研究的不同。1992年，俄勒冈州立大学的盖尔·尼克森（Gail Nickerson）和Blitz-Weinhard啤酒厂的瓦尔·万·恩格尔（Earl Van Engel）提出建立一个能与国际苦味值（IBU）相对应的香气单位（Aroma Unit，AU），虽然这些概念并没有什么吸引力，但是他们的建议使人们更加积极地讨论酒花话题。从分离的22个酒花油的成分开始，这些构成AU的酒花油化合物可以分成三大类：氧化产物、花香-酯类化合物和柑橘-松树味的化合物。

他们打算让酿酒师联合使用AU值与酒花香气组分剖面图，就像他们会根据特定酒花品种的α-酸含量去调整酒花的添加量。他们在1992年写道：“自20世纪60年代起，科学家们试图鉴别啤酒中酒花的有效成分，但是并没有成功。啤酒中的酒花香气可能不是由单一成分引起的，而是由几种化合物的协同作用引起的[8]。”此想法至今也没有改变。

内华达山脉啤酒厂（Sierra Nevada Brewing）的汤姆·尼尔森解释道，现如今，为了服务于那些关注香气的酿酒师，需要复兴这个新生概念AU值。他说：“你必须研发一个柑橘香味单位、一个花香香气单位、一个蓝莓香气单位等。”他说，当他考虑到物流问题时，停顿了一下：“你需要带三种化合物、三种香味物质、与人们不同阈值相关的不同浓度……你不可能如此量化它，就好像去攻读博士学位一样。”他后来暗示，这将是一件尤其值得去做的事情。

在过去的20年里，酒花的概念自始至终没有得到过准确的定义，并且概念的范围在不断地扩大。例如在德国，希尔酒花研究中心的酒花育种项目曾致力于保持传统酒花的香气质量，如中早熟哈拉道酒花（Hallertau Mittelfrüh）和其他具有类似特征的新品种。现在，他们的任务包括寻找一种无酒花香的、有水果味的、有异国情调风味的酒花，并开发出具有这些香气特点的酒花。2006年，希尔酒花研究中心主管酒花培育的安东·卢茨第一次培育出具有多种香味的酒花。2012年，酒花研究协会申请了4种新品种酒花的专利，其香气和风味具有柑橘味、百香果味和蜜瓜味，更为重要的是其香气浓郁度很高。

此外，德国约翰巴特哈斯父子集团（Joh. Barth & Sohn）招募了2名啤酒侍酒师和1名香水师编译《酒花香气纲要》（*The Hop Aroma Compendium*）第一卷（共三卷）（图1.3），系统评价48种酒花品种时，他们除了使用传统酒花术语，如“柑橘属”或“花味”描述之外，还会使用叙述性词语，如“黑香豆味”和“醋栗味”。

希尔酒花研究中心的研究人员非常相信美国的精酿酒师们，因为他们对于新的香气和风味具有强烈的兴趣，而这些新的化合物是以前未被发现或几乎没有考虑过的。举例包括：

- 花香味（玫瑰香、天竺葵香、丁香）
- 柑橘味（酸橙味、柠檬香、柚子香）
- 水果味（柑橘味、甜瓜味、芒果味、荔枝味、百香果味、苹果味、香蕉味、醋栗味、红加仑味和黑加仑味）

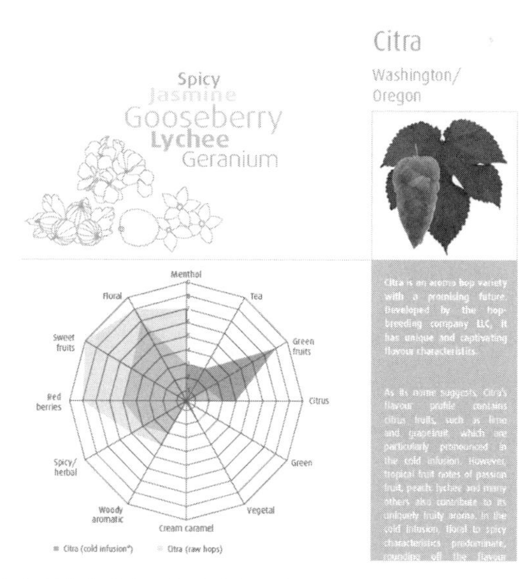

图1.3 《酒花香气纲要》为书中所包含的每一株酒花都提供了两页信息（第一页描述的是西楚酒花。在蜘蛛网图谱上，较浅的阴影部分代表了“生酒花”中的香气，而那些深色阴影的部分代表了已融入水中的酒花的香气，因此在一定程度上通过干投酒花来模拟香气的变化，约翰巴斯父子酒花公司认可这种方法）

- 葡萄香味（如长相思）
- 木质味（松树味、木味）

酒花油也被大家称之为精油，占酒花锥形球果的4%，它们包括50%~80%的碳氢化合物、20%~50%的含氧化合物以及不到1%的含硫化合物。碳氢化合物具有高度挥发性且不易溶解，酒花只有在煮沸后期或后发酵时加入，碳氢化合物才会在成品啤酒中被察觉到；含氧化合物更容易溶解和散发香气，它们的香气或者是在发酵过程产生的新的香气更有可能在成品啤酒中展示出来；虽然含硫化合物只占据酒花油的一小部分，但它们的阈值很低，对成品啤酒的香气有积极或消极的影响。

在酒花品种的介绍中，酒花目录通常提供四种最主要的酒花油信息：香叶烯、石竹烯、葎草酮和法呢烯。香叶烯是一种单萜烯，它由10个碳原子组成，而法呢烯是倍半萜烯（15个碳原子）。香叶烯具有一种青草味的、草药味的和与新鲜酒花相关的树脂香气，香叶烯不一定是必需的。在美国酒花品种中，它通常占酒花油的50%甚至更多，挥发性较强，而且大部分香气在煮沸时就已流失。20年前，那些打算使用含香叶烯较多的干酒花品种的酿酒师，其标准建议是让酒花保暖24h，以使酒体更“圆润”。如今，许多酿酒师和饮用者们都认为，当新鲜成为一种显著的特质时，它会有一种刺激性的味道。

在氧化的酒花中，倍半萜烯会比香叶烯更多残存于成品啤酒中，此时啤酒香味经常描述为“细腻”或“高雅”。传统上，石竹烯与葎草酮的作用相当，其H/C比为3：1，被认为是草本香气和辛香的前体物质。因为不同品种酒花的法呢烯含量变化很大，故法呢烯是一个很好的酒花品种指示指标，它在萨兹型酒花中的含量为20%，与酒花的“高雅”香气息息相关。其他倍半萜烯只存在于某些品种的酒花中，例如，海斯布鲁克（Hersbrucker）酒花含有的几种倍半萜烯，在其他品种中并不存在。

当酒花成熟时，许多其他的单萜烯和香叶烯一样，它们的含量通常只有10%，与一些美国酒花品种相比，香叶烯的含量极其微小，这并不是一个新的发现，大多数化合物都是香气成分，由于酒花的柑橘味、水果味、花香和木香味，正日益受到新的关注。希尔酒花研究中心拥有酒花中里哪醇、香叶醇、橙花醇、香茅醇、异丁酸异丁酯和柠檬烯的数据，这是该公司发布的风味图谱的一部分，将来酿酒师可以索要所有品种的类似信息。

日本札幌啤酒厂研究发现香叶醇的代谢产物有助于啤酒的柑橘风味，引起了酿酒师的兴趣。研究人员酿造了两款啤酒，一款采用西楚酒花酿造，一款采用芫荽酿造，两款啤酒都富含香叶醇和里哪醇。用西楚酒花酿造的成品啤酒不但含有里哪醇和香叶醇，而且还含有香茅醇，而香茅醇是在发酵过程中由香叶醇转化而来；在以芫荽酿造的啤酒中，也同样产生了香叶醇转化为香茅醇的反应。品评小组认为两款啤酒的味道也比较类似。香叶醇和香茅醇浓度均有所增加，这取决于香叶醇的初始浓度。结果表明，在酒花衍生出来的柑橘风味啤酒中，香茅醇和过量里哪醇起着重要作用，由于原酒花中几乎没有香茅醇存在，故香茅醇的生成主要依赖于酵母对香叶醇的代谢[9]。

科学家们一致认为，需要进一步研究这种相互作用，从技术上说，这是一种由酒花产生的化合物和酵母之间的生物转化。比利时科学家在总结2011年现有的研究成果时说道：大多数的研究仅限于酵母和单萜烯醇，在啤酒厂的条件下，几乎没有研究酵母所产生的影响，而这些却尤为重要，总结强调了进一步研究的必要性，如氧化单体萜烯与倍半萜烯的转化，以及发酵过程中酒花糖苷的转变[10]。

协同作用的重要性通常使单个化合物的贡献更加难以测量。例如，德国的研究人员报道说，一种由石竹烯和橙花醇组成的混合物，其风味阈值达到了每10亿分之170个单位，相比之下，石竹烯和橙花醇的单个风味阈值分别是每10亿分之210个单位和每10亿分之1200个单位。其他的混合物也是如此，比如法呢烯和里哪醇，混合的比例也改变了感觉阈值[11]。

这可能会让那些寻找单一标志成分的酿酒师失望。尽管如此，过去30年里与酒花密切打交道的瓦尔·皮科克指出了对单一酒花组分过高评价的风险性。

1981年，皮科克和俄勒冈州的同伴们提出了里哪醇在酒花香气中的重要性，他们开发了一种模型来预测“具有花香味的酒花香气”的含量，他们认为这与酒花油中里哪醇、香叶醇和香叶基酯的含量有关。在这几年里，科学家们更好地了解了这种化合物的价值，包括它作为一种指标和限制因素的价值。皮科克注意到“由于近几十年来对里哪醇的关注程度，其受重视程度已被人为抬高，超越它本身应有的真正价值”。

因此，他总结道，“这扭曲了酿酒师对啤酒中酒花香气本质的理解。在啤酒香气方面，酒花比里哪醇具有更大的作用。除了一种具体的酒花香气类型之外，里哪醇对整个酒花香气的贡献非常小[12]。”评估比尔森型啤酒酒花特征的其他研究者们说到，里哪醇的影响取决于它的使用形式，他们发现“高浓度的酒花香气”并不一定与高含量的里哪醇有关。里哪醇是传统添加酒花的可靠标志，但并不是酿酒师使用高级酒花制品时的可靠标志[13]。

无论是在美国爱德华茨维尔（Edwardsville）和伊利诺伊州（Illinois）分别开了一间咨询室的皮科克，还是在捷克扎泰茨（Žatec）酒花研究协会工作的卡雷尔（Karel Krofta），当他们谈论酒花或里哪醇的时候，“复杂”这个词就会不断出现。卡雷尔说：“这很可能是酒花特征的携带者，但并不是唯一的，酒花的香气含有上百种化合物，我不相信仅靠一种化合物就能形成如此大的差异。”他迅速概括了酒花化学家的许多论述，讨论了与收获日期相关的新研究，讨论了焙烘的重要性，以及协同和共生的重要性。他说：“研究并不容易，这些化学途径还依赖于沿途的许多条件。”

这是米勒康胜啤酒厂的酒花小组成员继续提到的问题，瑞德说：“我们一直在讨论关于里哪醇和香叶醇的问题”。

帕特・丁（Pat Ting）博士补充并解释道：“你不能说我们可以加点儿这个，加点那个。”当酿酒师试图将具体的酒花油和具体的气味化合物等量齐观，他们就会犯错误。

1.2 物以稀为贵和其他神秘香气

美国新墨西哥州的阿尔伯克基-马尔堡啤酒厂（Marble Brewery）已经开业两年多，酿酒主管泰德・赖斯（Ted Rice）认为，马尔堡IPA的产量非常大。在这家快速增长的啤酒厂里，马尔堡IPA啤酒占了近一半的销售额。2011年年初的某一天，他打开了一瓶为保证质量而被冷藏两月之久的马尔堡IPA啤酒。品尝之后，与新鲜的啤酒相比，他更喜欢喝贮存2个月之久的啤酒，它仍然有美国酒花“浓烈的苦味”，尽管100年前英国酿酒师非常讨厌这种酒花“浓烈的苦味”，但赖斯更期望得到期望的水果味，这种啤酒也是他想要卖的新鲜啤酒。

赖斯和主酿酒师丹尼尔・哈拉米约（Daniel Jaramillo）从水开始每次改变一个参数。阿尔伯克基的水源含有大量的碳酸氢盐，2008年马尔堡啤酒厂开张之前，啤酒厂就安装了反渗透水过滤系统，他们尝试将反渗透水与城市水按不同比例混合，从100%的反渗透水到25%的反渗透水不等；他们也改变了酒花的添加时间，例如，在一个批次中，在煮沸60min、30min和0min时分别加入酒花，而在另一批次的第一麦汁和煮沸0min时分别加入酒花；然后，赖斯考虑了减少配方中酒花数量的建议，之前他添加了大量的酒花，以增加独特的酒花香气和风味，反向证明这是解决方案。

2011年2月，马尔堡IPA的配方包括：将1.65lb/桶（0.75kg/桶）的酒花加入煮沸锅中，煮沸10min，并在发酵罐干投1.8lb/桶（0.82kg/桶）的酒花；2012年1月，马尔堡IPA的配方包括：将0.8lb/桶（0.36kg/桶）的酒花加入煮沸锅中，煮沸10min，并在发酵罐干投1.2lb/桶（0.54kg/桶）的酒花。赖斯有他想要的IPA，他说到："我或多或少地知道点，但我没有真正应用。"

近期，香味科学家们已经知道为什么少量酒花香气在人的鼻子中会变得异常敏感。通过琳达·巴克（Linda Buck）和理查德.阿克塞尔（Richard Axel）（两人在2004年获诺贝尔生理学或医学奖）的一系列研究表明，大脑是如何判断一种气味到另一种气味的。他们发现了一个具有1000个嗅觉受体基因的家族，这些基因产生了相当数量的嗅觉受体类型。他们后来发现，将近350种受体类型可能是有活性的，即使是如此庞大的数字，与四种视觉类型所需的受体相比，也相形见绌。人类大约1%的基因与嗅觉相关，只有免疫系统可与此相比，这也是为什么嗅觉被称为"最高深莫测感觉"的原因之一。

嗅觉受体隐藏于两片黄色的黏膜上，此黏膜被称为嗅觉上皮细胞，在每个鼻孔中大约有7cm长。人类大约有2千万个受体，且覆盖于左右两个鼻孔的上皮细胞中。第一步，在气味传递给大脑的过程中，当收集的气味分子被受体认为是一种特殊气味时，受体会被激活。受体一旦被激活，神经元将会把信号传递给大脑中的嗅球，后者将这些信号又传递给嗅皮质。嗅觉信息从嗅皮质传递给大脑的其他区域，其中包括传递给与气味辨别相关的区域和更高级的深层边缘区域，这些区域可以传递情绪与气味的生理影响，气味感知终成为嗅觉。

琳达·巴克和理查德·阿克塞尔断定气味与受体结合在一起，可以识别气味的类型，不同的气味受体组合模式识别不同的气味，每一种气味受体都是识别多种气味的一部分，不同的气味由不同的受体所识别。改变气味的分子结构就会改变受体的识别，从而改变感知的气味。出于同样的原因，气味浓度的变化可能会改变人们对气味的感知。高浓度的气味会涉及更多的、更改气味响应的受体[14]。

当贮藏马尔堡IPA时，时间明显降低了气味的浓度。尼尔森在内华达山脉啤酒厂的研究显示，后酵阶段大量干投酒花的啤酒中普遍存在的几种化合物（包括β-香叶烯），它们都是被皇冠盖内衬吸附掉的。

在《世界啤酒地图集》（*The World Atlas of Beer*）中对于马尔堡IPA的描述，史蒂芬（Stephen Beaumont）写到："某些地方的酿酒师使用美国酒花的目的在于增加柑橘味与松脂味的味觉冲击，马尔堡啤酒厂精确地将熟透、多汁的水果风味与强烈酒花香气混合在一起，以打造出一种令人兴奋的、低调内敛的爱尔啤酒，这也证明有时确实可以以少胜多[15]。”

气味残余的感知被多种神秘莫测的事物所包围。虽然巴克和阿克塞尔的工作揭示了气味如何被首先察觉，大脑如何拆分香气混合物，但这并不能解释它们在大脑中是如何被处理的。其他感官所收集的信息，首先通过左脑的解释推理中心，然后到达右脑的情感中心。相反，当大脑中的嗅球探测到一种气味时，化学信号直接发送到右脑的边缘系统。大脑边缘系统是调节情绪的关键，其中包括下丘脑、海马体和扁桃体。在香气进入左脑的分析推理中心之前，香气可能引发记忆、怀旧之情和记忆图像。

奇努克酒花气味蜘蛛网图如图1.4所示。

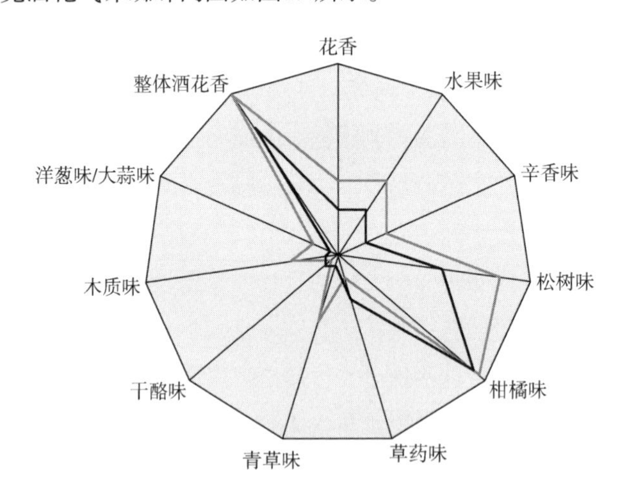

图1.4 奇努克（Chinook）酒花气味蜘蛛网图

新鲜奇努克酒花　存放两月之久的奇努克酒花

注：马尔堡IPA是干投卡斯卡特酒花、世纪酒花、西姆科酒花和奇努克酒花的干酒花酿造而成，各种各样的化合物都有可能会“迅速消失”。这张由内华达山脉啤酒厂认可的蜘蛛网图，说明了一款由奇努克酒花酿造而成的新鲜啤酒与存放两个月之久的啤酒之间的区别。

在法国小说家马塞尔·普鲁斯特（Marcel Proust）所著的《追忆似水年华》（*In Search of Lost Time*）里对于香气的描述，是文学例子中最著名的，童年的记忆被一种浸泡在茶里的玛德琳（madeleine）气味唤醒。1913年，他的小说是第一个暗示了香气与记忆之间的联系，而且从那以后，他预示了神经系统科学的诞生。饼干吸收了被绿色植物煮出来的汁液，这种绿色植物能够激发出强烈的想象力，尽管关于这种香气的描述很少：“但是，当古老的过去无法生存下去，在事物、孤独、脆弱毁灭之后，会更持久、更无形、更稳固、更准确，香气与口味也会长久留存，就像灵魂、记忆、等候、希望一样，凌驾于所有废墟之上、永存而屹立不倒；也像几乎无法触及的水滴、记忆中的大厦一样永恒[16]。”

1.3 酒花香气的影响

对于不同的香味是来源于刺激记忆或情感的感知，科学家们的观点并不一致。然而，由日本札幌啤酒厂支持的研究人员断定从捷克萨兹类型酒花中萃取的酒花油香气确实显示出了能让大脑放松的重要功效，他们使用脑部扫描传感器测量参与者的脑电波，其中包括喝酒规律的札幌啤酒厂员工和对酒花香气不熟悉的学生。测试之后发现两者结果很相似，脑电波的规律表明当香气的浓度很高时，研究对象能够更加舒适放松。当研究对象闻到特殊的酒花油时，比闻到里哪醇或香叶醇时会更加放松，但是当闻到香叶烯或葎草酮时，并没有这种变化。研究人员对于这种不同并没有做出明确的解释，而且参加者将香叶烯与葎草酮的香气描述为“青草味”。由相同小组所做的第二项研究对比了多种啤酒的影响，大部分是贮藏啤酒。他们发现，比尔森类型啤酒的香气大部分都能够使人放松，更强烈的酒花香气与情绪放松息息相关[17]。

像香水师一样的食品科学家们长期以来一直致力于鉴别纯香味化学品，这些纯香味化学品展现了与其来源的天然水果、蔬菜、香料或其他食物的不同特点。美国俄勒冈州立大学食品科学家罗伯特（Robert McGorrin）将“特征性影响化合物”定义为“提供基本感官识别的必不可少的化学物质[18]”，他还认为总体印象可能是由几种化合物的协同混合而产生的。

这种混合看起来可能不那么复杂。安德里亚斯·凯勒（Andreas Keller）和洛克菲勒大学的研究人员断定，研究对象只能识别混合物中的三种化合物成分（或罕见的话可以识别四种化合物成分），他们总是低估混合气味的数量，且认为混合气味比单一化合物更简单。雷切尔·赫兹（Rachel Herz）在《欲望之香气》（*The Scent of Desire*）中写道：从花坛中传来的玫瑰花香气包含了1200~1500种的不同分子，然而在许多分子中，只有一种苯乙醇影响了玫瑰花的香气，她的研究揭示了大量的研究对象更倾向于将综合的版本识别为“真正的东西”，因为那些产品已经变得更加熟悉，而且“我们认为这些香水应该闻起来是什么原型[19]”。

汤姆·尼尔森在美国罗格斯大学学习食品化学，他的父亲是一位风味化学家，他在罗贝泰（Robertet）的风味研究所实习，如果他没有在内华达山脉啤酒公司工作，他最后可能在百事可乐或金宝汤业公司（Campbell's Soup）工作。他认为科学和酿造唇齿相依，他的专著《技术指导——风味》（*Technical Lead-Flavor*）一书“原料”章节就反映了这些。他研究了风味分析、风味研究、风味稳定性、风味相互作用以及所有有关麦芽、酒花、酵母、水和包装材料的研究。尼尔森认为，在他的研究题目中，酒吧售酒是科学与酿造之间的平衡。他还阐明，酒花香气是众多啤酒香味的一部分。

他已经鉴别出啤酒中的几种主要酒花香气化合物，例如，世纪酒花中顺式玫瑰醚含量尤为突出，而随着酒花的成熟，世纪酒花中的石竹-3，8-烯-（13）-烯-5-β-醇（又名石竹烯醇Ⅱ）则会有一种与众不同的杉木香气。当然，他对特殊化合物如何影响内华达山脉啤酒的香气和风味感兴趣，但是像其他酒花和风味科学家一样，他也经常使用“协同效应”这个词，他指出：当有酵母存在时，理解其间发生的物理相互作用和生物转化是非常重要的。

他在2008年精酿酿酒师大会的演讲中举了多个例子，例如，他分别列举了4种令人满意的水果酯类，这些酯类在没有加酒花的麦汁或酒花中并不存在，但是这些水果酯类能在发酵和啤酒陈贮过程中产生。根据原理，他们能从α-酸和β-酸侧链的断裂以及乳酪味短链脂肪酸的分解而产生。这种风味影响具有重要意义，但复杂难懂，因为与那些令人不愉悦的乳酪酸相比，高浓度的短链脂肪酸能使人更加愉悦，而水果味也更容易检测到（换句话说，水果味阈值更低）。汤姆·尼尔森从内华达山脉啤酒厂发酵罐取样如图1.5所示，不同酒花品种中香叶烯的含量如图1.6所示。

图1.5　汤姆·尼尔森从内华达山脉啤酒厂发酵罐取样

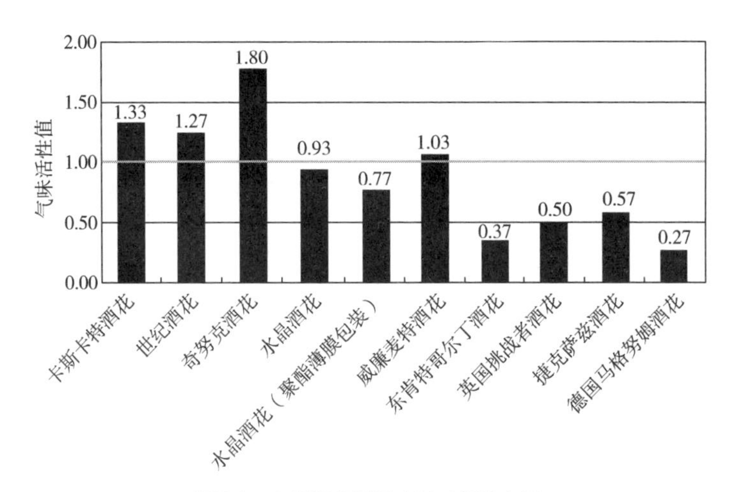

图1.6　不同酒花品种中香叶烯的含量

尼尔森也扩展了McGorrin对特征影响化合物的定义，他建议，“添加较多酒花的爱尔啤酒具有非常复杂的风味体系，该体系中有多种特征风味影响贡献者。”他解释道，酿酒师可以像食品科学家一样如何计算“气味活性值”（OAV），通过啤酒中这些化合物的阈值来区分其化合物浓度。

在啤酒中，香叶烯在啤酒中的阈值大约为每10亿分之30。在许多美国酒花中，尽管香叶烯占了酒花油含量的一半以上（例如卡斯卡特酒花的香叶烯含量高达60%），但是在麦汁煮沸和发酵过程中，也几乎无一幸免而被挥发。在一个对照研究中，即对比了浅色爱尔啤酒中8种不同的酒花品种，奇努克酒花中的香叶烯OAV值最高为1.8，卡斯卡特酒花中的香叶烯第二高，OAV为1.3。尼尔森说，如果想酿造出一款强劲的、含松木香的、含树脂味的、高酒花添加量的美国啤酒，可以将香叶烯含量作为一个很好的指标，即香叶烯含量为每10亿分之400（OAV值的13倍），这就是为什么必须要在后发酵阶段干投酒花。

2003年，日本朝日啤酒厂酿酒研究室的岸本英太郎（Toru Kishimoto）针对酒花品种家族，鉴别出另一种主要风味贡献者。他在邮件中写道：“我们评估了许多来自美国、欧洲、澳大利亚和新西兰的酒花品种香气，起初主要是感官品评。我发现美国、新西兰和澳大利亚酒花在香气上有一种共同的水果香特点，但欧洲酒花却没有此特点。”他通过气相色谱/嗅闻仪分离出了4-巯基-4-甲基-2-戊酮（4MMP），但他并不知道4MMP来源于酒花。他写道：“我仍然没有研究它。假如4MMP与里哪醇、香叶醇或酯类并存于其他植物种类（例如葡萄或葡萄干）的果肉中，那么4MMP可能与酒花油存在于蛇麻腺中，我不知道这种化合物在植物中的合成原理。”

岸本英太郎追踪了产生黑加仑香气的7种物质，并鉴别出了除4MMP之外的2种硫醇类物质：3-巯基-1-己醇（3MH）和3-巯基己基乙酸酯（3MHA），它们也存在于百香果和长相思（Sauvignon Blanc）葡萄酒中，并且闻起来与葡萄柚、醋栗（鹅莓）的气味很相似。他写道："虽然它们对啤酒中的典型特点没有直接贡献，但是这些化合物全部散发出一股甜甜的、水果的香气，并且对啤酒的稳定性做出了巨大的贡献。”

4MMP的数量尤其取决于酒花品种和收获年份。岸本英太郎检测出顶峰（Summit）酒花、西姆科酒花和黄宝石（Topaz）酒花的4MMP含量最高，但是在太阳神（Apollo）酒花和卡斯卡特酒花中含量并不是很突出。除有黑加仑香气之外，顶峰酒花和阿波罗酒花还有辛辣味、青洋葱味以及硫黄的香气。尼尔森报道说，4MMP也存在于西楚酒花、纯金（Bullion）酒花和科拉斯特酒花中，并且在很低阈值就能感受到，尽管这种感知范围变化很大，描述语甚至可以从"热带水果"延伸到"西红柿"。进一步的研究确认了岸本英太郎起初的发现，即4MMP仅在美国、澳大利亚和新西兰酒花中检测出来。

生长在美国的酒花品种，如珍珠（Perle）酒花或天然金块酒花都含有4MMP，但是生长在德国的相同品种却不含4MMP。

他认为出现此种情况的原因大概是，欧洲农民事先使用硫酸铜（它是"波尔多液"的一部分，适用于酒花种植和葡萄种植）去抑制霉菌的生长，并将其留在土地中。他猜测某些酒花（如顶峰酒花）中那些不受欢迎的、辛辣味、类洋葱味，被所用的硫酸铜抑制住了。

他用几种方法断定了 3MH和3MHA与4MMP是不同的。加入铜粒子能使4MMP的含量降低50%，但是3MH和3MHA 的含量却没有改变，因此，3MH既能存在于美国酒花品种中，又能存在于欧洲酒花品种中。在100℃下煮沸60min后，4MMP的含量下降了91%。相比而言，当该化合物被加热到更高的温度时，3MH的含量增加了。结果表明，在热的条件下，存在于酒花中的前体物质在煮沸过程中形成了3MH。3MH和4MMP的含量在发酵时有所增长，在发酵初始阶段达到顶峰。

此后，日本的进一步研究又分离出了另外两种已知对葡萄酒风味有贡献的硫醇。具有异国水果风味和白葡萄酒风味特点的新西兰尼尔森苏文（Nelson Sauvin）酒花含有3-巯基-4-甲基-1-戊醇（3M4MP）和3-巯基-4-甲戊基乙酸酯（3M4MPA）。研究人员指出，3M4MP和3M4MPA有一种与长相思相似的像葡萄柚或大黄（中药）的味道。在啤酒中，3M4MP的含量是其风味阈值的2倍，尽管3M4MPA的含量低于阈值，但它通过协同作用增强了3M4MP的香气[21]。

1.4 香气和风味用语

在将近100年的时间里，提出人性这个词的哲学家亨利·芬克（Henry Finck）逐渐地研究“嗅觉的第二种途径”，而宾夕法尼亚大学的心理学家保罗·罗津（Paul Rozin）确定了后嗅在风味感知中的作用。1886年，芬克认为三分之二的烹饪乐趣来源于气味。在题为《气味的美食价值》（*The Gastronomic Value of Odours*）的随笔中，他说：“有趣的实验表明，如果没有这种感觉（气味），区分不同的食物和饮料是不可能的。蒙上一个人的眼睛，并紧紧地捏住他的鼻子，然后向他的嘴里连续塞入小块牛肉、羊肉、牛羔肉和猪肉，可以有把握地预测，人们将无法分辨它们。从鸡肉、火鸡和鸭肉中也可以得出相同的结论，在杏仁、核桃和榛子实验中亦是如此……”

罗津在19世纪80年代做了实验，证明了气体在鼻骨前（吸气）和鼻骨后（呼出）之间的感觉差异。当食物直接放入嘴里时，那些通过嗅闻来辨别气味的实验对象去辨别它们是有难度的。一些人认为，气体分子首先被嗅觉上皮组织吸收，而不是通过空气流通流经嗅觉上皮组织。鼻后的气味激活了大脑与口腔信号相关的部分，这有助于解释为什么我们认为味道是在口腔中产生的，其实气味的最大有效成分是由我们的鼻子所闻到的。

这就是为什么饮酒者可能会把啤酒描述成一种闻起来具有苦味的原因，尽管苦味是一种味觉上的感觉，而这种感觉主要是集中在舌头上。澳大利亚心理学专家史蒂文森（R.J. Stevenson）发现，当新奇的气味与糖果的甜味几次配对之后，气味闻起来就像是甜甜的，因为“单独吸取气味会唤起记忆中最相似的味道，是一种包括气味和味道共同的风味[24]”。同样，当新奇的气味与柠檬酸味相配对之后，研究对象描述此味道为酸味。史蒂文森和其他人将其归因于关联学习，也称为条件反射。

《神经烹调学》（*Neurogastronomy*）：大脑如何产生风味？为什么它如此重要？戈登·谢泼德（Gordon M. Shepherd）认为，鼻后气味是围绕建立学习领域和大脑如何形成风味感觉的主要因素，他建议将这个短语称为“人类大脑风味系统”，因为鼻后气味对于人类来讲是需要学习的，同时也是独一无二的。其他许多研究深刻揭示了香气与风味之间的联系，包括：（1）一些细胞对气味具有专一性；（2）一些细胞对气味和味觉的刺激做出应答，这可能是风味感知合并的一步；（3）一些细胞对愉快的气味优先做出应答，而另一些细胞对不愉快的气味优先做出应答；（4）对于熟悉的气味和不熟悉气味的优先选择[25]。

香气和味道创造了风味，这些心理上的相互作用有着明显的含义，即关于所有酒花印象的含义，对于这些研究结果，这些相互作用提供了另一种解释：

• 罗克·博顿啤酒厂的35位小组成员做了一项实验发现，苦味测量与酒花风味或酒花香气之间没有明显的关系，但是苦味的感觉与酒花香气和酒花风味有着重要的关系。这表明，当饮酒者闻到或品尝到“更多的酒花”时，他们会感到更苦，即使分离出来的α-酸含量是相同的。

• 在比利时的一项研究中，科学家们使用少量酒花油去酿造不同香气的啤酒。饮酒者们评估，那些加入辛辣酒花油的啤酒比那些没有加入辛辣酒花油的啤酒拥有更高的苦味强度，即使它们含有相同标准的苦味指数。相比之下，定量配以风味酒花油的啤酒有着较低的强度分数，辛辣酒花油也可以提高口感[26]。

啤酒的一个挑战，更确切地说是酒花的挑战，即正在建立一个有意义的词汇表。19世纪70年代，效仿丹麦风味化学家莫滕·美拉德（Morten Meilgaard），美国酿酒大师协会和美国酿造化学家协会开发了一种啤酒风味轮，这是最早的一批风味轮之一。葡萄酒风味轮紧随其后，然后是枫树产品风味轮、南非白兰地风味轮等。啤酒风味轮并不是为消费者而设计的，而是一种提供参考化合物的轮盘，即添加到啤酒样品中的可表示预期风味的化合物。风味轮的尺寸在不断变大，从事于设计风味轮的委员会很有可能会设计安排几种亚轮。

这所莱茵美因应用技术大学发明了啤酒香味轮（实际上有两个轮），目标是向消费者提供更加准确的沟通术语，减少了对啤酒缺陷的关注。帮助开发术语的小组成员使用水果香气、香料、日常原材料和其他食品去描述他们印象中的感受。他们通常首先使用水果味、花香味来描述——不专属酒花但又经常与酒花息息相关。图1.7所展示的香味轮版本专为消费者研发，另一个略微综合的版本用于工业用途[27]。

或许随后便会发明一种描述酒花细节的风味轮，但是到目前为止，建立一个以酒花为中心的词汇表仍是挑战。对比由约翰巴特哈斯父子集团编辑的《酒

图1.7　莱茵美因应用科学大学开发的啤酒香味轮（由Annette Schmelzle 提供）

花香气概要》（*Hop Aroma Compendium*）中的描述语，英国酿造研究小组使用此书来评估Botanix（约翰巴特哈斯父子集团）产品。为了更好地编辑《酒花香气概要》，侍酒师和香水师们评估了薄荷醇、茶叶、绿色水果、柑橘、青草、蔬菜、焦糖奶油、木质香、香料/草药、红浆果、甜水果和花的香气。另外，他们还添加了他们独有的描述语，如蓝宝石（Saphir）酒花含有的刺柏、草莓和柠檬香草味。英国酿造研究小组对22种啤酒进行了评估，包括热带水果和柑橘水果味（受过特殊训练的味道品尝者比饮酒者更容易评判其不同）、梨/苹果、草药、绿草味和木香，其中还包括一些对训练品评小组很有意义的风味，如余味、酒体、硫味和二甲基硫[28]。

苦味的描述语与舌头的感知有着紧密的联系，但是史蒂文森的研究表明，这可能成为风味和香味语言的一部分。

这些语言包括苦味，当然也包括涩的苦味、白垩质的苦味、药的苦味、金属的苦味、强烈的苦味和阿司匹林的苦味[29]。

1.5 为什么你闻到的是番茄味，而我闻到的是……

近期有证据显示，大脑的结构与不同尺寸大小的气味受体和男女之间的细胞构架有关。平均来说，女人在低浓度含量下便可探测到气味，她们更容易去评估那些强烈的或令人讨厌的气味，更容易通过名字去识别它们。尼尔森发现啤酒厂品尝小组成员们之间的不同有规律可循。他说，当内华达山脉啤酒公司开始评估一种富含巯基化合物的西楚酒花时，小组中的男成员将其描述为热带水果风味，而女成员将其描述成猫骚味，或者说让她们回忆起番茄这株植物。

超越性别的差异。巴克和阿克塞尔发现，他们鉴别的许多DNA序列实际上是内含子，这些基因意味着它们不再具有功能。每个人大约都有350个嗅觉受体，而不是1000个活跃的嗅觉受体。350个受体不一定是相同的，这也提供了一个生物学原因，即为什么两个人感知同一种组合气味是不同的，例如单一酒花品种的组合气味，或者组合气味中的一种气味可能会掩盖某种特殊的气味。以色列遗传学家多伦·兰斯（Doron Lancet）说："最终都拥有一个条形码，每个人都有一个稍微不同的条形码。"

洛克菲勒大学的凯勒证实，遗传变异导致了知觉上的差异，他和他的同事要求500人对66种气味进行强度和愉快程度的评价。对每一种特殊气味的反应从微弱到强烈、从极度不愉快到美妙进行排列。凯勒说："每个人的嗅觉世界都是一个独特的、私人的世界[30]。"

这些差异并不是绝对的，可能随着训练而发生改变，这是大脑内部发生变化的一个重要信号。例如，大多数人在四十多岁时嗅觉技能开始恶化，但随着年龄的增长，许多香水师的嗅觉也会变得更好。最普遍的估计是人类可以分辨出1万~4万种气味，但是，经过培训的香水师、威士忌调酒师和大厨们或许能够分辨超过10万种气味。一项研究调查了葡萄酒侍酒师和非专业人士在饮酒时的大脑活动，在加工认知相关区域及味觉和嗅觉信息整合区域，侍酒师的大脑显示出相互协调的活动，非专业人士的大脑活动则主要集中在感觉区域和与情绪反应相关的区域。研究表明，有关香气辨别的训练会导致大脑功能的变化[31]。

当然身体的限制依然存在，许多人都有专门的嗅觉缺失症，虽然他们原本有一种正常的嗅觉，但是他们不能察觉一种特殊的气味。在德国，托马斯·胡梅尔（Thomas Hummel）和他的同事们测试了1500名年轻人去分辨20种不同气味，他们发现，除一人之外其他人都有特殊的感觉迟钝，柠檬腈有一种柑橘味，但巧合的是几乎所有的人都认为柠檬腈是酒花香气中已确定的成分。

尼尔森说："然而，人类遗传学把整个谜团从未解变成了可知。"

三分之一的人对于β-紫罗酮（一种具有花香的化合物）是不敏感的，它在萨兹酒花中尤为突出，另外三分之一的人对其是极度敏感的，而尼尔森能定期体验到，他2004年开始在内华达山脉啤酒厂工作，帮助公司建成一套气相色谱-质谱-嗅闻仪，啤酒厂使用此设备来鉴别气味，并将其与饮用者的感知联系起来。1955年，气相色谱的发明使得科学家们能够提取出一种复杂的气味，并随着时间的推移将其分离，从而创造出其挥发性成分的视觉记录。从气相色谱中产生的个别气味被送入质谱仪（20世纪70年代开始使用，可准确识别分子）。

内华达山脉啤酒厂的专家们使用嗅闻仪来闻一种气味，同时将它们分离，嗅闻仪可以在一个触摸屏上记录他们对于气味的印象。当尼尔森在嗅探器上闻到一种特殊的碳烯醇化合物（一种氧化产物）时，他感觉到了强烈的雪松木香，这是一种与"贵族酒花"相关联的香气。他说，他所测试的人中有一半都对这种香气不敏感，与此相反，他对这种化合物非常敏感，有时他会注意到，在他喝完一杯啤酒之后，它的香气仍萦绕在杯子里。

这就是香气的影响。

参考文献

[1] Sydney Smith，et al.，"Hops at Home and Abroad，" *The Edinburgh Review* 116（1862），501.

[2] E.S. Salmon，"Two New Hops：'Brewers Favorite' and 'Brewers Gold，'" *Journal of the South-Eastern Agricultural College Wye Kent*，no. 34（1934），96.

[3] E.S. Salmon，"Notes on Hops，" *Journal of the South-Eastern Agricultural College*，*Wye*，*Kent*，no. 42（1938），54.

[4] Ibid.，5

[5] In 2011 the World Checklist Programme in the United Kingdom decided

to call the species previously referred to in all English-speaking literature as *H.japonicas* by its Chinese name, *H.scandens*, because of its Asiatic origin.

[6] Alfred Chapman, *The Hop and Its Constituents* (London: The Brewing Trade Review, 1905), 65.

[7] *One Hundred Years of Brewing* (Chicago and New York: H.S. Rich & Co., 1903, reprint, Arno Press, 1974), 90.

[8] G.B. Nickerson and E.L. Van Engel, "Hop Aroma Profle and the Aroma Unit," *Journal of the American Society of Brewing Chemists* 50 (1992), 81.

[9] T. Kiyoshi, Y. Itoga, K. Koie, T. Kosugi, M. Shimase, Y. Katayama, Y. Nakayama, and J. Watari, "The Contribution of Geraniol to the Citrus Flavor of Beer: Synergy of Geraniol and ß-Citronellol Under Coexistence with Excess Linalool," *Journal of the Institute of Brewing* 116, no. 3 (2010), 259.

[10] T. Praet, F. Van Opstaele, B. Jaskula-Goiris, G. Aerts, and L. De Cooman, "Biotransformations of Hop-derived Aroma Compounds by *Saccharomyces cerevisiae* Upon Fermentation," *Cerevisia* 36 (2012), 126, 131.

[11] C. Schönberger and T. Kostelecky, "125th Anniversary Review: The Role of Hops in Brewing," *Journal of the Institute of Brewing* 117, no. 3 (2011), 260.

[12] Val Peacock, "The Value of Linalool in Modeling Hop Aroma in Beer," *Master Brewers Association of the Americas Technical Quarterly* 47, vol. 4 (2010), 29.

[13] F. Van Opstaele, G. De Rouck, J. De Clippeleer, G. Aerts, and L. Cooman, "Analytical and Sensory Assessment of Hoppy Aroma and Bitterness of Conventionally Hopped and Advance Hopped Pilsner Beers," *Institute of Brewing & Distilling* 116, no. 4 (2010), 457.

[14] Linda Buck, "Unraveling the Sense of Smell (Nobel lecture)," *Angewandte Chemie* (international edition) 44 (2005), 6136.

[15] Tim Webb and Stephen Beaumont, *The World Beer Atlas* (New York: Sterling Epicure, 2012), 188.

[16] Marcel Proust, trans. Lydia Davis, *In Search of Lost Time*, *Vol. 1*: *Swann's Way* (New York: Penguin Group, 2003), 47.

[17] H. Kaneda, H. Kojima, and J. Watari. "Novel Psychological and Neurophysical Signifcance of Beer Aroma, Parts I and II," *Journal of the American Society of Brewing Chemists* 69, no. 2 (2011), 67, 77.

[18] Robert McGorrin, "Character-impact Flavor Compounds," *SensoryDirected Flavor Analysis* (Boca Raton, Fla.: CRC Press, 2007), 223.

[19] Rachel Herz, *The Scent of Desire*: *Discovering Our Enigmatic Sense of Smell* (New York: Harper Perennial, 2008), 18-19.

[20] Toru Kishimoto, "Hop-derived Odorants Contributing to the Aroma Characteristics of Beer," doctoral dissertation, Kyoto University, 2008, 68.

[21] T. Kiyoshi, M. Degueil, S. Shinkaruk, C. Thibon, K. Maeda, K. Ito, B. Bennetau, D. Dubourdieu, and T. Tominaga, "Identifcation and Characteristics of New Volatile Thiols Derived From the Hop (*Humulus lupulus* L.) Cultivar Nelson Sauvin," *Journal of Agricultural and Food Chemistry* 57, no. 6 (2009), 2493.

[22] Henry Fink, "The Gastronomic Value of Odours," *The Contemporary Review* 50 (November 1886), 680.

[23] Avery Gilbert, *What the Nose Knows*: *The Science of Scent in Everyday Life* (New York: Crown Publishing, 2008), 93.

[24] R.J. Stevenson, J. Prescott, and R. Boakes, "Confusing Tastes and Smells: How Odours Can Influence the Perception of Sweet and Sour Tastes," *Chemical Senses* 24 (1999), 631.

[25] Gordon Shepherd, *Neurogastronomy*: *How the Brain Creates Flavor and Why It Matters* (New York: Columbia University Press, 2012), 115.

[26] Van Opstaele，et al.，452.

[27] Annette Schmelzle，“The Beer Aroma Wheel，” *Brewing Science* 62（2009），30–31.

[28] Thomas Shellhammer，ed.，*Hop Flavor and Aroma*：*Proceedings of the 1st International Brewers Symposium*，（St. Paul，Minn.：Master Brewers Association of the Americas and American Society of Brewing Chemists，2009），80.

[29] Ibid.，176.

[30] Laura Spinney，“You Smell Flowers，I Smell Stale Urine，” *Scientifc American* 304，no. 2（2011），26.

[31] Gilbert，67–68.

2

第2章 酒花的过去

酒花是如何成为酿造啤酒的基本原料以及层出不穷的酒花品种

1970年，在英国肯特郡惠特斯特布尔附近的格兰维尼沼泽地，工人们正在拓宽一条排水沟，意外发现了一艘安格撒克迅船的残骸。考古学家使用放射性碳将这艘船追溯到公元949年，这艘长约40英尺（12m）、宽约10英尺（3m）的船只可以确定是由某位不知名的水手所遗弃。他们在船上发现了多种多样的栽种样品，包括相当数量的酒花，显然这些酒花是作为货物的一部分进行运输的。剑桥大学的盖伊·威尔逊（D. Gay Wilson）推断，由于球果构成了酒花的大部分，所以认为该货物很可能是用于酿造，虽然在10世纪之前英国从来没有提到过啤酒中含有酒花。

这个发现为大事年表又增添了一个数据，那就是在第二个千年到来之前几乎没有关于酒的文件传入英国。威尔逊最终断定关于这艘船的很多东西仍然是个谜，但是沿着这条线可以了解到其他的一些事情：啤酒是一门受欢迎的科目，关于啤酒的一些文字记载弥漫在未经证实的言论、误导或错误的印证以及不充分的参考文献中[1]。

各种各样丰富多彩的故事使人们更深入地了解到酒花在特

定啤酒文化中的重要性，尽管几乎没有酒花应用进展的证据。这其中包含了几个故事，例如，有一个传说是犹太人在被囚禁于巴比伦期间没有染上麻风病是因为喝了带酒花的啤酒[2]，显然没有事实依据也不值得一直被提起，而且许多观点相互冲突，这也清楚表明很难找到酒花应用进展的证据。

葎草属很可能起源于至少六百万年前的蒙古。一百万年前，欧洲人从亚洲群体中分离了出去；大约50万年后，北美洲群体才从亚洲群体脱离。五种植物性酒花被大量保存了下来：心叶草（*cordifolius*，在东亚日本生长）、*lupuldoides*（在北美洲的东部和中北部生长）、蛇麻花（*lupulus*，生长在欧洲、亚洲、非洲，最后引入北美洲）、*neomexicanus*（在北美洲西部生长）和毛竹（*pubescens*，主要生长在美国中西部）。

最近，越来越多研究酒花的科学家从遗传学多样性角度分析生长在黑海和里海间高加索山脉上的野生酒花。在2009年的一篇已发表的研究论文中，捷克酒花研究协会的约瑟夫·帕扎克（Josef Patzak）是其中的一位作者，他说："酒花迅速地从中国传到欧洲，但是生长在高加索山脉的酒花却与它们有着少许的不同。"研究者发现，生长于高加索山脉的酒花种群和欧洲酒花种群之间存在着基因方面上的相互独立性，原因在于气候或地理位置的改变阻碍了酒花迁移和基因漂移[3]。

约翰·阿诺德（John Arnold）暗示了在100年前，啤酒酿造的起源和历史中，本地的高加索部落或许是第一个在啤酒中使用酒花的部落。尽管奥塞特人（Ossetians）和Chewsures人的相关观察结果来自于19世纪，但是阿诺德辩称他们是从其他的高加索部落所分离出来的，并在远古时代，他们就已经开始酿造啤酒了。威尔逊重视这个结论，因为在公元前早期，普遍的实际操作技术（如酿酒）会通过相关贸易途径来进行高效率的传播，它们通常在罗马、丹麦、波罗的海和中欧地区进行传播。

在这些部落社会中，关于啤酒和酒花之间重要性的说明也不能证明他们是第一个使用酒花的人，但确实能阐明酒花是如何被嵌入在一些啤酒文化中。阿诺德写道："在西欧，酒花种植和加入酒花的啤酒从来没有深入到人们的灵魂和感情深处，（只是）进入到民间传说、民间歌曲、箴言、谚语、传说、迷信和咒语中，欧洲大陆东北部和东部人民对于酒花的态度是一样的，或许在许久之后，酒花才会被人们所重视。"在高加索人心中，啤酒在献祭仪式和敬神活动中扮演着十分重要的角色，部落成员认为神圣的饮酒容器和他们的财产一样宝贵。

酒花作用超过煮沸锅

几乎生长在世界各地的所有酒花都会在啤酒中终结，本书注重酒花在啤酒酿造过程中的应用。然而，研究酒花的科学家们仍在寻找能够使酒花广泛种植到别处的方法。例如，通过美国农业部在俄勒冈州发展起来的酒花茶（hop Teamaker）几乎不含有 α- 酸，但是却含有具有抑菌特性的大量 β- 酸，这使得酒花在糖加工过程和动物饲料中具有使用价值（酒花可抑制某些消化系统中的不良细菌）。

20 世纪 90 年代，俄勒冈州立大学的研究人员首次发现黄酮类化合物——黄腐酚在抗癌和抗氧化特性方面具有潜在效果。当然，黄腐酚在啤酒中的含量相当低，所以对于一个喝酒的人来说，每天要喝掉 30L 的啤酒才能受益。不管怎样，制药行业对从酒花中提取黄腐酚非常感兴趣。最近，一个欧洲委员会证实酒花能够治疗兴奋性、情绪低落和失眠。

另外，抛开啤酒领域，酒花在利口酒和糖果中大多被当作新鲜事物出现，酒花嫩枝在餐厅中很像芦笋（被腌制食用或者在酒花博物馆中当成礼品售卖），或者酒花球果被塞进枕头，而酒花枕头一直作为一种治疗失眠的顺势疗法而被出售，已经超过了一个世纪。

内科医生和中药大夫使用酒花，尽管只有一小部分的种植量，直到很久以后啤酒厂发现了酒花的酿造特性。1653 年，尼古拉斯 · 卡尔佩珀（Nicholas Culpeper）把酒花写成“在战神统治下，经过自然选择，酒花打通了肝脏和脾脏之间的障碍，能净化血液、放松胃部、洁净肾脏和疏通尿道”。他最后描述了酒花的其他优点，包括在治愈“法国疾病”方面的能力[1]。

注：[1] Nicholas Culpeper，*The English Physician*（Cornil，England：Peter Cole，1652），68.

Chewsurians人习惯用两个词描述酒花：*swia*和*pschala*，两者看起来都不像是在西方发现的一种衍生物。麦汁煮沸几天后，他们把在野外发现的酒花加到发酵罐中。奥塞特人也使用在野外生长的酒花来酿酒，并且至少在19世纪前是在煮沸期间加入野生酒花。在一首据说可以追溯到古代的歌曲中，一位少女告诉她年轻的恋人：“我将从桤木上收集依附的酒花蔓，作为你酿造啤酒时的必要原料！”从奥塞特人的词源学上来讲，酒花（*chumälläg*）这个词与添加过酒花的啤酒（*k'umäl*）有关，而与不添加酒花的啤酒无关。他们甚至声称在啤酒中加入酒花是他们自己的发明，即使历史上对此没有记载[4]。

19世纪的语言学家们仔细研究了各种各样与酒花相关的衍生词，其中一些人还将这些词语排列成具有联系的小组，虽然最后确定下来的小组很少，但是它们可以解决初级栽培和酿酒师首次使用酒花所出现的问题。我们能够确定的是瑞典植物学家卡尔·林镇（Carl Linné），众所周知的名字是林奈（Linnaeus），他在1753年对蛇麻草（*Humulus lupulus*）进行科学系统的命名，或许从*humle*（也可能是*humall* 或者 *humli*）得出*Humulus*，*Humulus*在瑞典语中即是酒花的意思，而*lupulus*在拉丁语中是酒花的意思[5]。

因为酒花的花粉和大麻的花粉是一样的，因此很难使用考古学依据区别酒花栽培和大麻栽培的不同，导致在推断酒花在何时何地生长的信息方面造成了相当大的混乱。然而，在经历过洪涝灾害的遗址中，我们发现了保藏完好的小果实和小苞片，这无疑为酒花出现在不同地区提供了有力的证据。尽管罗马作家多次提到日耳曼啤酒和凯尔特啤酒，但在罗马的铁器时代或罗马时期，并没有发现任何可以表明栽培酒花的材料。表明有酒花栽培或应用于酿酒的第一次大发现可以追溯到6世纪或9世纪，是在瑞典西部和法国观察到的。在11世纪到12世纪间，酒花种植量显著增长，中欧的北部及西部、荷兰、德国北部和捷克都种植着大量酒花。

有书面证据表明，在8世纪，酒花才被人们熟知，并且被种植在修道院的花园中。在公元前822年，科尔比（Corbie）的修道院院长阿德哈德（Adalhard）颁布了一系列法令，表明修道院在酿造过程中加入了酒花。有一关键段落指出，制麦的每个过程都要交给修道院的搬运工来完成，他们也用自己制备的麦芽。同样的原则也应用到酒花身上，如果酿造啤酒的原材料不够了，需要自己采取措施从别的地方寻找材料，如在野外收集酒花，并没有提到酒花花园。在这些法规中没有提及酿酒，因此没有迹象表明在酿造过程中何时添加酒花[6]。

虽然酒花栽培的传播意味着酿造者使用了酒花，圣·鲁伯斯堡的女修道院院长希尔德加德（Hildegard）的作品证实了，在300年前他们就将麦汁和酒花一起煮沸，并证明了酒花的防腐作用。1150—1160年，在《自然史》（*Physica*）一书中，她写到：如果你希望用燕麦和酒花酿造啤酒，煮沸时要添加“草药”和几片树叶灰烬，从而起到净化饮酒者胃部和放松胸部的作用，而且，将酒花加到饮料中时，尽管很苦，但能够阻止饮料腐败，并能延长保质期[7]。

希尔德加德没有提到酿造者是如何发现煮沸酒花的重要性，并且看起来这似乎永远是个谜。在《啤酒：一品脱的故事》（*Beer*：*The Story of the Pint*）一书中，马丁·康奈尔（Martyn Cornell）称它为“啤酒酿造史上最伟大的谜题”，并提出了一个理论：“或许是一位在中欧某个地方的染工为了将颜料染到衣服中，煮沸了装有酒花球果的衣服一个小时或者长达一天，无意中尝到了冷却的染料，惊奇于其中的苦味。”由此提出把酒花叶和酒花球果用作了染料的事实。他假设，这位染工或许已经决定去看看是否这个结果同样适用在啤酒中，并且进一步发现了酒花的防腐能力[8]。康奈尔承认这并没有什么能够支撑的证据，却提出了一个建议强调将酒花煮沸一段时间能够对酿造过程产生戏剧性的变化，并最终应用于啤酒中。如今这堪称颠覆性技术，而酒花这种“外来物质”成为主角也就不足为奇了。事实上，没有证据表明关于煮沸酒花的好处起源于某个单一的地方，并从那里传播出去。在偏远地区酿造啤酒的酿酒师们或许已经独立发现了煮沸酒花的好处。

虽然使用酒花的好处已经非常清楚，但是加入酒花的啤酒成为主流饮品是花了几个世纪的时间而不是短短数十年完成的。在《中世纪和文艺复兴时期的啤酒》（*Beer in the Middle Ages and Renaissance*）一书中，理查德·昂格尔（Richard Unger）描述了德国北部小镇上的酿酒师们，在出口使用酒花酿造而成的啤酒之前是如何第一时间精通其酿造过程的，然后其他地区的酿酒师也重复了这种模式。此外，饮酒者也不得不接受一种尝起来比他们以前喝的更苦的一种酒[9]。

朱迪思·M.贝内特（Judith M. Bennett）在《英国爱尔、啤酒和酿酒师》（*Ale, Beer, and Brewsters in England*）一书中做出解释，说道：“英国酿酒师和饮酒者慢慢接受酒花的故事是一个关于城市化、移民、资本化和专业化的故事，也是一个对于酿酒师们来说趋于男性化而很少被女性追捧的故事[10]。”英国人能明确区别爱尔啤酒和啤酒，只因后者加入了酒花。在欧洲大陆，主要有一点不同，即*gruit* ale和hopped beer，前者是在英国还没有使用酒花之前，酿酒师们通过向啤酒中添加草药来增加啤酒苦味的一种爱尔啤酒，而后者是添加酒花所酿造出来的啤酒。

在《神奇草药疗效啤酒》（*Sacred and Herbal Healing Beers*）一书中，作者史蒂芬·布尼尔（Stephen Buhner）提出一项可供选择的理论，即为什么在开始酿造啤酒时，酿酒师们使用酒花会优先于草药和香料。他不重视众所周知的使用酒花带来的优势，并且偶尔还会曲解历史，但是他的观点已经受到了足够多的关注，并去思考如何寻迹爱尔啤酒（包括添加草药的与没添加草药的）和啤酒（开始于10世纪）的发展史。

布尼尔写到：“我们需要牢记添加草药的爱尔啤酒的特性：大量饮用时，

它是令人极度兴奋的麻醉剂、壮阳药和精神药品。添加草药的爱尔啤酒会刺激人的大脑产生令人愉悦的感觉，同时也可以增强性冲动。加入酒花的爱尔啤酒是完全不同的，它效果温和，并且不会引起性冲动。换句话说，这会使饮酒者昏昏欲睡并减少性冲动。”

他暗示了酒花与新教改革之间的直接关系。由于历史记录的详细记载，他推断草药在受到排挤之后被酒花取代，然而这种现象主要反映出新教对于“药物”的强烈反对，天主教会与尝试打破垄断的竞争商人进行合作，其目的是提高他们的经济利益，其动机是宗教的和商业的，原因与19世纪在美国吸食大麻非法是类似的[11]。

美索不达米亚（Mesopotamia）和埃及（Egypt）地区的酿造记录包含对草药和香料的描述，向啤酒中加入草药和香料的目的是提高啤酒保质期及其风味稳定性，而准备治疗药物的药剂师们通常将它们投入啤酒中。在政府下令严格管控含药草的啤酒之前，酿酒师们已经使用大量的草药来酿造啤酒。虽然草药为啤酒本身添加了风味物质，并使啤酒拥有一定的保质期，但是啤酒成分的组成仍然是个秘密，且不同地区间的成分组成也是不同的。酿酒师们酿造出的含草药的爱尔啤酒像很多中世纪的爱尔啤酒一样，装在一个独立的容器中，他们把水和麦芽混合，同其他辅料一起加热，加入糖化锅中，有时候煮沸，有时候不煮沸，然后倒入木槽或木桶中进行发酵。

19世纪查理曼政府成立，拥有皇帝权力去支配一块未开发的国土，顺理成章地在这块土地上种植了植物，由此构成啤酒的关键组成部分。这些植物主要包括香杨梅（*Myrcia gale*，英文别名sweet gale）、野生迷迭香和蓍草。在低地国家（指荷兰、比利时、卢森堡），可以在野外捡到香杨梅叶，在使用前要干燥并压碎。香杨梅和野生迷迭香不常生长在同一个地方却能够提供相同的“辛辣味道”，所以在酿造含草药的爱尔啤酒时，酿酒师们只会选择其中一种草药。在啤酒的酿造过程中，田园酿酒师和修道院酿酒师使用了不同的混合物，其中包括一些其他植物材料和香料，如德国的生姜、大茴香和小茴香。在不同的国家，月桂叶、马郁兰、薄荷、鼠尾草、橡子、香菜、艾草、树皮以及能够生长的其他植物都进入到草药爱尔啤酒中。

阿诺德写道：“在中世纪时期，官方将酿造含草药爱尔啤酒的人统称为*fermentarius*，他们除了是酿酒师之外还是一名药剂师，他们视这些草药为啤酒酿造的材料，并且会根据自己的喜好将它们混合在一起。在这个时期，他们忽视了草药或药品的特性，不在意草药是否有毒，而是致力于向啤酒中添加一些新的特性或风味。”

他报道说野生迷迭香有“令人兴奋的作用”，但没有引起教徒或政府官员对这个问题的重视[12]。布尼尔写了一篇关于斯堪的纳维亚半岛的记录，描述了加入香杨梅的啤酒是如何令人陶醉的，但在中世纪时期，香杨梅的添加量是保密的，你也无法通过对比来得出其真正添加量。然而，税收记录表明在爱尔啤酒中添加草药的量远少于酒花的添加量，最后被酒花取代。昂格尔承认“一些同时代人可能会有不同的想法”，但是没有证据表明加入香杨梅的啤酒更容易醉酒或者草药有麻醉作用[13]。

国王授予修道院外的教士酿造含草药（*gruitrecht*）的爱尔啤酒的权利，控制了草药的供给量，垄断了荷兰等低地国家（包括荷兰、比利时、卢森堡）、威斯特法利亚地区、莱茵兰和莱茵河下游地区的伯爵和主教用于酿造啤酒的草药。大约在公元946年，奥托一世（Otto Ⅰ）授予了让布卢修道院最古老的权利。伯爵和主教经常控制这些权利，并且在12世纪经常把草药权利出售或者租给小镇。

关于草药仓库（*Gruithuis*），荷兰的多德雷赫特（有一套酿造设备）就是其中的代表。一名草药管理员监管混合草药、收取税金，并经常做一些酿造工作。他要求酿酒师把计划用到的全部麦芽带到草药仓库，以便根据麦芽数量而不是草药的数量收取草药税。草药管理员从多德雷赫特的木桶中取出潮湿的草药，这进一步使得他可以保持酿酒材料的神秘感。1322年，加酒花的啤酒出现在多德雷赫特之后，以草药酿成的啤酒称为爱尔，新出现的啤酒称之为酒花啤酒。当酿造者开始生产酒花啤酒时，一些城镇要求酿造者使用自己草药仓库的酒花，如果酿酒师在其他地方买酒花，仍要交酒花税，酒花税逐渐取代了草药税，并在镇上迅速传开，酿造啤酒时要加入酒花，以便出口。在14世纪的莱顿，草药的税收仍然是酒花税收的8倍，酿酒师们更多专注于本地市场。相较而言，在1470年高达（Gouda）和代尔夫特（Delft）的纳税册上，都没有提到草药，他们酿造的啤酒主要用于出口。

城镇官员很少关注酿造技术而仅关注啤酒桶要上交的税费，将提升酿造技术留给酿造者去考虑，让他们自己去挑选草药或者酒花去酿造啤酒。在法国，对酿造技术的描述将会表明为什么他们倾向于后者：“许多年前，法国酿造者倾向于酿啤酒时不加入酒花，用胡荽籽、苦艾以及黄杨木皮代替酒花，但是其酿出的啤酒质量劣等且不受消费者喜爱，从而迫使酿造者使用酒花[14]。”

早在13世纪初期，来自不莱梅、汉堡、维斯马和德国北部其他地区的酿酒师们就已开始使用货船来运输添加酒花的啤酒了，他们开创了酒花和啤酒的贸易往来，同时也加大了人们对于添加酒花啤酒的需求量。酒花的栽培传到斯堪的纳维亚，其神职人员和君主制度大大增加了酒花的生产。1442年来自巴伐利亚州的克里斯多夫（Christopher），同时也是丹麦、挪威和瑞典的国王，命令所有的农场主必须有“40根架杆的酒花[15]”。政府要求登记过的农场主必须留出一部分土地种植酒花植物，在1491年前酒花出口带来的价值能占到瑞典出口值的14%。

酒花庆典

在比利时西佛兰德斯，波珀灵厄小镇的人口数量不再是酒花收获季节移民工作者汇集小镇时的两倍了，但是每三年大约有 25000 人还是会在 9 月的周末涌入城市的中心街道。酒花啤酒节的亮点是游行，游行的队伍宛如一条长蛇穿梭在波珀灵厄小镇的街道上，游行乐队后面跟着骑着马的骑手，骑手后面跟着花车，花车上的年轻人和老人都穿着有特色的服装，这些服装描绘了过去时代的酒花采摘者，有的甚至把酒花装扮在身上。

历史来源于生活，就像捷克、英格兰和其他一些发展中地区每年的丰收节一样，这些地区大多也有令人惊奇的酒花博物馆，例如，波珀灵厄酒花博物馆位于前市政地段上，在四层楼的每一层，都有互动站，里面有为孩子和成人准备的小测验。

欧盟对捷克扎泰茨地区的综合投入超过了一百万欧元，包括一个酒花啤酒寺院、一个由塞满酒花包的麻袋组成的迷宫、一个酿造餐厅以及一间 4000m^2 的酒花博物馆。一个新建的、40m 高的“酒花灯塔”，当夜晚点亮时，酒花灯塔宛如火炬，顶部的酒花架杆则明亮如焰火。

白天，博物馆外面闪烁着金属光泽；夜间，博物馆外面发光。它占据了一个前身为仓库和酒花包装厅的四层楼，每层都有照片、雕刻、小工具、大型古董设备、短时效藏品和其他提供酒花历史的物品，有关酒花历史的书籍需要 1000 页才能匹配。

相反，在泰特昂之外的酒花博物馆位于一个运行中的酒花农场。一条 4km 的人行道将位于泰特昂中心的皇冠啤酒厂与博物馆连接起来。每两年，大约有 30 家啤酒厂，包括波士顿啤酒公司和安海斯 - 布希公司，沿着这条小径举办啤酒节，该庆典活动能吸引 12000 人参与。

泰特昂酒花种植者协会前任主席伯恩哈德·洛克（Bernhard Locher）创建了这个博物馆，如今他的家人在附近的农场种植了 35 英亩（0.14km^2）的泰特昂酒花。一条通道从一栋建筑延伸到酒花种植的地方，让游客可以在成熟的酒花中漫步。 他们可以与那些紧密接触到酒花的工作人员一样，体验现代化的酒花收割技术，这与博物馆中展示的截然不同的历史形成了鲜明的对比。

展品包括在支付和付款过程中所做的标记、在酒花狂欢节所戴的五颜六色的木制面具以及描绘传统形象“酒花猪”的图片。

它可以追溯到一个时代，男人们会剪下自己种植的酒花藤蔓，扔给女性采摘者。采摘者只有等篮子装满才有报酬，所以无论谁收到最后的一份酒花藤蔓，都有权把所有其他篮子的东西塞进她自己的篮子里。伯恩哈德·洛克的儿子卢卡斯·洛克（Lucas Locher）说：“漂亮的女人经常收到酒花藤蔓。”

几乎每一个博物馆都提供类似的特殊展示，给人留下强烈的印象，就像沃尔恩察赫的德国酒花博物馆里的巨型球果一样，这个 5m 长的巨型球果的体积是一辆驱动咖啡车的 2 倍，而建造如此规模的酒花球果需耗资 1 万 ~100 万不等。在博物馆内，各种各样的按钮会释放出一层雾气，饱含着哈拉道地区种植的不同酒花的气味。

酒花博物馆 Hop Museum
捷克，扎泰茨
www.muzeum.chmelarstvi.cz
www.chchp.cz
德国酒花博物馆
德国，沃尔恩察赫
www.hopfenmuseum.de
德国泰特昂酒花博物馆
德国，泰特昂 - 巴登符腾堡州
www.hopfenmuseum-tettnang.de
比利时波伯灵厄酒花博物馆
比利时，波伯灵厄
www.hopmuseum.be
酒花农场家庭公园
英国，肯特郡
www.thehopfarm.co.uk
美国酒花博物馆
华盛顿州，塔本尼许（Toppenish）
www.americanhopmuseum.org

1321年，荷兰伯爵威廉三世（William Ⅲ）通过禁止人们从汉堡进口啤酒，向酒花啤酒的流行做出了反应，同时允许荷兰酿酒师首次使用酒花。两年后，

他取消了禁令，不再限制进口，而是对其征收新税。到1369年，汉堡有457家啤酒厂生产酒花啤酒，并将大部分啤酒运往荷兰。最终，荷兰酿酒商生产的啤酒与从德国进口的啤酒竞争良好，并开始向其他国家出口。

这些国家也包括英国。在14世纪70年代，出口的酒花啤酒首先销往英国东部、南部的沿海小镇，而啤酒的销售主要是卖给来自低地国家的移民者。“荷兰人（Dutch）”或“外国人（alien）”一词指的几乎是来自低地国家或德国的所有人，15世纪初，第一批“荷兰”酿酒师开始在伦敦使用酒花酿造啤酒，150年后这批酿造者主宰了贸易。以酒花酿制的啤酒不仅需要一种新技术，还需要一个不同的过程，这个过程需要单独煮沸酒花。

与不含酒花的啤酒相比，含酒花的啤酒不需要同样多的麦芽，酿酒师们在酿造啤酒时可以节省成本。在《酒花花园的perfite平台》（*A Perfite Platform of a Hoppe Garden*）一书中，作家兼种植酒花的农场主雷金纳德·斯科特（Reginald Scot）声称：“使用不到一蒲式耳（1蒲式耳≈36.37L）的麦芽是无法酿造出体积为8~9加仑（30~34L）的一般爱尔啤酒，却可以酿造出18~20加仑（68~76L）的质量很好的啤酒[16]”。简单地说，作为一名爱尔啤酒酿酒师，我们通常需要一半的麦芽，因为随着酒花的添加，高浓度的酒精含量并不是提高啤酒保质期的必要条件，如此可以很容易地抵消酒花、额外设备的成本，同时也可以抵消煮沸酒花、提高啤酒防腐能力所需要的额外燃料费用。请参阅《英国爱尔、啤酒和酿酒师》（*Ale, Beer, and Brewsters in England*）一书中的数学换算公式（s.代表先令，d.代表便士）：“为了提高啤酒产率，酿造商们必须这么做，当然，由此带来了酒花及燃料的额外成本。威廉·哈里森（William Harrison）的妻子马里恩（Marion）花费了10先令的麦芽、2便士的香料、4先令的木材燃料和20便士的酒花（先令、便士均为英国货币单位，1先令＝12便士）；如果我们假设她的一半燃料花费在水沸腾前的阶段（酿造爱尔和啤酒的共同步骤），而另一半燃料花费在酒花加入麦汁时剧烈翻腾的阶段（仅在啤酒酿造过程中的一步）。酿造除了爱尔啤酒以外的啤酒还需要额外消耗2先令的木材燃料和20便士的酒花。额外花费的3先令8便士（大约占原料总花费的25%）使她的酿造产量增加了2倍多，每蒲式耳麦芽可以酿造出约20加仑（76L）的啤酒。对于像马里昂·哈里森这样的家酿啤酒商来说，能增加啤酒产量而成本增加较少还是很不错的，对于一间商业啤酒厂来说，啤酒酿造的产量越高，他们得到的利润就越高[17]。”

起初，啤酒酿酒师以较低的价格出售他们的产品。例如，在1418年，英国军队在法国购买一桶爱尔啤酒的费用是30先令，但购买一桶酒花啤酒的费用是13先令6便士。随着时间的推移，这种差异消失了，就像在欧洲大陆一样，使用酒花的酿酒师们获取了更多的利润。

酒花啤酒在欧洲的传播，无形中推动了啤酒和葡萄酒间消费分界线的南移。德国南部的温和天气有利于生产葡萄酒，但很快啤酒成了巴伐利亚的日常饮料。在13世纪，富裕的佛兰德人在吃饭时会喝红酒，到15世纪，他们却更喜欢啤酒，并且饮用带有酒花的啤酒是一种地位的象征。葡萄酒的销售量也反映了这种转变，在15世纪的首个40年里，法国波尔多地区的葡萄酒出口量比14世纪首个40年相比下降了15%。

在巴伐利亚，慕尼黑酿酒条例第1447~1453条规定，在酿造啤酒时只可以添加大麦、水和酒花，也就是现如今《啤酒纯酿法》中反复强调的在1516年颁布的法令，但这并不是酒花在啤酒中作为一种必要成分而战胜了草药的原因，这标志了一个既成事实：在16世纪，德国和低地国家的啤酒销量增长得比工业化之前的任何时候都要快。

那时，英国越来越多的本土饮酒者已经尝到了酒花啤酒的滋味，但特殊的是，酿造爱尔啤酒仍然不使用酒花。尽管不是全部，仍有一些英国爱尔啤酒酿酒师像欧洲大陆酿酒师一样习惯使用很多的草药和添加剂，但没有制度要求他们从政府或代理商那里获得草药混合物。事实上，康奈尔在《琥珀色、金黄色和黑色啤酒》（*Amber*, *Gold*, *and Black*）一书中提出了一个强有力的论点，那就是：在中世纪的英国爱尔中，没有添加任何草药，这同时也证明了伦敦和诺威奇的爱尔啤酒中没有添加草药[18]。此外，在1542年，那时的伦敦爱尔酿酒师比啤酒酿酒师要多，但是啤酒的销量远超爱尔的销量，作家兼医师的安德鲁·博尔德（Andrew Boorde）说，只有麦芽、水和酵母是属于爱尔啤酒的。

博尔德在著作《健康饮食》（*A Dyetary of Health*）一书中写到："我爱喝酒……喝不加酒花的啤酒，爱尔啤酒是英国人天生的饮品……啤酒……是荷兰人天生的饮品。"他暗示说，啤酒会带给英国饮酒者像荷兰人一样的胖脸和大肚子。被称为讽刺作家的米尔顿·巴恩斯（Milton Barnes）提出博尔德对酒花的偏见不仅仅是基于对健康的担忧。他报道说，当博尔德在蒙彼利埃学习的时候，他在一个"荷兰人"的房子里喝得酩酊大醉，喝的大概是"荷兰人"自己制造和饮用的酒花啤酒，博尔德在睡觉前（因为醉酒）呕吐了，呕吐物从胡子中流出。巴恩斯写道，当博尔德早上醒来的时候，他鼻子底下的气味太难闻了，他不得不剃掉了他的胡子[19]。

博尔德并不孤单，但正如其他轶事表明的那样，他是不断缩减的少数群体的一部分。例如，1520年，位于英国中部地区的考文垂镇有6600个人和60家啤酒厂生产酒花啤酒。1574年的伦敦，生产爱尔啤酒的啤酒厂有58家，生产酒花啤酒的工厂有32家，但似乎伦敦人消费爱尔啤酒的数量是啤酒的4倍之多。尽管如此，在接下来的一个世纪里，约翰·泰勒（John Taylor）曾争辩说："啤酒在荷兰登不上大雅之堂，在英国也是不为人所知的，直到后期，一位外国人来到我们的国家，将酒花和异教带入我们的生活，成为了这片土地上的一个无礼的闯入者[20]。"

爱尔啤酒和酒花啤酒之间的区别仍然是英国文化的一部分，爱尔啤酒在其他地方并不是很受欢迎，但也不再根据是否添加酒花来定义爱尔啤酒了。1703年，《绅士和农场主酿造最好的麦芽酒指南》（*Guide to Gentlemen and Farmers for Brewing the Finest Malt Liquors*）一书指出，二者只是一个度的问题："现在所有的爱尔啤酒都会添加少量酒花混合物，只是用于提高保质期，而且添加数量远没有强烈啤酒那么多[21]。"

2.1 我们喜欢路边生长的酒花

14世纪，查理四世国王将从波西米亚酒花植株上切割酒花用于出口的行为判处死刑，这表明农场主们明白并不是所有的品种都是一样的，而且已经知道如何切割地下茎，以繁殖更多的酒花。那个特别的品种，很可能是萨兹酒花的祖先，是首次在野外发现生长的本地酒花。俄勒冈州美国农业部农业研究服务部的植物遗传专家约翰·汉宁说："750年前，有人断定这是一株极好的酒花。多年来，种植者选择了长势最好的酒花，它可能是一个突变株。"

由于环境因素和自然异花授粉，这些酒花继续进化。由于酒花产量、酿造能力、疾病抵抗力和其他因素，农场主们会选择培育其他同类型的变种，而这些同类型的变种都是自然生长在农场主田野里的。正如瓦尔·皮科克所说的那样，在现实生活中，我们之所以做出这样的决定其实是非常简单的，他说："在这条长满酒花的小路上，我们喜欢生长在这边的酒花而不喜欢生长在那边的酒花。"

20世纪初，魏恩施蒂芬的巴伐利亚农业学校收集了60个酒花品种。1901年，约翰·珀西瓦尔（John Percival）描述了英国20个不同品种的酒花，名单上不包括被其他作家命名的几个品种，但确实提到了很多品种可能是哥尔丁酒花的变种，酒花遗传学家称其为地方品种酒花，意味着酒花反映出地域属性，即随着时间的流逝，酒花逐渐生长，并适应了这片地区。当酒花培养者开始使用异花授粉来创造新的变种时，他们通常是从这些基因型开始的，因为他们有酿造者喜欢的品质。在20世纪初，所有被培养的品种实际上都是地方品种，但是由约瑟夫·帕扎克（Josef Patzak）等人编译的一份评估野生型酒花基因多样性的清单向世人提供了一组切实可行的数据。作者指出，富格尔酒花和哥尔丁酒花来源于英国，泰特昂酒花、司派尔特酒花和哈拉道中早熟酒花来自德国，而萨兹酒花来源于捷克[22]，其中来自欧洲大陆的酒花是根据酒花生长的地区来命名的，而英国的酒花则可能是以发现者农场主的名字来命名的。

这些酒花被称之为“高贵/贵族酒花”，这个术语仅在20世纪80年代才开始使用，对于哪些品种应该包括在内，既没有固定的定义，也没有一致的意见。米勒康胜酒花产品小组的杰伊（Jay Refling）说：“另一方面，‘不高贵’也不会说明什么。高贵酒花意味着可感知到该酒花，同时也意味着你所做的事是经典的。”

相反，在塞缪尔·亚当斯（Samuel Adams）使用萨兹酒花、泰特昂酒花、司派尔特酒花、哈拉道中早熟酒花和海斯布鲁克酒花酿造出贵族比尔森啤酒（*Noble Pils*）之前，“贵族酒花”对于波士顿啤酒公司创始人吉姆·科赫（Jim Koch）来说具有着明确的意义。当描述到为何独树一帜如此组合这些酒花的原因时，他非常激动地说：“该比尔森啤酒酒花香非常优雅，如同交响乐般复杂；苦味芳香纯正，富有花香、辛香和柑橘香气，也有松木、杉木以及桉树的味道，绝对有别于任何其他酒花，事实上酒液中并没有外加植物花。”

确定是什么使它们与众不同，比追溯其存在的历史要简单得多。最初的萨兹酒花品种中有一株红色的茎蔓植物，被称为“萨兹红”或“诱惑红（Auscha Red）”，以区别于在该地区生长的“绿色酒花”。1869年，酿酒师购买“诱惑红”酒花的费用是1荷兰盾/千克，而购买“绿色酒花”的费用是0.56荷兰盾/千克[23]。半个多世纪后，当酒花育种先驱卡雷尔·奥斯瓦尔德（Karel Osvald）开始进行克隆选育，以改善萨兹酒花的农艺学品质时，他明确表示这种酒花应该能进化良好。

他写道：“目前的酒花文化是多种基因起源植物的后代混合体。酒花的品种问题是完全不清楚的，我们既不讨论捷克的红色萨兹酒花，也不讨论Semš酒花，Semš酒花起源于古老的诱惑红酒花，而古老的诱惑红酒花又起源于古老的萨兹酒花。今天，酒花的文化是完全混合的，尽管在一个酒花院子里相邻的植物之间并没有很大的区别。酒花是一种可以适应生长环境的植物，因为土壤和气候能赋予它们一定的特点[24]。”

事实上，DNA指纹技术已经证明了萨兹酒花、司派尔特酒花和泰特昂酒花之间存在着一种紧密的遗传关系，以至于大家都认为它们来自同一祖先，但它们表现出不同的形态学特征和酿造特性，因此本质上是不同的酒花，它们生长的环境也不同。

1768年，捷克扎泰茨镇的一场大火烧毁了历史文档，这些历史文档或许会提供更多关于早期的酒花培育信息，早期培育开始于公元1000年。在14世纪之前，关于波西米亚酒花的文献很少，但从查尔斯四世起就积极地推广波西米亚酒花产品。1553年，由于不诚实的商人会将打包好的劣质酒花以“真正萨兹酒花”的名义出售给他人，故除德国司派尔特小镇之外，波西米亚的帕拉图（Plattau）成为第一个拥有自己酒花标志的小镇[25]。

在司派尔特地区，虽然酒花种植显然可以追溯到8世纪晚期，但是，当波西米亚的一名修道士在14世纪引进了新的培养方法之后，这座小镇才在酒花贸易上崭露头角，现如今的遗传学证据表明，当时种植的酒花也许是萨兹酒花。1511年，该镇禁止了酒花的出口，不久之后，在纽伦堡的市场上指定了一名合格的酒花检查员。1538年，艾希施泰特王子主教（Prince Bishop of Eichstätt）授权司派尔特小镇成为第一个拥有德国酒花标签的城镇，在接下来的300年里，大约30个其他种植酒花的城镇也获得了德国酒花标签城镇的授权[26]。

19世纪20年代，来自司派尔特地区的酒花也会在英国卖出高昂的价格。1877年，P. L. 西蒙兹（P. L. Simmonds）对世界各地的酒花进行了全面的调查，从大多数关于产量的报告和农业实践中，对司派尔特酒花的质量发表了评论，他写到：“司派尔特小镇的酒花是最好的，而德国和法国啤酒酿造者，他们酿造的啤酒必须保持很长时间，因此必须添加司派尔特酒花和生长于奥地利的细腻而醇香的萨兹酒花，这些欧洲大陆生长的酒花有很高的声誉，甚至可以与法国拉菲酒庄、法国梧玖庄园和约翰内斯堡酒庄齐名[27]”。

另一方面，哈拉道中早熟酒花的遗传信息却不那么清晰。从9世纪到16世纪，哈拉道地区的酒花种植规模一直很小。1590年，在位于阿伯斯堡附近的比堡（Biburg）耶稣会修道院内，卡斯帕·斯陶德（Kaspar Stauder）种植了从波西米亚进口的酒花，他自己是一名牧师，后来他把酒花介绍给了耶稣会经营的其他农场，也许这些酒花就是后来被称为哈拉道中早熟或者简称为哈拉道的酒花。即使它们最初可能来自波西米亚，从遗传学角度来看，这些酒花与萨兹型的酒花不同，有着不同的酿造特征。

16世纪早期，弗兰德斯的难民建立了英格兰第一家现代酒花园（很可能是所有酒花园的第一个），他们种植的是弗兰德斯红茎酒花。酒花品种不同，茎蔓颜色以及条纹也不一样，例如，哈拉道中早熟酒花有红绿色的茎蔓及红色条纹，而司派尔特酒花则有绿色的茎蔓及绿色的条纹。红色茎蔓酒花是地产酒花品种，显然不同于在波西米亚或德国的酒花，但很可能有相似的属性。一项评估野生酒花遗传多样性的研究发现，在北美发现的野生酒花有很大的差异，但欧洲野生酒花并不像众所周知的地产酒花那样具有变异性和群生性。生长在英国土壤中的红色茎蔓酒花也没有产生足够多的、令人满意的蛇麻素。

18世纪初，英国农场主培育出了许多其他品种，之所以能培育出这些新品种，其一是因为从欧洲大陆引进了许多酒花植物；其二是因为自然异花（本地酒花或进口酒花）授粉的结果。在这本《耕种的全部艺术》（*Whole Art of Husbandry*）中，约翰·莫蒂默（John Mortimer）列举了四种特殊的酒花：野生型加里克（Garlick）酒花、长方形的加里克酒花、长长的白色酒花和椭圆形的酒花，然而，更常见的是两种白色茎蔓酒花和一种灰白色茎蔓酒花。18世纪晚些时候，梅德斯通（Maidstone）附近的一位农场主发现了一株生长在坎特伯雷的白色茎蔓酒花，由于其非凡的品质及高产性，该酒花在山上被标记出来，并不断繁殖，从其植株上切割根茎，可以继续繁殖[28]。

该农场主将这株酒花命名为哥尔丁，19世纪初期，它已经遍布英国各地。珀西瓦尔写道："虽然，哥尔丁酒花是坎特伯雷白色茎蔓酒花的一种，但它拥有着自己独特的特性，是一种精选出来的酒花[29]。"另外，1799年，肯特郡的一位农场主描述说，坎特伯雷的白色茎蔓酒花、法纳姆的白色茎蔓酒花以及哥尔丁酒花的确与众不同[30]。

直到最近，珀西瓦尔描述了富格尔酒花的起源：1861年，从酒花采摘篮中抖落下来的一粒种子发芽长成了富格尔酒花，而后由理查德·富格尔（Richard Fuggle）于1875年保种，这是英国其他命名酒花品种的一个精彩故事。2009年，《啤酒厂历史》（*Brewery History*）杂志上发表的一篇文章中，研究人员对这个故事的每一部分都提出了质疑，这对酒花历史来说并不令人觉得惊讶[31]。

富格尔酒花在历史上的地位是毋庸置疑的，在英国，它成了主要的酒花品种，富格尔酒花占据了种植面积的78%，1949年发生的黄萎病几乎将其灭绝。那时，俄勒冈州的农场主首要种植富格尔酒花，它们占据了美国酒花生产量的一半，在斯洛文尼亚，则称它为斯帝润亚哥尔丁（Styrian Golding）酒花，有些人认为美国泰特昂酒花就是富格尔酒花，它也是西楚酒花的老奶奶。富格尔酒花是卡斯卡特酒花的父本和祖父母，也是威廉麦特酒花的祖父母，或许在Wye学院生长的第一批矮小酒花植株中就有富格尔的幼苗。最近的研究表明，奥斯瓦尔德的萨兹酒花克隆体126号可能起源于富格尔酒花，尽管其克隆形态学特征和香气成分很像萨兹酒花，并不像富格尔酒花。显然，它有过去植株的特点，也有克隆植株的优势。

参考文献

[1] D. Gay Wilson，"Plant Remains From the Graveney Boat and the Early History of *Humulus lupulus L.* in Europe，" *New Phytol* 75（1975），639.

[2] John Bickerdyke made this statement in *The Curiosities of Ale & Beer*（p.26），but Wilson carefully explains why the connections Bickerdyke，and others，made do not hold up to scrutiny.

[3] J. Patzak，V. Nesvadba，A. Henychova，and K. Krofta，"Assessment of the Genetic Diversity of Wild Hops（*Humulus lupulus* L.）in Europe Using Chemical and Molecular Markers，" *Biochemical Systematics and Econology* 38（2010），145.

[4] John Arnold，*Origin and History of Beer and Brewing From Prehistoric Times to the Beginning of Brewing Science and Technology*（Chicago：Alumni Association of the Wahl–Henius Institute of Fermentology，1911，reprint，*BeerBooks.com*，2005），145.

[5] In his book *Oranges*（New York：Farrar Straus and Giroux，1967，64）John McPhee illustrates how easily confusion may arise related to botanical names. The ancient Greeks called the citron tree *kedromelon*，or "cedar apple，" when it arrived in the Mediterranean basin，because it resembled the cedars of Lebanon. The Romans turned that into *malum citreum* and applied the term *citreum* to all the various fruits of citrus trees. When Linnaeus made citrus the offcial

name for the genus he grouped lemons, limes, citrons, oranges, and similar fruits under a name that means cedar.

[6] Wilson, 644.

[7] Arnold, 230.

[8] Martyn Cornell, *Beer: The Story of the Pint* (London: Headline Book Publishing, 2003), 59–60.

[9] Richard Unger, *Beer in the Middle Ages and Renaissance* (Philadelphia: University of Pennsylvania Press, 2004), 55.

[10] Judith Bennett, *Ale, Beer, and Brewsters in England* (New York: Oxford University Press, 1996), 78.

[11] Stephen Buhner, *Sacred and Herbal Healing Beers* (Boulder, Colo.: Brewers Publications, 1998), 173.

[12] Arnold, 240.

[13] Unger, 31.

[14] P.L. Simmonds, *Hops: Their Cultivation, Commerce, and Uses in Various Countries* (London: E. & F.N. Spon., 1877), 94.

[15] Ian Hornsey, *A History of Beer and Brewing* (Cambridge, England: Royal Society of Chemistry, 2003), 307.

[16] Bennett, 85.

[17] Ibid., 86.

[18] Martyn Cornell, *Amber, Gold, and Black: The History of Britain's Great Beers* (London: The History Press, 2010), 173.

[19] Cornell, *Beer: The Story of the Pint*, 70–71.

[20] Bennett, 80.

[21] Cornell, *Beer: The Story of the Pint*, 86.

[22]] Patzak, et al., 136.

[23] H.J. Barth, C. Klinke, and C. Schmidt, *The Hop Atlas: The History and Geography of the Cultivated Plant* (Nuremberg, Germany: Joh. Barth & Sohn, 1994), 214.

[24] From "100–year Birth Anniversary of Doc. dr. ing. Karel Osvald (*sic*) ." Retrieved 23 August 2012 from *www.beer.cz/chmelar/international/a-stolet.html.*

[25] Barth, 202.

[26] Barth, 116.

[27] Simmonds, 86.

[28] William Marshall, *The Rural Economy of the Southern Counties* (London: G. Nichol, J. Robinson, and J. Debrett, 1798), 183.

[29] John Percival, "The Hops and Its English Varieties," *Journal of the Royal Agricultural Society of England* 62 (1901), 88.

[30] There is no way to determine if Golding has only wild English hops in its pedigree or a mixture of wild and Flemish Red Bine. Wye Hops has no authenticated examples of either the Flemish Red Bine or any wild English hops from the 1700s on which to base a comparative DNA analysis. The accession in the collection considered closest to the Flemish Red Bine is called Tolhurst. Unlike Golding, it contains farnesene, which might suggest an origin similar to Saaz or Hersbrucker.

[31] Kim Cook, "Who Produced Fuggle's Hops?" *Brewery History* 130 (2009), 3-17.

第3章 酒花的未来

酒花香味非常流行，但酒花种植者仍然要遵守农业经济学规则

在德国希尔酒花研究中心的试验田中，对每一棵幼苗都进行了编号，负责繁育项目的安东·鲁兹（*Anton Lutz*）很快在生长期幼苗中辨认出自己的幼苗，他称这棵幼苗为“我的幼苗”。一个月后，他会在田间做评估，手里拿着书，因此，如果碰到奇特的幼苗，很容易能查找到酒花植株的父本母本。

整个八月份，他每天都要一排一排地往前走，观察酒花的生长情况，德国的酿酒师称他为“与酒花耳语的人（德语为der Hopfenflüsterer）[1]”。波士顿啤酒公司酿造副总裁，同时也是希尔酒花研究中心咨询董事会的成员大卫·格林内尔说：“你看着他的眼睛，你会发现这个人经历了很多。”

鲁兹抓住一棵酒花，一边摇头一边说：“这棵酒花只是单枝，下一年它就不会再出现在这片土地上了。”他从一株酒花的白色茎蔓走到另一株，说道“这株酒花攀爬能力很差。”“那株酒花失去生命力了。”“这株攀爬能力不强。”“那株植物爬得太高但不够稳。”“这些酒花长得不错，或许我们可以收割了，可以从下往上收获球果。”“这些酒花有点感染霜霉病。”

鲁兹没有伸一次手去拿球果，并打开它来检查香味。走在鲁兹旁边的是基恩·普如巴斯卡（Gene Probasco），曾在雅基玛山谷中培育酒花植物。鲁兹说："第一种切实可行的评估方法就是用肉眼观察，一株酒花植株必定拥有着自己独特的外观判定标准，而且这个判定标准无需让人再看第二眼，通过这种方式我几乎可以知道我观察的酒花植物植株属于哪一类，并且我可以确信这株植物的父本母本是谁。"

酒花培育者不仅欣赏酒花的特殊香气，也非常愿意与他人分享这种香气，但理解农场主不会种植一种没有未来的酒花。他们第一次将关注点放在了农业经济学上，其目的是寻找高产量的酒花，因为这些酒花不易染病，不易受到昆虫的侵害，并且它们通常易于收割和贮藏。他们利用DNA标记和基因图谱的方法，在现代实验室可以立刻用一系列惊人的方法分析一株酒花，比如捷克扎泰茨酒花研究所以及德国希尔酒花研究所便是如此。

1981年，皮特·达尔比在到Wye学院工作之前从未见过酒花植物，如今，他正在研究酒花的单基因特点。他之前研究过抗病型豌豆及叶斑病的遗传特征。皮特·达尔比需要给自己放几周假，因为假期之后他有着一项艰巨的任务：他需要决定这些生长在肯特郡一家中国农场里的酒花，哪些是可以生存至下一年的，哪些是需要放弃的，否则，在他休假之前，他要每天都待在农场里，不停地评估这些酒花。这些并不是很复杂，他用一个关于他导师和豌豆植物的故事进行解释，达尔比伸出他的左胳膊演示说："把一些藤条放在胳膊上，当他找到要保留的酒花时，就种上一根藤条。"显然，许多酒花在下一年没有种植。

分子生物学的进步已经能够改变育种方法，但仍然有一些基础的东西处于核心地位。就如100多年前欧内斯特·史丹利·萨蒙所做的一样，达尔比也进行酒花的杂交，他收集了一株雄性酒花的花粉，并将收集好的花粉添加到雌性酒花的花粉管中，之后套紧袋子。秋天收集种子，来年春天他将种子播种在温室里。

他说："这些酒花是完全一样的，每株挑选出来的酒花其父本和母本是完全一样的，同时酒花的所有新性能也将在那个阶段展现。"5月份将这些幼苗种植到土壤里，这个时间种植长出的好的酒花就是最好的酒花，虽然这一点还未被证实。到目前为止，还没有发现可以加速酒花生长的方法。

你是我的母本吗？

1985 年，美国农业部推出了奇努克酒花，这是 11 年前从杂交品种中挑选出来的一株幼苗。查克 · 齐默曼（Chuck Zimmerman）拿出一株雌性英国酒花植株和一株命名为美国农业部 63012M 的雄株杂交得到奇努克酒花，这是华盛顿普罗赛研究站（Prosser Station）的繁殖计划的一部分，美国农业部于 1968 年从 Wye 学院得到了一株名为佩塞姆 · 哥尔丁（Petham Golding）的雌性酒花植株，而 63012M 是由酿金酒花和在美国犹他州收集的野生酒花杂交得到的。

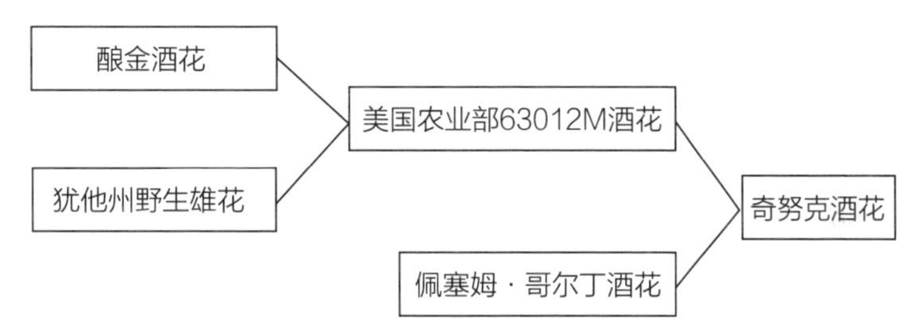

最近在斯洛文尼亚的 DNA 测试表明，哥尔丁酒花是奇努克酒花的母本。1977 年，Wye 学院的雷 · 内夫（Ray Neve）参加国际酒花种植者大会科学委员会会议时参观了科瓦利斯，证实佩塞姆哥尔丁酒花确实是奇努克酒花的母本。雷 · 内夫并不认为哥尔丁酒花有正确的球果外形，并切下一段送去 Wye 学院。对哥尔丁酒花植物进行重新生长的测试表明，它感染了酒花花叶病毒，如果这是一株真正的哥尔丁酒花，它将会很快被酒花花叶病毒杀死。后来，对球花油成分分析表明：在科瓦利斯采集的酒花植物被认为是奇努克的母本，而不是一株哥尔丁酒花。在哥尔丁酒花杂交产出奇努克酒花的过程中到底发生了什么，至今仍是个谜。

19世纪，酒花种植者只能在10~20年才盼到一场大丰收，结果造成过量田地种植酒花，导致丰收年里供应过剩；当收成不好时，又会造成酒花短缺，从而引起酒花价格剧烈波动[2]。在各大酒花种植中心，在20世纪建立新的酒花育种原则的想法并没有持续太久。1904年Wye学院开始了对酒花的研究项目，并在此后不久雇用了萨蒙，正是他的工作影响了后来的追随者。

现在世界各地运行着几十个公共项目和私人项目，比如在新西兰和澳大利亚，他们中的一些人最近推出了具有特别独特香味的品种，酒花的研究方向有：抵抗新老疾病、提高酒花产量、培育可存活的低茎蔓酒花以及服务于种植者的其他先进酒花。在南非、墨西哥和哥伦比亚，育种工作者在努力开发短时间内能长大的品种（这种酒花是一种短日照的植物，这意味着它在靠近赤道的地方不会开花）。

长期以来，原捷克斯洛伐克反对使用异花授粉方式进行酒花杂交，他们依靠克隆选择技术来改善它们的萨兹酒花。育种先锋卡雷尔·奥斯瓦尔德于1925年开始主持捷克酒花项目，他担心通过杂交来提高产量的尝试会导致萨兹酒花香气消失，保持同样的香气是最重要的，这是所有酒花项目都要秉持的原则。

奥斯瓦尔德于1948年去世，他生前深入研究了酒花杂交育种，并做了大量的笔记，但捷克人直到20世纪60年代才开始做杂交育种。直到1994年，他们才注册了第一个培育出的新品种。尽管一些新品种，如和谐（Harmonie）酒花、普莱米特（Premiant）酒花、斯拉德克（Sládek）酒花以及阿格纳斯（Agnus）酒花的种植面积增加了，但是萨兹酒花的产量仍然占捷克共和国产量的83%。2010年，捷克酒花研究所推出了第一株非克隆萨兹酒花，命名为晚熟萨兹（Saaz Late）酒花。20世纪90年代，科学家们开始利用来自萨兹酒花的雄性基因研究萨兹酒花，结果显示其与母本性状非常类似，其树脂含量和酒花油含量与母本也高度一致。然而，晚熟萨兹酒花的α-酸含量没有萨兹酒花变化大，这似乎受到了炎热夏季的影响，但它产量更高。在与奥斯瓦尔德的克隆酒花进行了7年的比拼之后，该研究所还向15家捷克啤酒厂发送了样品用于酿造试验。酒花研究化学家卡雷尔·克罗夫塔（Karel Krofta）解释这一过程说道："你必须依靠育种者的经验，如果繁殖期过短，就有可能在育种过程中暴露出一些不良的特性。"

以德国通过异花传粉培育酒花为起点，以申请酒花品种专利为终点，这一时间轴说明了酒花育种者为什么必须提前用10年或更长的时间思考。卢茨说："在全球范围内，育种者面临的最大问题是香气类型。每个酿酒师都有自己独特的想法，他们在自己的啤酒厂用自己的水源来进行酒花香气试验，你必须事先准备好大量的香型酒花，当酿酒师把想法告诉你后，你就可以告诉他们'我已经准备好'。"

新品种的诞生历程

在德国希尔酒花研究中心

第一年：75~100 个杂交品种。

第二年：在温室培育出 100000 株酒花幼苗，并且评估这些植株对粉霉病及绒毛病的抵抗能力，大部分都是不合格的。

第三年 ~ 第五年：对培育园里的 4000 株雌性酒花和 400 株雄性酒花进行评估，同时对它们的疾病抵抗力、枯萎度、高度、球果品质、产量以及香气质量进行再次评估。

第六年 ~ 第九年：保留 20~30 排优质的酒花，并对其产量和贮藏能力进行不间断的评估。

第十年 ~ 第十二年：选择高品质酒花植株，在不同地点的田间进行酒花培育试验和酿造试验。

第十三年 ~ 第十四年：申请酒花新品种的专利。

在位于科瓦利斯的美国农业部

第零年：进行杂交育种。

第一年：在温室中种植酒花幼苗，并且从中挑选抵御粉霉病的酒花植株。

第二年 ~ 第四年：对酒花进行田间测评、评估、收割及化学分析。

俄勒冈州酒花委员会和酒花研究委员会决定哪株酒花植株看起来很有价值。1979 年，由酿酒师、经销商和酒花培育者建立的美国酒花研究委员会（HRC）常年资助和指导美国酒花的研究。最近，波士顿啤酒公司和内华达山脉啤酒厂成为合作伙伴，美国酿酒大师协会于 2012 年 1 月加入了美国酒花研究委员会。

第五年 ~ 第八年：选择生长在多山地块的酒花植株，准确记录下收割酒花的时间，继续进行评估，以收集完整的数据。将样品送到啤酒厂进行中试酿造，啤酒厂从中选择喜欢的酒花样品。

第九年 ~ 第 N 年：选择生长在经济农场中的酒花植株（15~30 座小山丘或者 0.4 公顷内的酒花植株），并在多家啤酒厂进行测试，看酿酒师是否接受这种酒花植株。

2006年，卢茨首次杂交出具有花香、果味和其他异国香气的酒花植株。2012年，酒花协会申请了四种酒花植株的新品种专利，申请专利的速度比从这片田地杂交出的大多数品种都要快。在2011年的德国纽伦堡展览会以及2012

年美国精酿酿酒师大会上，酿酒师们在品尝了分别用两种新型酒花酿造出的两款样品啤酒之后，立刻对巴伐利亚柑橘（Mandarina Bavaria）酒花和北极星（Polaris）酒花产生了浓厚兴趣。

比起1926年德国人在希尔建立酒花研究中心以及1930年美国农业部在俄勒冈州开始酒花研究，现如今的科学家们有了更多的工具，例如可以采用分子标记法评判酒花的α-酸含量或其抗病性会更容易，然而，影响酒花特性的许多基因与一些复杂条件相互关联，因此，当研究者们选定酒花的某些特性时，他们也必须监控那些非预定目标的特性，以免节外生枝。

希尔酒花研究中心首要关注的是，培育与传统酒花一样具有相似香气的抗疾病酒花，鉴别抵御疾病能力有限的培养酒花和野生酒花，他们一遍又一遍地杂交酒花，其目的就是提高酒花抵抗疾病的能力。后来，当黄萎病影响到哈拉道中早熟酒花的未来时，他们的关注点转移到了抵御黄萎病上。Wye学院的酒花项目和希尔酒花研究中心的酒花项目之间互利共赢，首先，来自希尔酒花研究中心的抗霜霉病基因具有抵抗霜霉病的作用，之后此基因很快地引入到Wye学院的酒花项目中；其次，Wye的北酿酒花则协助德国希尔酒花研究中心抵抗了黄萎病的侵袭。在农场主和酿酒师要求高α-酸含量的酒花之后，希尔酒花研究中心的研究人员将Wye学院、南斯拉夫和美国农业部的栽培品种与自己的栽培品种进行了杂交，从而培育出了大力神（海库勒斯，Herkules）酒花，并在2005年推出，同时值得注意的是其α-酸含量和产量都很高。

德国政府每年提供180万欧元支持酒花研究中心的工作，希尔酒花研究中心的目标不断更新，这提醒我们，虽然在2012年一开始，寻求有独特芳香味的酒花主导了我们的关注点，但进行与酒花植株有直接关系的研究是更重要的。这些目标包括：

（1）培育有良好芳香味道的酒花植株。研究继续侧重于哈拉道酒花的香气。此外，该研究中心于2011年与泰特昂酒花育种者进行了一次合作，此合作的目的在于培育一株与泰特昂酒花具有相似香气的品种，但是与泰特昂酒花相比，此品种的α-酸含量略高、抗病能力更强，同时产量也高。

（2）开发具有特殊功能的酒花品种，不仅要包括特殊的芳香味，而且还要具有较高的β-酸、黄腐酚、抗氧化物质以及其他促进健康的化合物。

（3）开发一种低架杆酒花，这种酒花植株的产量和其他品质适合在低架杆上生长。因为许多德国农场规模很小，并且有的是家庭式运营，在现今的德国，这种生长模式谈不上带来经济效益，但在不久的将来就不一定了。

（4）培育抵御粉霉病的酒花植株。2001—2007年，希尔酒花研究中心筛选了收集于世界各地的1500株酒花，其目的是筛选出具有抗粉霉病的品种。

（5）利用分子标记法筛选抗粉霉病型的酒花植株以及区分雄株、雌株。

（6）与斯洛文尼亚酒花研究所进行合办项目是为了更快地检测出黄萎病。

（7）监测阻止酒花正常生长的类病毒感染或病毒感染。在德国，虽然病毒感染不是当前的问题，但病毒感染案例在其他酒花生长地区开始出现了。

2007年，英国政府划拨大量资金资助Wye学院的酒花项目，自1948年起，该项目已经使酒花行业和政府之间形成了一种平等的合作关系。达尔比是Wye学院酒花项目公司的领导人，一位公司元老（同时也是一名酒花农场主）托尼说："我们已拥有接近100年的经验，此外，在英国东茂林研究所附近，他还会种植树莓。"

在坎特伯雷附近托尼的一处中国农场中，Wye学院种植的酒花占据了大约8英亩（3.24hm^2）土地，托尼的员工在那里承包了大部分的田间工作，国家酒花协会（National Hop Association）支付这笔劳务费。达尔比站在Wye学院试验酒花田边，指着托尼农场中的那些交叉小路说："这一侧的酒花品种具有稳定性，"然后指着那边几块试验田地说，"这一边的酒花品种出现了多样性。"

Wye学院收集的酒花植株不仅包括一些经典品种，如1790年的老哥尔丁酒花和1875年的富格尔酒花，也包括来自日本、欧洲和北美的野生酒花植株，Wye项目的育种遍布世界各地，商业酒花品种来源于一些公共项目，所有的亲本酒花都来源于萨蒙进行第一次杂交试验的Wye学院。从遗传角度来看，经生殖细胞传递的遗传物质（又名种质）包含抗霜霉病和枯萎病的独特基因，还包括许多新型特征以及基因型，其化学成分远远多于商业品种。科瓦利斯、俄勒冈州、希尔酒花研究中心的数据库互不相同，但同样都拥有广泛的原材料。

Wye学院发布了世界上第一株矮小的酒花植株品种——首金（First Gold）酒花，以及第一株抗蚜虫品种——博阿迪西亚（Boadicea）酒花。1996年，英国农场主开始种植低架杆酒花，现在，这种矮小品种占据了25%的种植面积。达尔比正与捷克人合作开发更多的矮小品种和低架杆品种。雅基玛山谷和希尔酒花研究中心的其他项目意味着它们也有一个光明的未来。达尔比说："在整个20世纪，该类型矮小酒花植株一直种植在Wye学院，但直到1977年第一株矮小酒花植株才得到认可。"1911年的育种记录描述了一株不寻常的富格尔酒花幼苗，“它们紧密排列在一起，侧根呈中等长度”，并补充说明这株幼苗“产量很高”，但“没有直接说明产量有多少[3]”。1977年发现的雌性幼苗只含有1%的α-酸含量，但后来在一个不相关的育种区发现了一株雄性植物，在两个繁殖周期内，开发一株商业矮小酒花品种的蓝图就被确定了。

达尔比说：“这就是为什么种质中要保持很多的化学组分的原因。”最近，他开始从一个不同的角度重新审视这些记录，除了保留种质之外，他还保存了所有的旧文献，其目的是寻找出那些在以前因芳香味太过浓烈而被弃用，但如今却引起酿酒师和饮酒者极大兴趣的酒花品种，他说：“那些酒花‘香气太浓’，甚至被描述为‘麋鹿味’，这里曾发现过许多优质酒花，但是需要重新找到这些优质酒花。”

位于米德兰兹的酒花供应商查尔斯·法拉姆（Charles Faram）最近开始了自己的酒花开发项目，其中包括复兴一些古老的酒花品种以及试种推广新品种。

20世纪50年代，有两个酒花品种重新受到了世人的关注，对这些酒花的描述表明，它们受到育种者的喜爱，是因为其具有引人注目的农学特征。然而，1953年酒花种植者协会在其编辑出版的新酒花品种的一本小册子上警示道：“从它们的耐枯萎性和其他育种特征来看，这两个品种一直保持着一个相当高的标准，但是，所有的酿酒师们都不喜欢这两个酒花品种，这也是无法摆脱的事实。”法拉姆公司的常务董事保罗·科贝特（Paul Corbett）曾对种植者说过：“记得这两个品种是因为它们有一种不受酿酒师喜欢的味道，当时酿酒师正在酿造传统的英国苦味啤酒和淡味麦芽啤酒，酿酒师更依赖于富格尔酒花和哥尔丁酒花的风味，我们相信这就是为什么在英国育种项目中要避免种植更强烈味道酒花的原因了。”

达尔比了解人们对新香型酒花的需求，他说：“人们希望看到添加酒花带来的效果，每个人都在关注新西兰和美国，为什么当酿酒师想买英国酒花时，最后却买了美国酒花？”

他明白，他用卡斯卡特酒花杂交出许多品种，其中包括一种日本的野生型酒花，将得到什么结果。他用另一品种俄国Serebrjanka酒花，它是卡斯卡特酒花家族的一员，来回交一种本身来自于回交的酒花（本例中，是用子代与亲代富格尔酒花回交）。植物育种者利用这种技术将一个特别有价值的基因或一组基因引入新品种中，达尔比说：“我在寻找与众不同的香气，我知道我们得到了花香和柑橘香，但我想要的不是这个，这是出乎意料、无法预测的东西。”

科学在进步，但不可预测的仍然不可预测。达尔比说：“从理论层面讲，可以进行杂交，但一旦离开了这个层面，情况就会变得很复杂，每一个品种都是独一无二的。”

对种植者来说，卡斯卡特酒花有独特的吸引力。卢茨在德国也用这个品种进行了多重杂交。在日本，岸本英太郎的研究表明，卡斯卡特酒花有浓郁的黑加仑香气，这是美国酒花的特点，但是，它没有西姆科酒花那样多的4MMP。令人惊讶的是，在1972年推出卡斯卡特酒花之前，酿酒师已将其与哈拉道中早熟酒花进行了比较。

瓦尔·皮科克很好地描述了卡斯卡特酒花，称它为杂种酒花，因为它有英国-俄国-美国的酒花基因。1956年，美国农业部育种员斯坦·布鲁克斯（Stan Brooks）选择了56013号酒花植株的种子，十几年后，将其进行了保种。1969年，在第一块试验田收获卡斯卡特酒花时，没有任何一家啤酒厂对此表现出任何兴趣，然而，在黄萎病摧毁哈拉道中早熟酒花之后，美国康胜啤酒公司成为第一家支持卡斯卡特酒花的酿酒商，并以丰厚的价格签订了合同，很快其他啤酒厂也承诺使用卡斯卡特酒花[4]。

1976年，卡斯卡特酒花占据了美国酒花耕种面积的13%，但它受欢迎的时间持续很短。1977年的《巴斯酒花报告》（*Barth Hop Report*）指出：“最初希望能够替代欧洲进口酒花的香味，却没有实现。”生产规模很快超过了需求，于是种植者们不再种植卡斯卡特酒花了。

1985年，史蒂夫·德莱斯勒在内华达山脉啤酒厂的第三年，他和啤酒厂的联合创始人肯·格罗斯曼一起去了雅基玛山谷挑选酒花，德莱斯勒说：“我们到那里去购买酒花，听说那里有一家啤酒厂，我不记得是从哪一家开始取消使用卡斯卡特酒花，每个人都告诉我们这家啤酒厂可能已经不存在了，那是我们签订合同的第三年。”1981—1988年，卡斯卡特酒花的产量下降了80%，之后才稳定下来，并开始再次上升。如今，卡斯卡特酒花在美国种植的酒花中卖得最好，主要是因为其香气突出。内华达山脉啤酒厂比世界上任何其他一家啤酒厂购买的卡斯卡特酒花都要多，卡斯卡特酒花已不再仅仅依赖少数几家大型公司的支持。

开始自己进行小型育种实验的埃里克·德玛雷（Eric Desmarais）是一名雅基玛山谷的农场主，他说：“整个酒花世界已经被颠覆了，在开发变种酒花的过程中，最神圣的事情就是尝试得到一家大型啤酒厂的认可，并使用这种酒花品种。”2009年，他在400英亩（1.6km^2）的土地上种植了高α-酸含量的酒花，三年后，他将550英亩（2.2km^2）的土地用于特色酒花植株的种植，获得了最著名酒花品种爱尔多拉多（El Dorado）的专利权。

德玛雷大声笑着说："在我种植酒花的区域，有20个新的酒花品种在生长，很多像我一样的酿酒师都在收集自由授粉的酒花，看看他们都给了我什么。"这对皮科克来说是有意义的，他说："酒花育种是筛选本地品种的开始。"

德玛雷并没有等待到任何可能出现在路边的酒花植株，而是聘请了一个人进行酒花植物的杂交，由此产生了爱尔多拉多酒花品种。德玛雷说："我们会在某个时候发布育种细节，其育种细节是完全不同的。"他后来与新墨西哥州农场主托德·贝茨（Todd Bates）取得了联系，托德·贝茨在新墨西哥州北部收集野外生长的酒花。在美国农业部，研究植物遗传学的约翰·亨宁对收藏的酒花进行测试，他认为自己收藏的品种可以与一些在北美洲西部生长的酒花（美国野生型酒花）匹敌，在野生型酒花和培育酒花之间进行的自然杂交，也可以创造出许多杂交品种。自贝茨将北美洲西部酒花与其他酒花进行杂交之后，2011年，德玛雷在多山地区上种植了两种来自新墨西哥的酒花品种，他理解农业学的重要性，他说，这些生长在田地的酒花至少需要一季的时间来证明自己。

什么是野生酒花?

• 原始的野生型酒花是一种从未进行商业栽培的酒花，同时也是一种在其繁殖过程中从未使用过的酒花。

• 并非国内原始酒花，或许以前在城镇或修道院附近种植过，并在酿造啤酒时使用过。

• 由于相互授粉，出现了新基因型的野生酒花。

德玛雷以农场主的视角观察酒花植株。2011年，他在华盛顿看到了一株不同于任何在华盛顿其他地方培养的酒花植株：球果/叶子比值较高、茎蔓上的芒刺更大、侧根生长方式不同、叶子颜色呈深绿色而有光亮。德玛雷说："在酒花植株生长的季节，我基本每周都让顾问团队去酒花田查看，检查有无疾病和害虫侵害酒花植株，这些人已经在酒花种植园中待了18年，大部分的美国酒花工业种植园中都有他们的足迹，他们能够领会一切有关酒花植株的事情。我没有告诉他们酒花田地里去年是什么，想看看这些顾问对此有什么反应，他们知道要去勘查一些不同寻常的事情。"

在酒花收获期间，参观了德玛雷农场的酿酒师们也注意到了这些不同寻常的酒花植株，德玛雷说：“这些酒花香气不同于我遇到的所有酒花香气，闻过2011年收获酒花香气的人都被这种味道迷住了。有2000位精酿酿酒师，就有2000个不同的意见。如果这株酒花植株符合农艺学特性，那就允许出口这些酒花的幼苗，这就是我要走的方向，而不是让我和少数人决定酿酒师的需求，你必须让客户来决定。”

德玛雷清楚地知道，对酿酒师来说，他对爱尔多拉多酒花的早期想法太大胆了。2012年，他将种植爱尔多拉多酒花的权利交给了雅基玛山谷另一地区的第二位种植者，以尽可能快的速度扩大生产。虽然他很难找到一个准确的形容词去描述爱尔多拉多酒花的不同之处，但是，他看到了与其他流行品种相似的特性。德玛雷说：“它们都拥有浓郁的香气，都含有9%~12%的α–酸、24%~32%的合葎草酮和高含量的酒花油，这些酒花品种会在你眼前爆发出惊人的特性。”酿酒师可能不完全了解酒花油，但酒花油确实是他们想要的东西。酒花的遗传关系如图3.1所示。

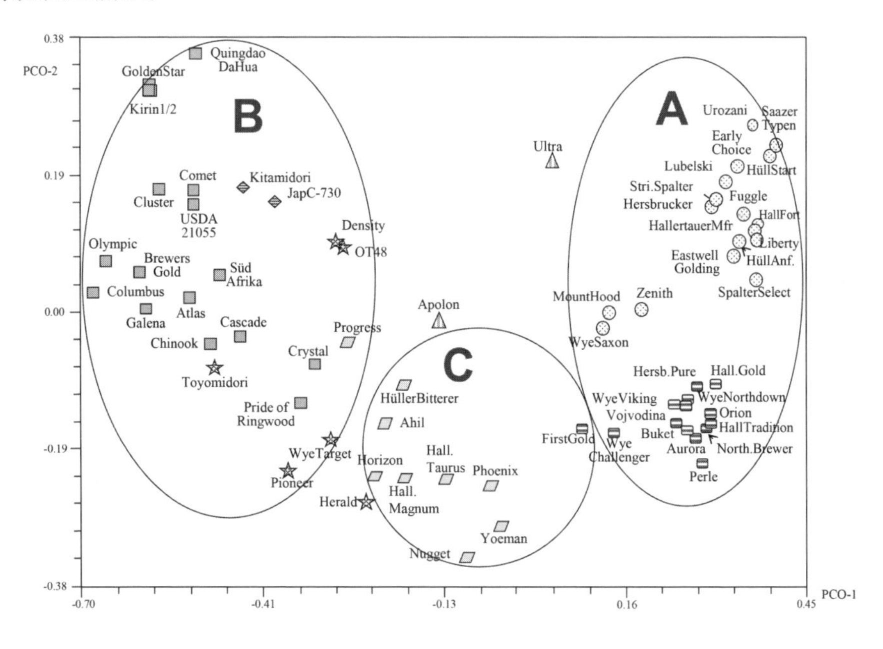

图3.1　酒花的遗传关系

该图基于2000年发表在植物育种上的分子研究结果，并指出某些品种间确实存在遗传上的关系。A组主要代表了起源于欧洲的酒花；B组包括几种让人们感兴趣的酒花种类，因为α–酸含量较高，他们的祖先是由欧洲栽培的酒花和北美野生型酒花杂交得来；C组的酒花是由欧洲和北美的酒花杂交产生，目的是将高α–酸含量与欧洲酒花的香气结合起来。本图由巴伐利亚州农业研究中心提供。

自1996年开始，亨宁在美国农业部工作以来，他对酒花油的兴趣已经发生了变化。1930年，粉霉病的蔓延促使政府开始了这个项目，当时俄勒冈州的农场主种植了美国50%的酒花植株。科拉斯特（Cluster）酒花移植到了比较干旱的州，如华盛顿州和爱达荷州，但是俄勒冈州的种植者坚持种植抵抗能力强、但产量不高的富格尔酒花。研究首先着重于对英国和欧洲酒花进行评估，以便在美国本土种植。20世纪50年代开始，人们重视杂交育种，布鲁克斯收集了一些种质，最终产生了多个新品种的酒花。

2011年，在俄勒冈州农场主种植的酒花中，超过80%的品种是由美国农业部培育而成的。实际上，华盛顿种植的酒花大都来自酒花商人组织的私人种植基地，以及华盛顿州立大学开发的品种。亨宁扩大了美国农业部项目的范围，并将一些酒花基因组测序、分子标记和基因图谱等相关的研究融合在一起，通过使用这些标记方法，他已经研究出更具抗病能力的酒花植株的开发路线。

2012年，在美国农业部试验的栽培品种中，有一株酒花并没有超过几年前所培养出的酒花，它闻起来有巧克力的味道。2003年，亨宁将酒花植株杂交作为一个大型实验的一部分，根据分子标记，他选择的亲本不是基因相似的品种，就是基因不同的品种。2005—2009年，他评估了同一座山上的酒花植株；2010年他开始评估了生长在多座山丘、不同生长位置上的酒花植株，无论是美国农业部农艺研究服务的农场，还是俄勒冈州酒花委员会资助的商业种植者农田，甚至是华盛顿州立大学的项目点，都留下了亨宁的足迹。

2011年丰收后，亨宁解释说："在现存条件下，除非在一个酿造试验地点出现了重大的需求，否则我们将投入更多的时间去追踪评估酒花植株杂交的父本母本。如果此时此刻还能够满足要求，这种酒花植株将会被大规模种植，比如说，基于商业条件，在30座山脉的种植试验田上看看酒花植株在正常的农业实验中是如何生长的，这额外还需要花费三年时间，因此，在正式发布酒花植株前，至少需要六年的时间，除非美国酒花研究委员会成员希望早点发布酒花植株。"

最大的啤酒厂自然购买了最多的酒花，先前也做出了最多决定。亨宁说："早些年，安海斯-布希公司想要什么呢？其他的酿酒商也要分别谈，你既要和安海斯-布希公司谈，也要和米勒公司谈，同时还要和康胜公司谈，每家酿酒商都有自己需要的酒花品种。对安海斯-布希公司来说，一谈可能就是10年的合同，他们最终会说，'好，就这么定了'，而对精酿啤酒商而言，'太好了，我们现在就用'。"

“对于酒花植株来说，一些人想要有更多柑橘的香气，或者想要更多含热带水果的香气来模仿西楚酒花的风味。一些人仅仅只是想要更多的酒花油，只要你给他们的酒花质量还不错。”

关于酒花油内容涉及很广，但最终没有达成共识。2010年，香型酒花育种项目开始于独立酒花农场，该项目的负责人肖恩·汤森德说：“我选择含有较低α-酸的酒花植株，是因为精酿酿酒师们告诉我他们想要较低α-酸的酒花植株，我在追求高酒花油含量上花了较多时间，也是因为他们想要含有高酒花油的酒花植株。”

他还不确定是否能分离出α-酸和酒花油成分，但有时候，侧面视角也揭示了一些令人惊讶的东西，例如一个品酒的术语是为了表述这样一个现象，即当你倾斜酒杯时，你会在酒体的边缘看到一种独特的外观。在肯特郡，达尔比问了其中一个答案无法立刻得到证明的问题，他说：“这只是一个观点，似乎酒花油和树脂之间化学组分的联系，要比我们现在知道的多得多，提高α-酸含量的同时，也会破坏酒花油的平衡，但目前我没有事实和图片来支持这种说法。”

吉恩·普罗巴斯克（Gene Probasco）既是一名酒花育种者，也是约翰·哈斯公司（John I. Haas）负责农场和农事服务项目的副总裁。1978年，他在美国哈斯开始了自己的私人育种项目。多年来，当酿酒师谈论令人满意的香味时，他们使用“温和”和“高贵”这样的形容词。在2011年收获期，考虑到α-酸和酒花油之间联系的吉恩·普罗巴斯克说道：“温和的香气与低酒花油含量有关，高酒花油意味着强烈的香气。我从来没有见过含有高酒花油并且α-酸含量也很低的酒花植株，这种酒花是很难发现的，因为要得到酒花油，树脂含量必须很高，通常这意味着高的α-酸。”尽管如此，他不会排除这种可能性。他说：“理论上，一些酒花油腺体不是酒花苦味素的一部分。”

安东·卢茨从另一个角度看待这个问题。他说：“到目前为止，我们不讨论上述问题，我们不应该把焦点集中在酒花油的量上，而应该把兴趣点转移到酒花油的组分上。”

自从开始独立酒花种植计划以来，汤森德一直在与精酿师们进行更紧密的合作，同时他也是俄勒冈州的一名教授助理和高级研究员，之前曾在美国农业部与亨宁共事，他们继续在酒花育种方面进行合作，以鉴别新的酒花品种，开发新型的分子生物学技术。在2010年和2011年的收获季节，当汤森德挑选酒花的时候，他邀请酿酒师们也加入他的行列。

他说：“让我备受打击的是，当让大家描述自己闻到的酒花香气时，几乎没有一致的意见，但他们确实认为这就是他们喜欢的味道。严峻的考验是这种味道是怎么酿造产生的？但如果你觉得这种味道闻起来不错，那就值得一试了。”

酿酒师们告诉他，他们现在正在寻找什么。他说：“酿酒师们只是想要与众不同的东西，而不只是柠檬–柑橘类，他们想要热带水果味、甜瓜味。”那些提到“与众不同”的人们通常会以“像西楚酒花”这样的词来描述，意在强调其“风味酒花”的概念。

三倍体酒花：没有种子，但有特殊香气的酒花品种

从根本上说，酒花育种项目与世界上的任何项目都没有关系，新西兰的 R.H.J. Roborgh 开发出了三倍体酒花品种，这为后期的尼尔森苏文酒花和莫图伊卡（Motueka）酒花这些 “特殊”品种的开发奠定了基础。几乎所有的酒花都是具有 20 条染色体的二倍体植株，具有 40 条染色体的四倍体植株也可能自然产生，但更多是通过实验室杂交而得到的。当种植者以一个雄性二倍体与一个雌性四倍体杂交时，杂交得到的三倍体植株基本上没有种子，这是酿酒师所喜欢的酒花品种。Roborgh 的继任者罗恩 · 比森（Ron Beatson）特别擅长研发 α- 酸含量相对较高的酒花，其酒花油含量类似于很久以前文献记载的欧洲酒花。从背景来看，其中大部分还包括科拉斯特酒花和一些美国的野生型酒花，这确实是旧世界酒花亲本和新世界酒花亲本相互杂交的结果，同时这种结果也能通过酒花香气和风味反映出来。

俄勒冈州美国农业部的阿尔 · 哈纳德（Al Haunold）于 1976 年发布了第一种三倍体酒花植株——威廉麦特酒花和哥伦比亚酒花，它们都是富格尔酒花杂交得到的雌株。由于安海斯 - 布希公司的大力推广，威廉麦特酒花成为西北地区最受欢迎的“香型”酒花，因此农场主放弃了哥伦比亚酒花，哈纳德也用许多三倍体酒花植株进行了杂交，其中包括胡德峰（Mt. Hood）酒花、自由（Liberty）酒花、水晶（Crystal）酒花、超级金（Ultra）酒花和街道（Santiam）酒花。哈纳德和他的继任者约翰·亨宁后来也发布了这些酒花，人们设计这些酒花的目的就是尽可能地复制欧洲酒花的传统香气，这与新西兰酒花的香气不一样，因为这是当时酿酒师所要求的。

1990年，普罗巴斯克对酒花植株进行了杂交，产生了西楚酒花幼苗。当时，酿酒师并没有谈及后来被称为“特殊”香气的东西，但普罗巴斯克说，这种“特殊”香气就是目前关注的重点所在。1990年，他对两株酒花植株交叉传粉，这两株酒花植株是1987年杂交产生的，其母本是一株哈拉道中早熟酒花，父本是一株早期进行过杂交而培育出的品种[5]，普罗巴斯克说：“杂交的目的是为了得到香气更突出的酒花品种。”

这是一个啤酒厂客户项目的一部分，这个项目持续了3年，产生了150个潜在的酒花品种。啤酒厂每次只使用一个酒花品种酿造一款啤酒，因此，有多少种酒花就酿造了多少款啤酒，普罗巴斯克也品尝了每一款啤酒，其中使用名为X-114的酒花品种所酿造而成的啤酒脱颖而出。普罗巴斯克说：“我意识到这株酒花植株有点特殊。”

这个项目没有任何结果，但几年后，另一家大型啤酒厂与哈斯酒花公司签约，共同开发一种具有独特香气的酒花。除了采用新的杂交方式，普罗巴斯克还将名为X-114的酒花品种交给了他们，同时进行了一个批次的酿造试验，他说：“这些啤酒尝起来就像是第一次喝到的那样。”项目再一次没有结果，但是他仍然将这株酒花种植在他认为是博物馆的第七块山丘上，他说，“我从来没有忘记酒花带来的那种香气。”

在2000年之后的某个时候，普罗巴斯克和帕特·丁博士一起旅行，那时帕特·丁博士是米勒啤酒厂的一名酒花化学家。

丁博士说：“我需要一种带有柑橘风味的酒花品种。”

普罗巴斯克回答道：“我有这样的酒花。”

自从米勒啤酒厂与康胜啤酒厂合并成美国米勒康胜酿酒公司之后，他送给米勒啤酒厂一份2lb（0.91kg）重的样品。米勒啤酒厂为第一株商业西楚酒花产品提供了资金支持。普罗巴斯克说：“他们对西楚酒花测试了好几年。”米勒啤酒厂拥有两年这株酒花的使用权。特洛伊·瑞斯威克在中试啤酒厂中酿造了一款名为“猛丁IPA（Wild Ting IPA）”的啤酒，这款啤酒只干投了西楚酒花。丁博士说：“该款啤酒闻起来有西柚、荔枝、芒果的香味，但发酵后的味道就像长相思白葡萄酒的味道。”

2002年，哈斯公司与精选植物小组（Select Botanicals Group）合并了种植计划，成立了酒花育种公司HBC，该公司开始给啤酒厂发送酒花样品，其中包括少量的X-114酒花。最终，俄勒冈州威德默兄弟（Widmer Brothers）啤酒厂、德舒特（Deschutes）啤酒厂以及加利福尼亚州的内华达山脉啤酒厂，都提供了资金支持。

在2008年啤酒世界杯上，威德默兄弟啤酒厂凭借一款美式浅色爱尔啤酒获得一枚金牌，该款啤酒由西楚酒花和X-114酒花酿造而成。在西楚酒花亲本杂交18年之后，西楚酒花可谓一夜成名。普罗巴斯克说："我们已经尽可能快地扩大了种植面积，但种植该酒花的农场数量还有限，西楚酒花的数量还不足够多。"

啤酒厂资助酒花研发的做法也有其他方面的教育意义，他品尝了100多种啤酒，每种啤酒都只添加一种酒花，每种啤酒都展示了不同酒花品种的特点。普罗巴斯克说："这真是个让人眼前一亮的东西。有些啤酒很糟糕，有些啤酒非常好，有些酒花品种闻起来不错，但酿出的啤酒味道不好；而有些酒花品种闻起来不好，但酿出的啤酒味道还不错。"

卢茨解释了种植类似大力神（海库勒斯）酒花背后的逻辑：高α-酸含量、高产量、抗病能力强的特点都是由雌性酒花和雄性酒花共同作用的结果，人们很应该记住，特别受欢迎的品种都是千挑万选的，种植者发现与α-酸相比更难捉摸的是香气。詹森·佩罗（Jason Perrault）说："我们不想放弃任何独特的东西。"詹森·佩罗和普罗巴斯克一样有多重商业身份，除了育种，他还负责佩罗农场的销售。

获得专利的亚麻黄酒花香味

达伦·甘奇（Darren Gamache）在2011年九月的日子里过得并不好，他要向他的父亲维吉尔（Virgil）展示他起草的一封信，这封信需要告知甘奇农场的客户们，2011年亚麻黄酒花的产量并没有达到他们预期的数量，因而许多酿酒师并没有得到订购的酒花数量。

亚麻黄酒花在专利酒花中是独一无二的，亚麻黄酒花于1998年被发现于雅基玛山谷托珀尼什（Toppenish）地区的一个酒花田，而不是通过育种得来的。甘奇说："我很惊讶它的存在，每年我们都派小分队去较远的地方寻找酒花植株。"在甘奇农场中，这株酒花最终被命名为亚麻黄酒花，它不仅幸存下来，而且特别出色。亚麻黄酒花与其旁边生长的自由酒花明显不同，自由酒花的显著特点是香气较淡且传统。亚麻黄酒花有令人愉快的柑橘香气，其香气比卡斯卡特酒花和世纪酒花更加强烈，其亲本还是未知的。高中时代，甘奇就采摘亚麻黄酒花，他说："我父亲闻了闻亚麻黄酒花，说这就是啤酒的味道。"

甘奇说："我们放弃了很多年。"然而，亚麻黄酒花的需求量最终超过了家庭收获的数量。

甘奇是他父亲这边的第四代农场主，是他母亲那边的第五代农场主。他记得在七岁的时候，安海斯－布希的实验项目种植了泰特昂酒花，在他的办公室里，有一些玻璃容器上面刻着“1988—1992 安海斯－布希酒花组”字样。

甘奇说:“我们对酒花的新味道很感兴趣……但育种项目非常昂贵。”相反，在华盛顿，甘奇种植的其他酒花品种数量都没有超过亚麻黄酒花，比如挑战者酒花、哥尔丁酒花以及最有名的空知王牌（Sorachi Ace）酒花。2002 年，在华盛顿州的普罗瑟，甘奇无意中发现了美国农业部胚质贮存库中的酒花品种，这些酒花品种包含了所有农场主想要种植的品种，并要求希望在明年种植。

甘奇说：“我会想办法发挥亚麻黄酒花的功效”，他重新回到了亚麻黄酒花的话题中，并承认一个农场的亚麻黄酒花产量已经无法满足市场了。几个月后，他达成协议，授权其他农场主种植亚麻黄酒花，2003 年 2 月，他就开始插枝了，在那一刻，他对酒花和爱情有了不同的看法。

甘奇说：“在情人节时，我会让妻子挖酒花根开始插枝。”

2012年1月，酒花育种公司向全国10家啤酒厂发放了10多个实验品种的小样。每家啤酒厂的员工们都对酒花进行了揉搓和嗅闻，并用1~7个相关的描述词对样品酒花进行评估，描述词有：草药味、柑橘味、热带水果味、洋葱味/大蒜味等，然后啤酒厂把结果反馈给了酒花育种公司。佩罗说：“酒花市场和育种项目过去常常在幕后进行，而育种者们只为少数的几家大型啤酒厂工作。对育种者们来说，为大型啤酒厂工作就像调转行驶在海洋中巨轮的方向一样困难，但如果将酒花样品寄给精酿啤酒厂，几周后就能酿出啤酒。”

例如，2012年，在普罗巴斯克和佩罗将酒花育种公司369号酒花命名为马赛克（Mosaic）酒花，开始广泛商业种植之前，369号酒花已声名在外。马赛克酒花是一株以西姆科酒花为亲本的雌性酒花，而精选植物小组拥有马赛克酒花的专利权。

1988年，佩罗在高中时帮助查克·齐默尔曼对几株感兴趣的雌株和雄株进行了异花授粉。佩罗说：“在讨论酒花谱图时，他的感觉是带有偏见的[6]。”齐默尔曼曾在普罗瑟站管理美国农业部的研究设施，他在自己的房子里建了个苗圃，齐默尔曼说：“勇士酒花和西姆科酒花都是由这片苗圃中的酒花杂交而来的，我仍然记得西姆科酒花生长在第56个小山丘上的第2排，并且在田间长势很好。”

西姆科酒花品种容易受到粉霉病的影响，每英亩的产量比许多品种都少一些。2001年，当佩罗将一株西姆科酒花与一株抗粉霉病的天然金块酒花雄性后代进行杂交时，大家都不知道它的前景如何。与西姆科酒花一样，这株杂交酒花拥有独特的香气，并且还带有自身一些独特的香气，369号酒花被证明是抗病的，产量也很好。在批次测试后，几名酿酒师注意到了其中独特的蓝莓香气。

2010—2012年，西姆科酒花的产量增长了近四倍，农场主的产量跟不上需求的增长，而在几年前，人们对西姆科酒花的前景并不看好。在雅基玛山谷的主牧场（亦即后来的精选植物小组）于2000年发布西姆科酒花之后，佩罗前几年一直很感兴趣，他说："当时的需求并没有出现。"他回忆起了2006年积压的库存。

他讲述了他的故事，即几家大型啤酒厂大量下订单之前，这些备受关注的啤酒，例如俄罗斯河啤酒厂的老普林尼啤酒（*Pliny the Elder*）和Weyerbacher啤酒厂的双倍西姆科IPA（*Double Simcoe IPA*）如何一直受人关注。几天前，他在雅基玛山谷的一家酒吧里坐着，说："一些人走进酒吧，问酒保是否有以西姆科酒花酿造的啤酒。作为一个育种者和一个种植者，与酿酒师和饮酒者们谈论酒花品种是很有趣的。"

当然，佩罗引起了酿酒师和饮酒者们的关注。2011年9月，拉古尼塔斯啤酒厂的创始人托尼·麦基（Tony Magee）在社交网站上赞扬了他，他写道："你猜哪个人将会成为美国精酿行业最重要的人？是酿酒师吗……？再想想，他是一个叫詹森·佩罗的酒花种植者[7]。"

佩罗有点尴尬，他说："我认为，他的评论实际上代表了一种相对比较新颖的欣赏，例如酒花风味和香气对啤酒的潜在影响。酿酒师们的创新通常体现在创新啤酒风格或提高现有啤酒风味上，现在酒花是其必不可少的一部分。"前者已有所改变，后者还没有。当他和卢茨描述从10万株幼苗开始育种的过程时，几乎采用了同样的方法，插枝是在第一年春天、第一年秋天或第二年春天进行，大约要历经10年时间，才能将一株独立的酒花植株移植到商业田地里。

佩罗说："这或许是个沉闷的工作，因为你总是能找到长势差的酒花植株。"

卢茨对此还有更有趣的描述："育种者也是大肆杀戮者。"

这还是有点区别的，因为规则已经改变了。1999年，当汤森在科瓦利斯开始他的博士后工作时，他就已经看到了这些变化，在谈到那些曾经拒绝过的酒花品种时，汤森说："我和约翰都有一些出色的酒花品种，但是，这些我们认为不错的酒花品种在大部分的酿酒师眼里却是不好的。”

你认为兔子只喜欢吃胡萝卜

酒花种植者偶尔会要求科瓦利斯的美国农业部对酒花进行 DNA 指纹分析，其目的是确保酒花的纯种性。当皮特·达尔比和安东·卢茨在他们工作试验田中行走时，都讲了一些故事，说有时简单的测试也能奏效。

达尔比站在肯特郡的试验田中，谈论了卡斯卡特酒花和富格尔酒花的区别，在英国酒花家族中，卡斯卡特酒花是非常重要的一部分。达尔比说：“在这里，卡斯卡特酒花对兔子也很有吸引力，我们看到兔子总是在努力寻找卡斯卡特酒花幼苗并吃掉它们。”

在希尔酒花研究中心，卡斯卡特酒花幼苗套有蓝色塑料的保护层，卢茨解释说兔子似乎是被其独特的酒花香气所吸引。他们提供了一个早期案例，即大力神酒花并不是一个典型的高 α- 酸含量的酒花，当他们第一次看到正在生长的大力神幼小酒花植株时，卢茨咧着嘴笑道：“我们以前试验过多次，却都喂了兔子。”

很久以前，德国人就把美国野生酒花的胚质保留了下来，但使用卡斯卡特酒花作为母本是最近才开始的。卡斯卡特酒花是杂交的一个亲本，而在4种杂交后代中，其中有三个品种是由酒花研究协会于2012年发布的，它们闻起来更像是带有美国酒花特点的德国酒花，而不是带有德国酒花特点的美国酒花。卢茨说：“我们必须走自己的路，我们来自不同的地方，需要维持其中的平衡。”

卢茨定义的平衡概念与伦敦富勒啤酒厂酿造主任约翰·基林所定义的一样。基林说：“保持平衡并不意味着只是简单地去酿造中等水平、平淡无味的啤酒。”

过去希尔酒花研究中心发布酒花品种目的在于拓宽农业领域和吸引酿酒师，只选择种植那些有潜力的酒花或适合大面积［大约2500英亩（$10km^2$）］种植的酒花。卢茨说：“对于这些新品种，我们必须预计它们只会增长20、50或80公顷，也许新品种只在5~8年内比较优质。”

通常，他会提前考虑，卢茨继续说道：“更多的品种意味着更多的变化以及更多强烈的风味。”

参考文献

[1] During the course of travels, I also heard Martin Ramos, the ranch manager at Segal Ranch, and Oregon farmer Gayle Goschie referred to as "hop whisperers." There surely are more.

[2] One way that those involved in the commerce of hops could "hedge" their positions was to bet on the annual yield. The hop duty provided the information needed. In *The Brewing Industry in England*, Peter Mathias wrote, "Periodicals carried regular reports of these yields, and odds were quoted in every paper through hop growing and hop marketing regions, over which large amounts of money changed hands."

[3] Peter Darby, "Hop Growing in England in the Twenty-First Century," *Journal of the Royal Agricultural Society of England* 165 (2004), 2. Available at www.rase.org.uk/what-we-do/publications/journal/2004/08-67228849.pdf.

[4] A more complete story about how Cascade made it into production can be found in *IPA: Brewing Techniques, Recipes, and the Evolution of India Pale Ale* (Brewers Publications, 2012), pp. 147-150.

[5] The male crossed with Mittelfrüh in 1987 was grown from a seedling selected from a 1984 cross between U.S. Tettnanger (likely a Fuggle) and USDA 63015, a male hop that is also a parent of Nugget. Citra contains 50 percent Mittelfrüh, 25 percent U.S. Tettnanger, 19 percent Brewer's Gold, 3 percent East Kent Golding, and 3 percent unknown (or "mutt").

[6] Darby has records at Wye that show Salmon listed hops on his breeding charts under aliases, because he knew farmers and brewers would be immediately biased if they knew their true heritage.

[7] *https://twitter.com/#!/lagunitasT/status/118346872896229 37. Retrieved 23 August 2012.*

4

第 4 章 酒花种植

你没见过第一代酒花农场主

他们是农场主、农场主的孩子们、孙子辈、曾孙辈。不是每个从事酒花种植的人生下来就是干这一行的，不过也差不多是这样。盖尔·歌斯契说："繁忙的收获工作孕育了一代代传承的精神。"她的祖父在1905年就开始种植酒花了。她是歌斯契农场的董事长，在俄勒冈州的威廉麦特山谷拥有约1000英亩（$4km^2$）土地，其中350英亩（$1.4km^2$）用于酒花种植。"日日夜夜，忙个不停，是我一年中最惬意的时光。"她回忆起在酒花垛和酒花麻袋背后捉迷藏的情景，那时她不喜欢所有单调的事。"机器声很吵，有时酒花划破了皮肤。但是总有事情要完成，即使是10岁的孩子。动手做就是了。"

"酒花农场的大事件是收获酒花，如果你是个8岁的孩子，那是相当酷的。"埃里克·德玛雷说，他是第四代农场主，祖辈自1968年就在华盛顿州雅基玛山谷种植酒花了。"20世纪80年代中期是酒花农场主的艰苦岁月。我的父亲母亲用尽办法劝阻我，但我从13岁起就认定这是我想要做的。"

2008年，在弗罗里安·塞茨接手沃尔恩察赫外的家族农场之前，他在魏恩施蒂芬应用科学大学（University of Applied

Sciences Weihenstephan）学习农学，并在希尔酒花研究中心完成了实习，之后去了美国，部分时间用来协助美国农业部的约翰·亨宁（John Henning）进行酒花交叉授粉的工作。在他的毕业论文中他测试了14种适合加工木片的白杨树。

和歌斯契与德玛雷相似，弗罗里安·塞茨一开始也是农场主。他的弟弟乔治（George）做了酿酒师。塞茨管理着约170英亩（$0.69km^2$）的土地，其中约50英亩（$0.2km^2$）种植酒花。他的曾祖父自1869年起就在现在这片土地上种植酒花了。他的父亲还承接酒花采摘后的干燥工作，他出色的工作受到酒花种植者和酿酒商的赞赏，从而在酒花紧张时继续维持供应，塞茨举例说，“他有极好的直觉，用拇指和手指挤捏酒花就能判断好坏。”德国人有句谚语，“酒花天天想见主人”，那得当农场规模较小时才可行。不过塞茨的已经退休的伯父，从五月份到收获，几乎每天都会去地里走一走。

“我们没有什么客人。”塞茨说，高兴地开着车通过一道道深沟，向我们展示在哈拉道为数不多的滴水浇灌系统。德国种植者的农场一般不大，能轻松适应酿酒商的需求变化。不同于（美国的）雅基玛山谷，农场主不指望在种下一个新品种的头两年就获得满产的收成。浇灌系统不仅可以降低年份与年份之间的偏差，还可以缩短新植株达到满产的时间。塞茨在2011年第一次种下海斯布鲁克酒花，得益于浇灌系统，成熟后的植株贡献了70%的收成。（酒花收获后他用邮件发给我一张照片，他的父亲微笑着手持“婴儿酒花”。）

尽管德国的酿酒商们也许可以追溯到他们购买的酒花所生长的院子，但术业有专攻，并不需要精通每一行。塞茨只是偶尔知道他的酒花加到哪个啤酒中。“作为一位种植者，你会很自豪地看到你的酒花酿出了好啤酒。”他说，“而对于酿酒师，看看你的产品长出来的地方也是很好的。”在2011年收获结束后，美国酿酒师弗罗里安·卡普兰特（Florian Kuplent）参观了农场。塞茨和卡普兰特年初在美国认识，卡普兰特签约购买了塞茨种植的哈拉道中早熟酒花一半的量，其后开始商讨购买其他品种，包括最近在希尔开发的新品种。

在家种酒花之10步速成法

1. 查看地图

酒花的最佳生长区域位于纬度30°~52°。生长期间约需要120天、每天15小时的日照，不能有霜冻，还需要6~8星期、温度在4.4℃以下的休止期。在此之外的区域能够生长，不过一般规模小，收成低。

2. 购买根茎

家酿商店和苗木场贮存酒花根茎。一些商店通过邮寄销售并且提供最佳种植建议，包括在不同气候条件下种植。

3. 选择种植位置

一面两层高建筑、朝南的墙，每天提供 6~8 小时的光照是最好的。理想条件下，在 18 英尺（5.5m）高处拉上一段钢丝，然后系上绳子供酒花向上攀爬。替代方案是只竖一支高杆，将绳子牵引到顶部——直到 19 世纪前大多数商业种植都是这么干的（当然，也可以安排一个完整的绳网系统）。绳子需要能支撑植物成熟后 20lb（9.1kg）的重量。

4. 选择合适的土壤

酒花可以在不同土壤中生产，但最好是弱酸性的，pH 在 6~7.5。土地可能比较松软，所以根部要扎得深且牢固。

5. 酒花生长阶段的概述

酒花生长阶段依次是休眠，春天发芽，植物生长，繁殖，球果长成和准备休眠。在未来几年，当第一批植株长出地面时，需要适当修剪，并遵循商业种植者的规则。

6. 种下根茎

使植芽向上、根部向下。堆成 1 英尺（0.3m）高左右，有助于疏水。间距 3 英尺（0.9m）左右。植株生长后球果将从两侧长出。

7. 整理藤蔓

植株开始生长后，在绳子上绕上 2~3 周。酒花将向着太阳顺时针缠绕生长。此时可以适当施肥如氮或钙。

8. 水分，检查，重复

植株的根部要保持湿润但不能浸泡。歌斯契农场分别在一，二，三英尺（0.3m、0.6m、0.9m）的位置监测水分，因植株在头两英尺处吸引水分。水分在 3 英尺（0.9m）处流失。修剪植株的根部并拔走杂草。这样易于检查。当植株生长时监察疾病（见下）和虫害非常重要。

9. 采摘和烘干酒花

不要对第一年甚至第二年的收成期望过高，有的话就算是运气好了。到成熟时采摘球果很容易脱落，压缩后也会回弹。把藤蔓割下来平放可以方便采摘。不过，在这个阶段植株应该准备休眠了，给根部施加营养，使之明年可以继续使用，保留藤蔓可增加下一年的产量，并让未成熟的球果继续生长。此外，在砍下藤蔓时可保留部分青藤在地面上。酒花应尽快干燥否则会腐烂。使用食品干燥机或窗纱，保持良好的空气流动，效果更佳。

10. 为来年做好准备

在第一次霜冻来到前不要砍掉剩下的青藤，其后才修剪至几英寸并盖上土。到了春天，移走覆盖的土，挖开土堆，除掉刚开始长出的杂枝。

酒花病虫害

霜霉病（Downy mildew）

这种病最早于 1905 年在日本出现，不久发生在美国的野生酒花中，欧洲发生在 1920 年。霜霉病和白粉病造成的破坏是美国的酒花种植从东部转移到更干燥的西部和西北部的原因。发生的原因是甜瓜霜霉病菌（*Pseudoperonospora humuli*）污染。这种病首先在春季出现，感染初生的嫩枝。和健康的嫩枝相比，受感染的嫩枝发育不良、脆弱，颜色较浅。病枝不能够攀爬。在潮湿的天气开花的花朵通常容易感染，刚结的球果停止生长并变黄。受感染的根部和花冠可能完全腐烂和坏掉。

粉霉病（Powdery mildew）

霉菌的描述最早可追溯到 17 世纪，与粉霉病非常相似。它是由霉菌 *Podosphaera macularis* 造成的，并成为太平洋西北部的严重问题。它一开始表现为叶子、蓓蕾、花茎和球果的白色粉状物。受感染的球果因组织坏死变成红棕色，或在干燥后变成中等的棕色。在阴天、潮湿、18℃条件下，霉菌可在 5 天内完成生命周期。

黄萎病（Verticillium wilt）

这是由两类相关的真菌造成的，这种不致命的菌在太平洋西北部非常普遍。在 20 世纪 50 年代，枯萎病在英国和大陆造成了严重的影响，横扫 Wye 学院的育种场，摧毁了哈拉道中早熟酒花的种植地。致命的病菌加速了叶子、侧枝和植株的死亡。不会致命的品种症状包括叶子上黄色的纹理和酒花叶片、藤蔓出现枯萎。

酒花矮化类病毒（Hop stunt viroid）

这种亚病毒的病原体正如它的命名所暗示的，它阻止植株生成并减少 α- 酸的生成，每英亩生成量减少可达到 60%~80%。它于 20 世纪 50 年代在日本蔓延，华盛顿州立大学研究中心于 2014 年确认它出现在北美酒花种植区。感染症状在头 3~5 年也许不会出现，随着感染植株的繁殖和分散，危险逐渐增加，这种病的威胁正在增强。

酒花花叶病毒（Hop mosaic virus）

这种病毒是三种香石竹潜隐病毒属（carlaviruses）中的一个，不过其他两种商业化酒花品种中没有明显的症状。在敏感的品种中，叶子出现斑纹，严重感染的植株可能出现藤蔓虚弱，不能上架。哥尔丁酒花或其他与其同源的品种最为敏感，这种病毒抑制酒花生长，使收成减少。

酒花蚜虫、疣蚜（Hop aphid，***Phorodon humuli***）

这种酒花蚜虫很少，只有 1/20 至 1/10 英寸（0.13~0.25cm）长，有翅或无翅。它最大的危害是蚕食正在生长的球果，使之变黄，它藏匿了大量的糖分和蜜汁，导致乌黑的霉菌在酒花叶和球果上繁殖，从而使产量下降。它也可能传播其他植物病菌。

螨虫、二斑叶螨（Spider mites，***Tetranychus urticae***）

螨虫比蚜虫要小，只有 1/50 英寸（0.05cm）长，从细胞中吸取汁液。轻微的感染导致叶子呈古铜色，严重的可导致落叶和白色的网状。螨虫在温暖、干燥的气候最为危险，而对水分充分的植株则通常不造成威胁。

加利福尼亚普里诺斯金甲虫（California Prionus beetle，***Prionus californicus***）

大的棕色甲虫 1~2 英寸（2.54~5.08cm）长，奶油色的幼虫约 1/8~3 英寸（0.32~7.62cm）长，造成破坏。甲虫啮食植株的根部，严重的侵袭会完全破坏花冠和杀死植株。

卡普兰特在慕尼黑附近长大并在巴伐利亚学习酿造课程，他先在比利时和英国工作，之后服务于百威啤酒，2011年，他和拍档大卫·沃尔夫（David Wolfe）创办了都市栗子啤酒厂，他率先认识到在以前罕有酿造师拜访农场主（或者说像今天这样做），“有时我听酿造师说他们规模太小了，不足以和种

植商谈判或争取合同。”他边说边摇头，表示不同意这个看法。

在他创办都市栗子啤酒厂前，他拜访了歌斯契（Goschie）农场，他马上意识到直接和农场主签约的价值，“他们想了解我们的想法，当建立长期关系时，农场主会很高兴地种下所需的品种而不仅仅是从种植本身获益，”他表示，“我们拥有共同的目标。”

2008年，百威啤酒购买了歌斯契农场种植的4个品种的80%以上的量，2008年年底，英博公司收购百威啤酒（成立百威英博公司），并终止美国西北部的威廉麦特酒花和德国哈拉道中早熟酒花的合同。歌斯契开始与小型酿酒商洽谈，特别是俄勒冈的。

“我为这个行业着迷，它就在我的后院，开车1~2h就到了。人们在谈论酒花的精彩故事，带着激情去做原料生意，”她说，“我想，我们公司也能成为其中一分子。”

2007年，在农场招待第一届国际酿酒师研讨会的参会者时，她认识了拉里·西多尔（Larry Sidor），拉里其后做了本德（Bend）的德舒特啤酒厂的酿酒师。歌斯契在俄勒冈种植了第一款获得认证的“索尔门安全（salmon safe）”酒花（意思是遵循生态可持续生产实践），西多尔结束了它在德舒特绿湖有机爱尔啤酒（Deschutes *Green Lakes Organic Ale*）中的使用。

“我们农场早些时候，我有机会请酿酒师坐下来，观察他们对我种植酒花的反应，得到他们的真实反应，”她说，“这非常重要。大多数人都想得到这个反应以识别哪些是成功的，这是我们能够调整的例子。”

“我意识到我们能从酿造者和种植者的沟通中获益，这是真正的伙伴关系。”这句话回答了许多问题。“酿造师们对酒花怀有真正的热情，乐于知道更多的信息，”歌斯契说，“他们想了解每个细节，以发挥和挖掘每一把酒花的作用。”每个品种都不一样，但是基本的原理是相通的。酒花是雌雄异株的，分为雌花和雄花。农场主只种植雌花，确保每一株根茎的遗传特性，因为雄花仅有很少甚至没有蛇麻腺。世界上大部分的农场主会主动除去雄花，尽管授粉有助于提升产量。因为大多数的酿酒师偏爱无籽的酒花，而也许更重要的是，花籽会给造粒带来麻烦。

植株每年生长在地面而在地下是多年生的，休眠越冬是至关重要的时期，到了春天又重拾活力。一天可以长一英尺（0.3m）高。根据光周期，白天的长度是植物生长和开花的关键因素。最适的生长纬度是30°~52°，尤以45°~50°最为繁茂。歌斯契农场位于45°，德斯玛莱斯农场位于46.6°，塞茨农场位于

47.7°。哈拉道的白天比雅基玛山谷长半小时，比威廉麦特山谷长1小时。酒花最适种植带位于纬度35°~50° 地区。

意料之中的是，种植实践根据地域而不同，甚至同一区域也不同。美国的农场主用18英尺（5.5m）高的棚架种植酒花。在欧洲，大多数的棚架为7m高（约23英尺），但在泰特昂，农场主将泰特昂酒花挂到8m高的棚架上并且种得很密（一些新的品种使用7m的棚架）。Franz Wöllhaf为泰特昂酒花研究站工作，他说有两种理论可解释关于窄行种植的原因。"有些人说如果金属网笔直酒花会长得更好，"他说，"另一个说法是因为农场主使用窄的拖拉机（因为他们也种苹果）。"他耸耸肩膀，解释说泰特昂的酒花在8英尺（2.44m）的棚架上长得好是因为在两侧间有空位，从主藤蔓上延伸出的旁枝结出的球果个头比较大。

农场主在1公顷（约2.5英亩）的土地上种植3600~4000株酒花。泰特昂每根钢丝只拉一根蔓，相比其他品种则拉两根。在司派尔特地区，Hans Zeiner每公顷布置4000根钢丝，给司派尔特酒花拉两至三根蔓。捷克的Karel Dittrich农场，工人在每公顷土地上种植3300株萨兹酒花，牵引两至三根蔓至钢丝上。在雅基玛通常每14英尺（4.27m）间隔3½英尺（1.07m），或每7英尺（2.14m）间隔7英尺（2.14m），最终每英亩种植889株（相当于每公顷种植2200株）。

酒花在许多不同的土壤中长得很好，虽然品种不一，核心的要求是有足够的深度供深根植物生长，有充足的水分和良好的疏水。"酒花需要保持根部湿润而上部干爽。"雅基玛山谷双R酒花农场（Double R Hop Ranch）的Kevin Riel说。英国的部分地区土壤比较结实，如果春天特别潮湿，农民最为担心植物出现"湿根症（wet foot syndrome）"，它会抑制酒花根部的组织生长。

三月份是司派尔特酒花生长季节。曾纳（Zeiner）是司派尔特酒花种植者协会的经理，他自己种植约10英亩（4.05hm^2）的土地，会翻开培土，剪掉初生的嫩枝。五月份，他和家人将第二轮生长的嫩枝牵到钢丝上。司派尔特的农场通常较小，平均小于10英亩（4.05hm^2），农户可以手工去除多余的嫩枝，面积大的农户使用化学品或脱水剂抑制不需要的生长。

将酒花牵引和缠绕至钢丝上，使植株生长并将植物牵引其上，需要更多的人。蒂特驰（Dittrich）农场春天雇用约25名外来工人，多数来自斯洛伐克。对比收获104英亩（0.42km^2）酒花，需要50名工人。塞茨只需要增加3名工人帮助收割，不过要6人协助理枝，这些人来自两个移民家庭。“一个波兰家庭从20世纪80年代就到这里了，现在他们的女儿和他们一起工作。”塞茨说。附近的费伊纳（Feiner）农场种植约两倍面积的酒花，约107英亩（$0.43km^2$），雇用20名移民工作理枝，而收割时只需6人。

“当你把它们拉到绳子上时，每一株酒花对气候、春季反应各异，”歌斯契说，2011年种植着12个品种，相比几年前她被送往学校时只有3个品种，“这是非常好的课程。它迫使我关注到细节，重新审视我们所做的传统流程。”

她认识到世纪酒花是个难以处理的品种，“它就躺在那儿。”歌斯契说。一些品种在用纸扭成的绳子上攀爬得好，用椰子树皮效果要差一些，其他品种可自行上架，向着太阳的方向。查尔斯·达尔文（Charles Darwin）躺在医院的病床上时记下了对酒花生长的观察，将他的发现记载在《攀爬植物的运动与习性（*Movements and Habits of Climbing Plants*）》一书中。他写道，“当酒花（*Humulus lupulus*）的嫩枝从地里长出，两或三枝开始联结，节间是直线的，固定生长；但当第二次成形时，由于枝条很嫩，可能向一侧弯曲，并缓慢地向所有方向生长和移动，就像张开的手掌一般，具有向光性。运动很快就达到了它的正常最高速度。”

有机种植和矮架种植酒花

有机种植和矮架种植酒花在农艺学上非常适配，但各有其独立性。

美国有机酒花的种植兴起于2010年。2013年年初，美国农业部宣布将酒花从有机豁免清单中移除，不再允许酿酒商在认证的有机啤酒中使用非有机酒花。其后两年，美国的有机酒花种植面积差不多增加了一倍。对酿酒商来说，差不多同等重要的是可供有机品种的数量也快速上升。

有机酒花的未来最终取决于有机啤酒的需求，但影响已经是非常明显的。酒花种植者协会主席帕特·利维指出，举例来说，有机种植促进了生产结构，尤其是选育对虫害更加敏感的品种，这对整个啤酒工业都是非常有利的。

新西兰是个例外，在那儿虫害和酒花疾病几乎是不受控的，有机种植面临的挑战是产量减少和价格上涨。由于酒花种植区域在遗传学上高度一致，极易受虫害和疾病的感染，传统的种植者反对频繁使用农药。藤蔓的快速生长需要充分的营养，尤其是氮，这对有机种植者来说有困难。

在密集生长期植株需要大量的水分，控制野草的生长和争夺水分对酒花种植者也是个难题，甚至比其他有机作物都要困难。

矮架系统，在英国又称灌木篱笆（hedgerows），可减少传统种植的环境影响，也促进了有机种植。一般而言，矮架是个生长系统（可能既适合矮生植物，也适合非矮生植物），矮生植物是一种植物类型（包括半矮生植物），表示植物节间距较通常要短，灌土篱笆表示矮生类型生长于在矮架系统上。

显然，植株只有 8~10 英尺（2.4~3m）高，比起 18 英尺（5.5m）或更高的植株要容易监察。Wye 酒花学院的皮特 · 达尔比指出由于更多植物部分接近土壤，而树篱是连续接触的，矮架酒花吸引了更多捕食性昆虫，也更方便昆虫爬上植株。此外，由于无需割下藤蔓，用分离的设备采摘，可为下一个季度的植株生长提供养分。

在英国，25% 的面积是矮架酒花，达尔比估计种植者节约了大概 45% 的循环费用，包括人工费。非常重要的一点，英国的农户选用真正的矮架品种。纯正的矮架品种产量较高，而传统酒花在矮架上的收成仅有高架的 25%~80%。

矮架种植者可以更迅速和经济地转换品种，易于适应持续变化的需求，比如一些不同的香花品种，或者有机种植农户引入更好的遗传多样性。

美国矮架酒花协会（The American Dwarf Hop Association）是少数几个持续研究矮架种植的机构之一。虽然顶峰（Summit）在雅基玛山谷广泛种植，它其实不是一款真正的矮架品种，只是在矮架上长得很好并为有机酿造商提供为数不多的高 α- 酸选择。

全世界公立和私立的育种计划现在都纳入了矮架酒花。约翰 · 亨宁在位于俄勒冈的美国农业部，已经用来自英国的种子进行了多个实验性品种的初期研发，和其他育种者一样，亨宁明白存在着底线。

他说：“你得种酿酒师想要的酒花。”

再没有比植株沿着绳子慢慢向上攀爬更迷人的了，美国农业部的约翰 · 亨宁说。“当人们谈论千斤顶（Jack）和豆茎（Beanstalk）时，我敢肯定他们是在谈论酒花。”

叶子从酒花蔓的节点长出，在称为毛状体钩状触须的辅助下向上攀爬，相反的酒花藤上已经长有卷须，大约在酒花攀爬到棚架的一半时，侧枝开始从主叶的枝腋长出，酒花球果几乎只在侧枝上生长，所以它们的生长最终决定了收成。

当农户将植株牵上绳子，营养生长阶段就结束了，过早地理枝会导致植株过快地爬至棚架的顶部，从而影响收成，而理枝过晚则造成生长不充分。早在20世纪研究者就认识到白天的长度控制着开花植物，并首次将这个现象称为“光周期（photoperiodic）”，发表在《葎草》（*Humulus scandens*）和《大麻》（*Cannabis sativa*）上，定义了酒花是短日（short-day）植物，在白天开始变短时开花（在北半球为6月21日后）。

国际酒花种植协会在1983年进行了一项研究，介绍了对白天长度有要求的植物必须选择适合的种植地的重要性。试验品种使用通用的母本，培植和选育地选择在英国、德国及南斯拉夫，纬度处于51°、48°和46°。三个国家分别进行种植，同时还在纬度47°的法国种植。低纬度的植株最早开花，原南斯拉夫和英国相差10~14天。英国和原南斯拉夫均出现同等的产量下降，因为这两个地点离原种植地相当远了。

美国西北部的2011年收获季提醒我们，为什么英国种植者和经纪人克里斯·道斯（Chris Daws）喜欢说，在酒花上架后，剩下的就“交给上帝了”。从五月直到八月，雅基玛山谷的温度降到了50年的平均值之下。然后突然热起来了。“非常适合球果生长，”里尔（Riel）补充说，“这是我平生见到的最好的年份。整个农场在几个星期内就忙起来了。”

早熟的品种通常不会迟到，不过当农户开始收获时，如果高温来临，晚熟的品种可能提前“熟透”了。α-酸上升很快，但是产量减少。举例来说，在雅基玛地区种植的威廉麦特酒花α-酸在7%~9%，相对一般的平均值为4%~5%。世纪酒花的α-酸可达到13%，而一般含量只有9%~11%。

100年前，一些英国的农场主种植了几种哥尔丁酒花，根据它们的成熟速度区分。美国西北部的农场主同时种植早熟和晚熟的科拉斯特酒花。农场主通过错开所种酒花的成熟时段，从而延长收割季节，无需增加更多设备来达到增加产量的目的，今天的农户还用这个方法。一些人根据经验判定什么时间采摘，另一些人检测球果样品的剩余干物质含量，通过公式计算来做决定。

“大家都希望球果容易摘下。”歌斯契说。如果球果不够成熟，就会难以摘下，留在枝上过久则会破碎。适时采摘保证了酒花在最佳时间干燥并保持完整的外观。哥斯契补充说，“完成后外观呈漂亮的绿色，有时偏金黄色。”

越来越多的酿酒师对晚熟的酒花感兴趣。曾纳是这样理解的：“酿酒师想要不一样的酒花，一些人想要生一些的，一些人想要熟一些的。其实都是关于香气，他们想要的香气。”他警告不能等得太久。“时间过了，香气就没那么好了。香气会变化，但我说不上来它是怎样变化的。”在司派尔特地区，“好 *fein*（fine）”这个词有特别的含义。

里尔说，双R通常比目标日期提前4天为百威公司收割威廉麦特酒花。“百威公司对酒花的要求与众不同，收割的要求也不一样，”他说，“他们不喜欢完整的香气。对精酿啤酒酿造商我们会晚一天采摘（相对目标日期），这样会得到更多的酒花油。”

俄勒冈、德国和澳大利亚的研究证实，在通常认为最佳的商业收割日期之后，相对于α-酸，酒花油会以很快的速度持续增加，感官评价表也显示使用不同时间收割的酒花酿造的啤酒有明显的差异。举例来说，使用晚熟的卡斯卡特酒花酿造的啤酒其甜瓜味和花香评分更高。同样地，在德国所做的研究显示，晚熟的酒花的香气强度和质量都有所上升，而消费者也显示出对晚熟酒花的明显偏好。

澳大利亚酒花协会（Hop Products Australia）于2008年开始的一项持续研究包含了收获时间和干燥条件。澳大利亚酒花协会决定增加对酒花腺的视觉评价于提前收获的酒花中，分析显示强化了酒花的化学成熟度，尤其是香型品种获益更多。研究也得出结论，降低干燥温度为50℃~60℃可提升上述酒花的酒花油含量。

4.1 地理位置

俄勒冈州立大学的研究还揭示了一些研究者忽略的问题，出乎意料的是种植区间英里之内的差异比大陆之间的差异还要明显。他们以威廉麦特山谷种植的威廉麦特酒花和卡斯卡特酒花为对象，收集了三个位置、分三次收割的数据。在任意农场早期采摘的各个品种，其酒花油含量差异很小。当酒花在蔓上保留的时间延长，差异开始上升。某个地点产出更多的酒花油并不令人惊奇，然而不同的农场证明了不同的品种可以变得“更好”。例如，1号农场采摘的卡斯卡特酒花，其酒花油含量低于另外两个农场，但是该农场种植的威廉麦特酒花油含量却是最高的，相反的例子发生在3号农场。德国关注收割日期的研究也发现，种植地点显著地影响啤酒中的酒花香气和风味，即使是这些酒花种在仅仅几英里之外。

农场主很早以前就认识到大多数品种在特定区域生长良好，而常常在其他区域完全无法生长。俄勒冈州立大学和德国的研究验证了这些收成和α-酸含量的差异，道听途说和科学发现同时得到了验证。Eric Toft是巴伐利亚私营邵恩拉姆陆地啤酒厂的酿酒师，多年来担任德国国家酒花比赛的评委。评委们对酒花的香气、外观和其他关键指标进行打分，履行选出最佳酒花的职责。Toft和农场主、育种师坐在一起，后者担任评判已经30多年了。他们可以通过揉搓和嗅闻几朵酒花，随后告知酒花来自哪个农场，因为他们都曾到过那儿。品种根本不是问题，尽管许多农场主同时种植几个品种。Toft说："他们识别的是地域的特征。"

葡萄酒酿酒师和葡萄酒饮酒者或称地域特征为风土条件。皮埃尔·拉鲁斯（Pierre Larousse）于19世纪出版的《大通用辞典》（*Grand Dictionnaire Universel du XIXe Siècle*），定义风土条件为"从农业的观点考察土地"。它描述*le goût de terroir*为"特定场所的风味或气味赋予它的产品，尤其是红酒"[11]。虽然地方环境无疑影响着产品特性，葡萄酒作家Jamie Goode描述风土条件在葡萄酒中的概念为"不可捉摸和富于争议[12]"，也完全可以拿来解答酒花风土条件这个名词。

德国西南部的一座山环绕着泰特昂市，风景秀丽，山上满是葡萄园、果园和酒花农场，阿尔卑斯山在远处隐约可见。尽管泰特昂酒花与司派尔特和萨兹有很强的遗传学关联，然而大不相同，既源于种植实践，又和地域相关。像弗里茨·陶谢尔这样的酿酒师将酒花的特点赋予啤酒时，可以说是完美的本地搭配。然而，几千英里之外的泰特昂酒花同样在啤酒中保存着其固有的特色。

亨宁解释了为什么环境和后天的结合使酒花从某些区域得到独特性背后的科学。所有的植物物种都有甲基化的DNA，使某些基因相对其他的更易于"转换"。土壤、白天长度、温度、降雨量和地形的差异，所有这些都可能影响甲基化的过程。基础的DNA没有发生变化，但是甲基化的模式是不一样的。

2002年，斯图加特霍恩海姆大学（the University of Hohenheim）的研究者使用AFLP指纹分析了泰特昂酒花和与其相近的其他品种，结合其他调查，得出的结论是泰特昂、司派尔特和萨兹非常近似，可能划归"萨兹酒花"的群体。泰特昂地区（47.7°纬度）比司派尔特及周边地区（49.2°纬度）或扎泰茨（50.3°）地区接收更多的雨水和光照。扎泰茨约海拔700英尺（213m），司派尔特1200英尺（365.7m），泰特昂1500英尺（457m），农场海拔范围在1300~2300英尺（396~701m）。不仅在泰特昂的棚架更高，而且许多植株拥有80~100年的历史，而其他地区则只有25年的种植历史。

其α-酸/β-酸的比值和酒花油的特征相近，但并不完全一致。《酒花香气摘要》（*The Hop Aroma Compendium's*）描述了每种酒花的香气及其差异：

萨兹："辛香、木香，比如龙蒿叶、薰衣草、雪松木和烟熏培根味。"

司派尔特"木香味……旧式的香豆味和法国橡木桶味，带有熟香蕉轻微的甜味。"

泰特昂："有橡木香味、奶油焦糖糖果味道，如姜汁面包味和杏仁味占主导，并有蓝莓的气息。"

在斯图加特进行的奥斯瓦尔德（Osvald）萨兹克隆研究也许能更清晰地将原产地的萨兹与泰特昂、司派尔特地区的区分开。其中三个克隆品种与原种萨兹非常相似，但奥斯瓦尔德克隆126与富格尔（或称美国泰特昂）更加接近。尽管如此，所有在扎泰茨周围地区种植的奥斯瓦尔德克隆品种都表现出非常相似的形态学特征和香气组分。

勃更斯伯格（Bogensberger）是哈拉道地区最后一个种植天然金块酒花的家族农场，该品种在俄勒冈州因其高α-酸而培育，"它的香气比起20年前好很多，"弗洛里安·勃更斯伯格（Florian Bogensberger）说，"所有重要的品种，当初来到本地时都非常好，但最终它们都改变了。"德国培育的植株也在变化。他说，"看看马格努姆（1993年面世），第一代的叶子和现在的非常不同。"

勃更斯伯格多年来种植美国的特色品种哥伦布酒花，它带有辛辣感，偶有猫味，"刚开始时有点粗糙，但慢慢地开始柔和了。"他说这个差异并不显著。托尼（Tony Redsell）的哥尔丁酒花和富格尔酒花总能因其品质出众而获奖。"那一次三个评委认为我们种出了最好的香气。"他谦逊地说。坦白讲，他不相信这个成功能复制到另一个肯特郡农场，但他相信一定能在其他地方种植金牌酒花。在2011年，他开始向欧盟提出申请为他的酒花寻求原产地保护。

"肯特郡拥有不一样的香气风格。"他将手举到鼻子上，用大拇指摩擦着其他手指，这个习惯似乎成为了每个酒花农场主DNA的一部分，"这是柑橘香，太明显了。"

4.2 种植规模和家族传承的重要性

美国西北部，特别是雅基玛山谷的酒花农场，与德国在规模上很不一样，相同的是来访者很难遇到第一代酒花种植者，他们都是家族经营的。在美国西北部（华盛顿州、俄勒冈州和爱达荷州）的农场平均面积收获的酒花数量相当于比利时的全部和12倍的德国农场平均面积收获的酒花数量。2010年，德国的司派尔特地区，75个农场主管理着920英亩（$3.7km^2$）多一点的酒花地。

整个美国西北部只有2个农场，一共种着32000英亩（$129.5km^2$）的土地。这种小规模种植模式在别处非常普遍。在西班牙，240个农场主种植者几乎全部种的是天然金块酒花，平均面积约6英亩（$2.43hm^2$）。

国际酒花产量（2011）见表4.1。

表4.1　　国际酒花产量（2011）

	香花		苦花		合计	
	英亩	磅	英亩	磅	英亩	磅
德国	23 569	40 784 100	20 248	41 887 400	43 818	82 672 500
美国	10 361	12 125 300	19 655	52 866 308	30 016	64 991 608
中国	1 433	3 527 360	12 889	26 455 200	14 332	29 282 560
捷克	10 791	13 503 175	161	275 575	10 952	13 778 750
斯洛文尼亚	3 168	4 629 660	178	220 460	3 346	4 850 120
波兰	939	1 102 300	2 718	3 306 900	3 657	4 409 200
英国	1 977	2 425 060	593	925 932	2 570	3 350 992
澳大利亚	119	171 959	1 006	2 129 644	1 124	2 301 602
西班牙	0	0	1 260	2 081 142	1 260	2 081 142
南非	0	0	1 216	2 012 800	1 216	2 012 800
法国	892	1 219 144	156	200 619	1 048	1 419 762
乌克兰	1 184	1 139 778	381	273 370	1 564	1 413 149
新西兰	655	859 794	284	407 851	939	1 267 645

来源：国际酒花种植协会（*International Hop Growers Convention*）。

注：1 英亩 = $4046.8m^2$；1 磅 = 0.45kg。

2011年（移除中国的全部数据，因其相对独立），德国和美国贡献了全世界苦型花/高甲酸苦型花产量的85%和香型花产量的16%。大多数其他国家的种植者，通常只是供给家酿市场，但美国和德国对价格、质量和品种有要求。对于一些国家如波兰，面对的挑战是他们没有高甲酸苦型花或独特的香型品种，不过显而易见的是，酿造者很容易从附近国家获得许多酒花品种。2010—2011年，差不多三分之一的波兰酒花种植者退出了酒花种植，尽管如此，留下的还有700家，他们平均种植着不超过6英亩（2.43hm^2）的土地。

华盛顿州最大的种植者——罗伊农场（Roy Farms），年产量超过6个国家的总和。罗伊农场在3000英亩（12.14km^2）以上的土地上种植逾30个酒花品种，包括高架和矮架、有机种植及其他形式。该农场在莫科斯（Moxee）和塔本尼许（Topenish）拥有4个加工厂，4套道恩豪威尔（Dauenhauer）采摘机，其中2套是双倍体积的，加上一组用于矮架酒花的田间采摘设备。2台颗粒加工机将烘干的球果直接加工成新鲜的颗粒，这些设施超过了整个新西兰。

在雅基玛，规模效应非常明显，而德国和捷克共和国则拥有悠久的历史。新一代的美国酒花种植者希望不断增长的消费者将目光转向本地产品，如有机酒花，需求将决定后起之秀是否成功。

也有一些规模非常小的项目。举个例子，在2012年春天，布朗克斯（Bronx）的社区花园的一个团体，包括数个纽约植物园布朗克斯绿色促进计划成员和一个天主教区，种下了127株卡斯卡特酒花。布朗克斯啤酒厂计划用这些酒花来生产一种“都市酒花”啤酒。

康奈尔农业推广系统（Cornell Cooperative Extension）的斯蒂夫·米勒（Steve Miller）为布朗克斯的计划提供专业指导。纽约农业与市场部在2011年提供资金以聘请米勒，其后安德鲁·科莫（Andrew Cuomo）州长颁布法令设立了“农场啤酒厂”许可，这为使用纽约种植的大麦和酒花的啤酒厂提供了许多便利。佛蒙特州立大学（University of Vermont）和康奈尔农业推广系统服务为西北酒花联盟（Northeast Hop Alliance）提供支持，后者成立于2001年并于2010年转为非营利组织。

成员们认识到需要将历史感与现代品味融合起来，“对于佛蒙特这并非新鲜事，我们在尝试重新学习种植。”海德·达尔贝说，他是佛蒙特大学延伸学院的助理农学教授，作为一个五年计划的一部分，他种植了一块名为“佛蒙特酒花计划”的试验地，旨在评估最适合当地环境的酒花品种。

早期美国移民发现了野生酒花，两个德国殖民者在西南端即今天的曼哈顿建造了第一个商业化啤酒厂，一个同乡记载道，“这里的荷兰人种植非常好的小麦、燕麦和豌豆，酿造的啤酒差不多和我们家乡的一样好，树林里生长着很好的酒花。”其后在17世纪，一位新泽西州（New Jersey）的居民报道说，“从海角沿着特拉华河（Delaware River）适合种植小麦和大麦，也非常适合做酒花农场……一些地方生长着野生酒花，如果在低洼、肥沃的土地上建立酒花农场，产量将会非常可观。”

仅靠在树林里采摘野生酒花是不够的，酿造者需要更多酒花。1629年第一家酒花农场开始种植。在随后的200年，农场主几乎遍布每一块殖民点，然后整个州开始尝试种植酒花。根据1850年美国的一项调查，35个州中有33个州种植酒花，虽然产量太小，还不足以称其为商业种植。举个例子，在1873年，肯塔基州种植了“5或6捆酒花”。

1879年，纽约种植了全美80%的酒花。四年后，《西部酿造者》（*The Western Brewer*）这样介绍行业概况：“于1850年，在33个州的领土上种植着酒花，在1860年是37个，在1870年是36个，到1880年只有18个……可以看到加利福尼亚州、俄勒冈州和华盛顿州会继续增加种植，而大多数其他区域在几年内会迅速减少，很可能纽约会成为酒花种植的旗舰州。”

相反，在10年内太平洋海岸种植量超过了纽约，到禁酒令开始时纽约农场主仅种植了全国4%的量。据19世纪下半叶在加利福尼亚种植酒花的丹尼尔·弗林特（Daniel Flint）记录，加利福尼亚的酒花种植始于1855年的阿拉米达乡村（Alameda County）。

科拉斯特：美国的土生品种？

1971 年，美国农业部推广卡斯卡特给农场主的前一年，科拉斯特占了美国酒花种植量的差不多 80%（富格尔、纯金和酿金加起来约 16%）。到 2011 年，农场主只种植了 1.5% 土地面积的科拉斯特，和亚麻黄数量相当。

科拉斯特含有美洲和欧洲的基因，这显然是由于自然授粉的结果，从欧洲和美洲野生酒花所导入的。何时、何地发生的还未能确切地判断，但从某种意义上讲，它更像是美洲大陆和英国的地方品种。

在农场主选定了某些品种之后，它们仍在继续无性繁殖过程，早期的科拉斯特与后期的科拉斯特逐渐融合。早期的科拉斯特大量生长在克拉斯特植株的上部，似乎源于 1908 年左右在俄勒冈州或太平海岸的一次体细胞突变。由于它早 10 天至 2 星期左右成熟，因此称为早熟科拉斯特，它的父本因此被称为晚熟科拉斯特。晚熟科拉斯特很像（尽管它生长得更加有活力）弥尔顿（Milltown）酒花和禁酒令之后在纽约种植的类似科拉斯特的品种。

数十年后一个知名的华盛顿农场主伊斯拉·米克（Ezra Meeker），提出一个太平洋院子（Pacific yard）模式：一英亩（4047m²）的汉弗莱幼苗（Humphrey's Seedling）、两英亩（8094m²）的科拉斯特和一英亩（4047m²）的加拿大红蔓（Canada Red）。汉弗莱幼苗是在威斯康星州偶然发现的，加拿大红蔓有着红色的藤蔓，生长在加拿大。科拉斯特最后以晚熟科拉斯特而为人所知。俄勒冈州的种植者没有听从他的建议，取而代之的是将富格尔与科拉斯特一起种植。在禁酒令期间，富格尔继续保持输出，使俄勒冈州成为全国主要的酒花种植州，直到1942年华盛顿州才超过了俄勒冈州。

1866年，J.V.米克（J.V. Meeker）借着住所的阁楼开始种植酒花，其后华盛顿州的酒花在塔科马（Tacoma）皮阿拉普（Puyallup）逐渐繁盛起来。第二年，他的儿子伊斯拉将种植面积扩大至4英亩（1.62hm²），到1891年，已经达到了500英亩（2.02km²），并对西北地区的几乎所有商业酒花业务都有兴趣。在他去世之后的几年，当地报纸的一篇颂词将他描述为"世界酒花之王"。1892年，一种酒花虱子摧毁了太平洋海岸的酒花。米克写到："在1892年的一个晚上，当我走出办公室，把目光投向一排酒花棚时，我突然发现附近一块酒花地的酒花叶子颜色不对——看起来不自然……我走到院子里，约四分之一英里（402m）的距离，然后看到了第一只酒花跳虱，院子里到处都是虱子，它们正在毁坏酒花——至少影响了质量……那时我已经向邻居和其他人预付了超过10万美元的款，这些全部损失了，他们根本无法偿还，我免除了债务，也没有对他们提出任何诉讼，我从来没后悔过这样做，我的所有积蓄被一扫而光，不得不结束了业务——或者不如说，我的生意离开了我。"

第二年，《雅基玛先驱报》（*the Yakima Herald*）报道说，1891—1893年，该山谷的种植面积由400英亩（1.62km²）增加到了全国领先的2500英亩（10.1km²），大多是由法裔加拿大人种植的，他们从莫科斯公司购入土地，它曾是亚历山大·贝尔（Alexander Bell）开启的试验地。为了迎接未来的移民，该公司灌溉了7000英亩（28.3km²）的土地，当然，灌溉是酒花在雅基玛山谷成功种植的重要因素，大多数农场由这些法裔加拿大人的后代运营。2011年，华盛顿州的农民们收获了全美79.3%（按重量计）的酒花，俄勒冈州占12.3%，爱达荷州占8.3%。

西北地区的种植者们很清楚，新农民种植户并不是传统意义上的竞争对手，他们不会把酒花卖到世界新兴的啤酒市场，也不太可能只提供当地啤酒商需求的一小部分。罗伊农场总裁（Leslie Roy Farms）、国际酒花种植者联合会副主席莱斯利·罗伊（Leslie Roy）说："我们对此感到非常鼓舞，任何能提高人们对酒花认识的东西都是积极的。真正的危险是被大型啤酒厂归入普通商品中。"

2012年，在美国西北部以外有超过12个州在进行商业酒花的种植。在一些地区，如密歇根州，他们结成联盟，不仅提供教育培训，还组织种植者共享资源，以提升采摘、干燥和酒花加工的效率。在威斯康星州和纽约州，酒花种植得到恢复并一度广泛种植。其他州则是新进入的。自从科罗拉多州立大学在2004年种下了第一株实验性的有机酒花，该州的农民同时种植有机酒花和非有机酒花。米勒康胜的子公司AC黄金酿造公司，提供奇努克酒花的块茎给志愿者在家种植。2011年，约500名志愿者得到了块茎，其中125人收获了酒花。这些差不多60lb（27.2kg）的酒花被投进了其中一批科罗拉多本地拉格啤酒。

直到最近，英国的几家大型啤酒厂还保留着自己的酒花农场。1997年，惠特布雷德啤酒厂（Whitbread Brewing）将农场改造为"酒花农场亲子公园"，这是一个占地400英亩（1.62km^2）多用途的设施，有跑道、游戏、野餐区和许多其他景点，包括一个酒花博物馆和大量的干燥炉。淘气鬼罗格小型酒花农场（The Rogue Ales Micro Hopyard）位于俄勒冈州的威廉麦特山谷，在纽波特啤酒厂（Newport brewery）东面约75英里（120.7km），这里并没有小型高尔夫球场，罗格用它来告诉消费者啤酒是一种农产品。

淘气鬼罗格啤酒厂董事长布雷特·乔伊斯（Brett Joyce）说："整件事完全是一场意外。"2011年9月的一个下午，他看着满地的南瓜，而不远处是刚收获过的酒花地。在2017年酒花短缺后，罗格开始种植酒花。乔伊斯坦率地说："我们对酒花认识不深。"显然，酿酒师约翰·迈尔（John Maier）知道如何使用酒花。很早以前他就因在啤酒中添加大量的酒花而闻名。乔伊斯说："我们知道，很容易用4美元或5美元一磅的价格买到酒花。"

罗格并不是从零做起的。他说："我们打开黄页，首先找到了科尔曼（Coleman）家族。"罗格现在从科尔曼家族租赁了42英亩（0.17km^2）土地。维根·理查德森公司在20世纪初成立了农场。科尔曼家族继续开垦其他土地，并拥有一个棚架系统、一台采摘机以及一套烘干设备。

农场坐落在威廉麦特河旁，乘船的人可以在品酒间或甲板上一边来一杯啤酒，一边眺望着酒花地。2011年，在酒花收获几个月后，威廉麦特发了洪水，将农场经理娜塔莎（Natascha）和乔什·克罗宁（Josh Cronin）困住了差不多两个星期，洪水将休眠中的酒花植株淹了11天。到夏天，罗格要处理洪水对2012年收成造成的影响，只能生产40%的酒花供啤酒厂使用。他说："我们可能不得不在现货市场采购酒花，价格非常高。”

几个月前，乔伊斯喝着用掉落的酒花酿造的啤酒，悠悠地说：“人们说我们一定要把它做成功，但是我们承担着所有的风险。如果收成不良，我们得承担损失。”即使在最好的条件下，小型酒花地的酒花也比罗格现在使用的要贵得多，“不过这非常好玩。”罗格补充说。

罗格的酒花农场经验启发了啤酒厂，在酒花地的东北边的泰格农场（Tygh Ranch），划出了一块地，种起了大麦。

乔伊斯说：“酒花给我们提供了一个尝试的平台。”农场并非坦途，但到了2011年秋天，大多数周末农场里都挤满了游客，品尝间定期开放，在整个夏天和收获季节，几乎每天都有观光活动。特别活动包括烤鱼和音乐会，还有教学讲座，例如关于养蜂的演讲。设施还可用于举行婚礼，在农舍提供“酒花床”供住宿，酒花农场的美景和加工设备一览无余。罗格邀请当地的家酿啤酒师在简易小屋的微型啤酒厂酿造啤酒，只在查特罗·罗格（Chatoe Rogue〉才能喝到。

“我们在这里已经三年了，”乔伊斯说，想想每年都有什么进步，“我想我们会多观察三年，发现更多的东西，这是罗格宝贵的经验。”

他不怕使用“T”字（terroir，风土条件），也不担心与葡萄酒相提并论。“我们相信原创的东西，我不认为消费者把啤酒仅仅看作是一种农产品。”

威斯康星州的戈斯特山谷（Gorst Valley）的詹姆斯·艾特威斯（James Altweis）知道，和他一起工作的农民的成功源于啤酒商及其顾客欣赏威斯康星州种植的酒花的价值，不过这不足够。他说：“有些人认为本地生产就有价值，本地的就是最好的，但这不是我们计划的唯一部分，如果一个酿酒商看不到改善，他就不会支付更高的价格。”

戈斯特山谷直接与种植者合作，给予全程支持，从规划一个院子，到建造符合自身要求的干燥房。在2012年的收获季，戈斯特山谷开始销售专为10英亩（4.047hm^2）以下农场设计的小型采摘机。6人一组，1小时只能手工摘2株藤蔓，而新型的Bine 3060设备，由3个人操作，每小时可处理30~60株藤蔓。Bine 3060售价为12900美元，而一个大型的采摘机需要约18万美元（全新）或3万美元（二手）。

酒花完成收获并干燥后，会送到GVH处理中心去造粒、包装和交付。戈斯特山谷作为中间商，可获得酿造商支付款的一定比例。与另一个成熟的产区种植的相同品种的酒花成本相比，这个价格要高得多。艾特威斯（Altweis）说：“我们正在打造事业，不打价格战。”

威斯康星州的种植者只要翻翻历史，就可以看到酒花作为商品交易的结果。1867年，当酒花跳虱横扫纽约州的大部分作物时，酒花狂热席卷了威斯康星州，酒花价格由1861年的每磅15~25美分的价格涨到每磅70美分。报纸上满是酒花农民赚了大钱的故事，报道介绍了农民住的大厦、乘坐的马车、度过的假期。因此本州最大的酒花产区索克县（Sauk County）的产量由1865年的50万lb（227t）增加到1869年的400万lb（1816t），也就毫不为奇了。1867年的酒花价格为每磅70美分，第二年暴跌至每磅4~5美分，酒花种植者和经销商纷纷破产。在接下来的10年里，威斯康星州的农民们几乎完全脱离了酒花生意，而“1867年酒花暴跌”则是他们留下的故事。

威斯康星州的精酿啤酒商购买了绝大部分戈斯特山谷种植的酒花——该公司在2009年加工了100lb（45.4kg）的酒花，到2012年将加工10000lb（4.54t），还不到哈拉道地区的一个中等农场产量的20%——余下的销往其他州的酿酒商或家酿者，大约70%是香型酒花。艾特威斯（Altweis）说：“得关注酿酒商想要的，我们努力发掘我们在加工过程（干燥和造粒）中能做些什么来增加酒花的价值，从而创造出与众不同的啤酒。”

大部分的工作在酒花采摘之后，直到把干燥后的袋装酒花送进加工厂，农民才松了口气。

参考文献

[1] Until 1976 English farmers planted males in order to produce hops that weighed more（sometimes up to a quarter of their weight was seed）and so sold for more，and except for varieties bred to remain seedless many English hops still contain seeds. In Europe the seed content of dried hops must be below 2 percent for them to be considered seedless. In the United States the limit is 3 percent（although that would be 4.2 percent using the European measurement method）. Oregon is the only large hop region outside of England growing a substantial amount of seeded hop.About 36 percent of the 2011 crop contained 4 percent or more seeds（as compared to 9 percent of the Washington crop）.

[2] Farmers in New Zealand and Australia together do not plant two-thirds as many acres of hops as those in Oregon, but their hop aromas currently are very fashionable. New Zealand's Nelson hop growing region is at -41°, while two-thirds of Australia's hops are grown in Tasmania (-42°) and the others at about -36.5°.

[3] Charles Darwin, *The Movements and Habits of Climbing Plants* (London: John Murray, 1906), 2-3.

[4] R.A. Neve, *Hops* (London: Chapman and Hall, 1991), 18.

[5] The local brewery, Stadtbrauerei Spalt, is owned by the town of Spalt. The mayor is also director of the brewery, and each of the town residents, about 5, 000, may vote on major brewery decisions.

[6] Thomas Shellhammer and Daniel Sharp, "Hops-related Research at Oregon State University," presentation at the Craft Brewers Conference, San Francisco, 2011.

[7] B. Bailey, C. Schönberger, G. Drexler, A. Gahr, R. Newman, M.Pöschl, and E. Geiger, "The Influence of Hop Harvest Date on Hop Aroma in Dry-hopped Beers," *Master Brewers Association of the Americas Technical Quarterly* 46, no. 2 (2009), doi: 10.1094/TQ-46-2-0409-01, 3.

[8] S. Whittock, A. Price, N. Davies, and A. Koutoulis, "Growing Beer Flavour—A Hop Grower's Perspective," presentation at Institute of Brewing and Distilling Asia Pacific Section Convention, Melbourne, Australia, 2012.

[9] Shellhammer and Sharp.

[10] Bailey, et al., 4.

[11] Amy Trubeck, *The Taste of Place* (Berkeley: University of California Press, 2008), xv.

[12] Goode, "Terroir Baggage," *Wineanorak.com*. Retrieved 23 August 2012 from *www.wineanorak.com/terroirbaggage.htm.*

[13] R. Fleischer, C. Horemann, A. Schwekendiek, C. Kling, and G. Weber, "AFLP Fingerprint in Hop: Analysis of the Genetic Variability of the Tettnang Variety," *Genetic Resources and Crop*

Evolution 51（2004），218.

[14] Joh. Barth & Sohn，*The Hop Aroma Compendium*，Vol. 1（Nuremberg：John. Barth & Sohn，2012），65，73，83.

[15] Fleischer，et al.，217.

[16] The IHGC classifes hops based on the alpha acids in varieties，so the percentages would be a little different if adjusted for the way some brewers use New World hops. That doesn't change the overall trend.

[17] L. Gimble，R. Romanko，B. Schwartz，and H. Eisman，*Steiner's Guide to American Hops*，（Printed in United States：S.S. Steiner，1973），39.

[18] Ibid.，52.

[19] Daniel Flint，*Hop Culture in California*，Farmers' Bulletin No. 115（Washington，D.C：U.S. Department of Agriculture，1900），9.

[20] Ezra Meeker，*The Busy Life of Eighty-Five Years of Ezra Meeker*（Seattle：Ezra Meeker，1916），228–229.

[21] Sierra Nevada grows both the hops and barley for its *Estate Homegrown Ale.* The brewery frst planted three acres of hops in an adjacent feld in 2002 and now manages eight acres，all grown organically. In full bloom the minifarm beside the brewery is quite striking，and larger than most of the new wave enterprises elsewhere，although it could appear more pastoral：Viewed from the north，a Costco warehouse looms in the background.

[22] Gimble，et al.，46.

第 5 章

酒花收获

喧嚣的采摘机与安静的干燥间

2011年的夏末，农场主托尼·雷德瑟尔（Tony Redsell）利用为第64次酒花收获做准备的间隙，接受了本地一家报纸记者的电话采访。他耐心而快速地解释了酒花收获的常识，从过去一直讲到现在。挂断电话后他解释说："每当到了新闻饥荒期，每个编辑都在想，让我们写一篇酒花的文章《肯特郡的酒花熟了》（*Hopping Down in Kent*）！"

目前，全英格兰只有50名左右的酒花种植者，雷德瑟尔（Redsell）是其中知名度最高的一个，他在肯特郡拥有200英亩（$0.81km^2$）的酒花地，约占全国的10%。肯特郡的酒花产量在1878年达到了顶峰，当时农民们种植着约77000英亩（$312km^2$）的酒花。在伦敦和肯特郡之间的专列载着23000名采摘酒花的季节工，利用假期采摘酒花赚外快。这个年度的朝圣之旅也是著名的歌曲《肯特郡的酒花熟了》的灵感来源。

只要有酒花种植，就不断有大量的工人涌进来，直到采摘机的出现才减少了劳动的密集度。在英格兰西部，从20世纪20年代至30年代，弗罗姆主教村的人口从700人激增至超过5000

人。1868年，仅在威斯康星州的酒花种植区就有约30000名女孩在工作，其中20000名来自威斯康星州的非酒花种植区。在距今不远的20世纪50年代，据比利时的波佩林格（Poperinge）市的市政官估计，有10000名采摘者来自酒花种植区，另10000万名采摘者来自其他地区。

波佩林格酒花见图5.1。

图5.1 波佩林格酒花

注：波佩林格是比利时最著名的酒花产区，在举行的三年一度的酒花节（*Hoppefeesten*）上，志愿者们演示采摘酒花。

即使这些记忆渐渐远去，它们也曾经是本地文化的重要组成部分，值得永远存留。波佩林格的酒花博物馆有一段口述历史，由教师兼博物馆导游贝尔廷·丹尼勒（Bertin Deneire）在2011年录制。丹尼勒回忆说："对孩子们来说，采摘酒花是一项单调乏味的工作。作为成年人，我们试图改变单调乏味的生活：在酒花地里连续几个小时重复着同样的工作。孩子们可以捉瓢虫并装到火柴盒里，玩猜谜语，或者互相恶作剧；大人们则讲八卦、唱歌、讲笑话（而我总是听不懂），还玩些滑稽的放屁比赛。"

毫不奇怪，他记忆中最强烈的是香气。他说："我现在就能闻到干燥酒花的香味，一种难以形容的、芳香的气味，我只能用'烤苹果和盛开的天竺葵'来形容它。不管是谁，只要摘过酒花，它的气味就不会从记忆中抹去，就像回想起曾经的嗜好一般。"

也并不奇怪，他的回忆以酒花收获的最后一天结束，包括一场欢乐的舞蹈和到酒花农场的告别之旅："我总是目不转睛地盯着这个不可思议的场面。上了年纪的人像疯子一样旋转着，在跳完一段狂热的华尔兹之后倒在地上。男人们拍打着女孩子的臀部，肥胖的女人挥汗如雨。由于人们'挤得水泄不通'，农舍里喧闹的气氛开始变得闷热起来，很快我们就离开房间，跟着头儿走进黑夜。我们成群结队地唱着歌，回到酒花地，见证了一个酒花人（稻草人）被吊上地里的最后一根柱子，然后用报纸卷成火炬的形状将它点燃。在某种意义上，它看起来像是一种死刑的仪式，是我们对大自然的报复，几个星期来在烈日下被压抑的疲累和无休止的辛劳就此一扫而光。我们会围着那个家伙跳啊、唱啊，直到篝火的最后一颗火星熄灭。"

博物馆里还陈列着一个稻草"酒花恶魔"。农民们最怕的是收获的前几天突发狂风和雷暴，所以他们把巨大的稻草人挂在地里希望可以避开坏天气。在书籍、歌曲和图片中，酒花收获季节被浪漫化了，比如描写在地里摘酒花的绘画或明信片。在1883年出版的《美国酒花文化》（*Hop Culture in the United States*）的一幅插画中，妇女们坐在一个整洁的客厅里，里面挂着像一大串葡萄的酒花。她们利用闲暇的时间摘酒花，一个婴儿在房子的中间玩耍，另一个孩子坐在女人的膝上，旁边还有一只狗在睡觉。一位英国作家在杂志《土地和水资源》（*Land and Water*）里写道："酒花的香气有一种神奇的镇静作用，采摘工在挂着酒花的小木屋里睡得特别好；在高高的藤蔓和球果织成的网络之间，婴儿们在吊床上轻轻摇摆，如同睡在梦神的臂弯中。"

《哈泼斯杂志》（*Harper's* magazine）在1885年描绘了一幅同样引人入胜的画面："酒花采摘工希望以农场主土地的滋养为生，通常，他们会如愿以偿的。在接下来的三个星期中，整只的羊和牛肉像降在以色列人面前的天赐食粮般消化殆尽，整加仑的咖啡、整桶的黄油、整桶的面粉、上百斤的糖被吞进了这支酒花小部队的胃里……舞蹈是采摘季节不可或缺的补充，对寻求快乐的人来说这是个好主意，但遭到了古板保守的老年人的反对。如同其他的创造发明，它们的起源本是无害的，不过常常由于偏离了礼节，丑闻便取代了单纯的快乐。"这些收获舞后来被拿来给学校舞蹈起名（如短袜舞会）。

乔治·奥威尔（George Orwell）对这种浪漫化的观点提出了质疑，他批评了上述的"带薪假期"的美好想法，并亲身体验了一番，去肯特郡旅行同时兼职采摘酒花是不可能赚到像广告宣称的那么多钱的。他在一篇刊登在《新政治家与国家》（*New Statesman & Nation*）的文章中写道："没有比走在酒花的林荫道上更愉快的了，带点苦味——一种难以表述的清新的味道，就像一阵从凉爽的啤酒海洋吹来的风。倘若某个人只需要养活自己，那就太理想了。"尽管政府官员检查过工人的住所，但没有给奥威尔留下印象。他在1931年写道："很难想象过去的日子是怎样的，因为即便是现在，一般采摘者住的棚屋也比马棚要差得多。我和我的朋友，以及另外两个工人，一起睡在一个10英尺

（3m）见方的棚屋里，有两扇不透光的窗户，有六个能通风也能雨水的窟窿，除了一堆麦秆，没有一件家具；公厕在200码（183m）开外，水龙头也差不多一样远。有些棚屋要住上8个人——然而，无论如何，这样总算缓解了严寒，想一下在9月份的寒夜中，一个人没有任何床上用品而只有一个麻袋的痛苦。”

基督教知识促进会（The Society for Promoting Christian Knowledge）描述了19世纪60年代的悲惨遭遇，尽管这些条件在过去的几十年里已经得到了极大改善。牧师作家J.Y. 斯特拉顿（J.Y. Stratton）在《酒花与酒花采摘工》（*Hops and Hoppickers*）一文中将“狗洞”与棚屋的住宿条件进行了对比，他既不会宽恕酒花农场主，也不会宽恕这些移民工人。他写道，由于“受益者无法无天和掠夺成性的恶习”，指望就业与改善酒花采摘者住宿协会（Society for the Employment and Improved Lodging of Hoppickers）实施改善住房计划可谓困难重重。斯特拉顿写道：“狡黠如猴子，凶狠如老虎；酒花农场主，天生是小偷。”

一个世纪过去了，情况并未真正好转。一份名为《赫特福德郡：活生生的回忆》（*Hertfordshire：Within Living Memory*）的口述历史记录了20世纪上半世纪西米德兰兹郡（West Midlands）的生活。它记述了20世纪30年代来自萧条的威尔士矿业山谷的工人通常被安置在条件非常简陋的房子里，有时甚至住在猪圈里。无论如何“这似乎并没有难倒他们，只要他们能赚到几个先令，这样父亲就可以在周六晚上泡个酒吧，妈妈也可以给孩子买到鞋子。”

“家庭采摘工”和固定的年度雇工能得到较好的住宿条件。一个受访者说：“9月和10月，大量从黑区（Black Country）和威尔士来的人涌到克莱德利（Cradley）从事（全职）采摘工，利用夏季假期赚取外快。同一家庭年复一年地回到农场。吉普赛人也加入了他们，当地学校的孩子也放假了。他们都住在特别为他们保留的谷仓和活动房子里。”

到了19世纪，酒花种植成为美国的一个产业，农场主必须雇佣更多的工人。加利福尼亚索诺玛县（Sonoma）的J. D. 格兰特（J. D. Grant）通过吸引露营者来做这项工作。他利用俄罗斯河流域的自然风光大做广告，并承诺“此地树木丰盛、水源丰富、牧草丰盛；马匹无忧、工作无忧：来摘酒花吧！”纽约奥齐戈（Otsego）县的J. F. 克拉克（J. F. Clark）将特制的汽车放在从奥尔巴尼（Albany）开出的火车上，车上载着数以百计的采摘工并加上锁，防止工人在沿途的车站下车。

根据《奥齐戈农民报》（*Otsego Farmer*）的说法，“酒花采摘也许并不像高尔夫那么时髦，但它自有补偿；金钱唾手可得，这个季节就像一个古老的家族聚会一样，当他们回到城里，花时间用肥皂洗干净手指时，他们会感到脸红。”

在西海岸，一些杂志把华盛顿酒花产区描绘成一个旅游胜地。“在收获季节，大型的酒花地有着奇妙的魅力；每一处都有着古希腊建筑的完美对称，”《大陆月刊》（*Overland Monthly*）的一篇报道写道：“这里有无尽的景色，凉爽、绿色、诱人，在酒花的柱子之间不断延伸。”

作者还描写了色彩鲜艳的印第安营地。印第安人把收获季称为“酒花时间”，大部分采摘工作在华盛顿州完成。1882年，大约2500人从普吉特海湾（Puget Sound）地区、阿拉斯加（Alaska）和不列颠哥伦比亚（British Columbia）来到普雅勒普（Puyallup）。大多数人乘独木舟到达，其中最大的一艘能搭上20个人。经验丰富的采摘工每天赚3美元，平均也能赚到1.25美元。

新奇佑斯（Sinkiuse）、瓦纳普姆（Wanapum）、内兹佩尔塞（Nez Perce）、雅基玛（Yakima）和奥卡纳根（Okanagan）部落的成员都聚集在雅基玛山谷采摘酒花。根据莫科斯（Moxee）地区的传统，“在周末，印第人玩赌博，很多人跑去看他们玩“木棍游戏”“骨头游戏”、掷骰子和玩扑克牌……在酒花季结束时，其他部落的成员会聚集起来举行一场盛大的游戏，很可能押上他们的马匹、马鞍、毛毯、篮子或其他所能有的东西，这将持续到周六和周日，有些人甚至把整个季节的收入都赌上了。”

奥威尔（Orwell）也许会怀疑酒花采摘的经济效益，但他不能否认它的吸引力。他写道：“奇怪的是，这里不缺采摘工，更有甚者，同一批人年复一年地回到农场来。让业务持续的动力或许是伦敦人偏好乡村旅行，尽管报酬很低，也欠缺舒适。当收获季结束时，采摘工喜不自禁——终于可以回到伦敦了，不用再睡在麦秆上，可以买到天然气而不用到处找柴禾了，沃尔沃斯商店（Woolworth’s）就在街角上——然而，回想起来，摘酒花依然是一件非常好玩的事情。这取决于采摘工觉得它是一个假期，还是辛辛苦苦地埋头干活，临了却口袋空空。”

5.1 把数以亩计的酒花装进麻袋

当詹森·佩罗特（Jason Perrault）的曾祖父在20世纪20年代开始种植酒花

时，100个人花了30天的时间来收获13英亩（5.26hm^2）的土地。当他的祖父经营农场时，80个人花了30天的时间收获150英亩（0.61km^2）的土地。今天，40个人在30天内可以收获750英亩（3km^2）的土地。

奥托·舒瓦雷恩（Otto Scheuerlein）农场的所有东西都是小规模的，他们的两个儿子——利用假期的时间来帮忙——在9天的时间里，他们能收获约10英亩（4.05hm^2）的酒花。在雅基玛的农场，甚至德国的其他地方，都设有专门的大型固定式采摘机，可以快速地从棚架上割下几英亩的藤蔓，以及巨大的干燥间。舒瓦雷恩家在拖拉机后部安装小型采摘机，一个三厢的干燥间，还有一个谷仓，一楼放置采摘机和打包机，二楼是可以调节温度的房间。

采摘机将酒花球果与叶子从藤蔓上剥下，之后一系列的传送带和风扇把酒花叶与球果分开。在大型农场，这是一个非常嘈杂的过程。离开采摘间后，佩罗特向酒花干燥间走去。“我最喜欢当酒花铺上干燥间、打开加热器那一瞬间。香气仿佛是绿色的，整个空间非常安静。”他一边说一边转向抓取机，“这是个有趣的分界线，喧嚣的采摘机和安静的干燥间。”

有意思的是，对想从酒花中有所收获的酿酒商来说，安静是比喧嚣更大的威胁。瓦尔·皮科克回想起20多年前，在他第一次拜访百威啤酒的田间办公室时，“对我来说，很显然，干燥是农民所做的最重要的工作。”

19世纪后期的酿造手册详细描述了各种干燥间的配置细节，通常根据条件不同提出许多建议，例如在适当的温度下进行干燥。1891年，赫伯特·迈里克（Herbert Myrick）写道：“据说，比起英国和美国的人工加热处理，‘天然处理’能保留更多的酒花精油和其他酿造机理，这可能是司派尔特酒花价格昂贵的部分原因。”

尽管司派尔特的农民不再在阁楼上干燥酒花，但那些有着高而陡峭屋顶的建筑仍然在城镇的部分地区隐约可见。当今，美国和欧洲的种植者们干燥酒花的方式非常不同。美国西北部的干燥间由多个部分组成，里面主要是大型的棚架。在球果与藤蔓分离后，由传送带运输至干燥间，平铺成24~36英寸（0.6~0.9m）的厚度，加热的空气通过底部的床面，在6~8小时内将酒花烘干。

农民们根据不同的品种，将酒花铺成不同的厚度，并在不同的温度下烘干。双R农场（Double R Ranch）使用54℃和60℃干燥香花，卡特卡特则使用较高的结束温度，因为其球果比较耐热。高甲酸酒花的加热温度在63℃左右。约翰·西格尔（John Segal）说，西格尔农场在较低的温度下干燥卡斯卡特（他对此项技术保留专有权），比其他任何农场都要低，虽然干燥过程因此要延长2小时。他说："我们为香气而干燥。"在2010年，西格尔的卡斯卡特含3.1%的酒花油，几乎是典型的卡斯卡特的2倍。他补充说："我们让它在地里挂得更久一些再采摘，而且我们干燥时充分考虑如何留住香气。"

西格尔采用了独特的方式来确保酒花的均匀干燥。为了说明这一点，他戴上了一副手套，这副手套挂在干燥间一侧的绳子旁边，他拉动绳子，直到完全拉出并暴露在酒花表面，然后到达干燥间的另一侧。在工人们铺上一层待干燥的酒花后，他们将绳子穿过地面。通过拉动绳子到酒花表面并有力地晃动，他说："这样一来就没有潮湿的盲点，也不会有香气的散逸。"

在佩罗特（Perrault）农场，西姆科和西楚这两个酒花品种甲酸含量很高，但是通常用作香型花，工人限制其厚度在24~28英寸（0.6~0.7m），并在54℃条件下干燥。罗伊（Roy）农场的酒花加工与物流经理吉姆·博伊德（Jim Boyd）表示，该公司估计如果所有的香型花在52℃下干燥，时间会延长20%，柴油消耗增加18%。

农民们有许多工具来监测干燥间内的湿度，不过很显然温度永远也不可能一致，而由于反复多次的检测，会使更多的球果破碎。双R农场的凯文·里尔（Kevin Riel）说："实话说，最好的结果来自经验丰富的干燥师，他可以通过捡起几个球果来评估整个干燥间的情况。我认为这是控制质量最具艺术性的方面，山谷里这种人很少，他们非常受欢迎。"工人们将干燥后的酒花转移至冷却箱中保持24~36小时，以进行均质，然后进行打包。

虽然并非每个农场都相同，在德国最常见的情形是：种植者在三层的干燥间里干燥，然后在打包前进行调节。有些看起来像抽屉的形状，尤其是像在司派尔特这样较小的农场，将有类似百叶窗式的地板可以在干燥过程中从一层掉落至另一层。每次从底屋移走干燥的酒花后，新鲜的酒花被加载至最顶层。和美国一样，打包后的水分控制在9%~10%。

带式或连续式干燥装置是三层式系统的一个变形，在捷克共和国最为常见。酒花通过移动的皮带穿过加热源，由顶部开始，下降至下一层，调转方向后，再次下降，然后第二次反转。这种带式干燥机可以节省人力。

5.2 揉搓和嗅闻

罗伊农场自己加工颗粒，在球果完成干燥后马上粉碎。更常见的情形是，农民们将打包后的酒花送至加工厂，工人将包拆开、粉碎，然后加工成颗粒。颗粒酒花只占罗伊产品的一小部分，而且很明显，公司只能在酒花收获季加工新鲜的颗粒酒花。莱斯利·罗伊说："这对生态环境更加友好，我们觉得这样做有利于保存酒花精油。酿酒师们也有同样的想法。"

拉里·西多尔在S.S.斯丹纳担任了七年的总经理，除了别的工作，他还协助设计和安装了氮冷却的酒花造粒模具，他认为新鲜颗粒酒花是不一样的。然而，作为一名使用全酒花酿造的倡导者和每年负责挑选酒花的行家，他有充分理由停止这项工作。

西多尔字斟句酌地问道："从颗粒加工的立场来看，可以说目的达到了，但从酿酒师的立场呢，什么是你想要的，挑选好的酒花然后加工成颗粒？把酒花精华发挥出来？许多酿酒师选择使用颗粒，但我不能说我已经掌握这门艺术了，我所寻觅到的东西并没有充分发挥出来。"

西多尔有着超过30年的酒花挑选经验，先后在奥林匹亚啤酒厂、德舒特啤酒厂工作过，对酒花的选择有很好的见解。2012年年初，在他离开德舒特啤酒厂、创办自己的啤酒厂之前，西多尔一次只会轮换一个新成员到五人选择小组中，她或他的第一个任务是发现"最佳酒花"而不是做出最佳选择。

西多尔说："成员需要了解，我们不是依据个人偏好来进行选择。有些酒花让我很难取舍，但我清楚知道它们没有我们想在啤酒中得到的组分，我们必须选择与过去风格接近的酒花。"德舒特每个季度重新评估一次入选的品种，这很容易做到，因为啤酒厂几乎只使用新鲜酒花，"我们揉搓酒花，检测贮存指数、α-酸和β-酸含量，确认我们是否真正得到了想要的东西。"大多数小型啤酒厂不能投入资源，亲身去西北地区或其他酒花产区考察收获情况。此外，酒花供应商也无法满足所有人的要求。然而，在和酒花经纪人打交道时，酿酒师或许可以用到资深买家（例如后文介绍的约翰·哈里斯）的建议。

"这就像一名厨师早早来到鱼市以把握先机，"新格拉鲁斯啤酒厂（New Glarus Brewing）的联合创始人丹·凯里（Dan Carey）说，他解释了为什么他定期去欧洲和太平洋西北地区挑选酒花。"你必须时刻牢记，你在购买农产品。"

这样做是绝对正确的。斯蒂夫·德莱斯勒（Steve Dresler）是西拉·内华达啤酒厂的酿酒师，他说："我们通常基于感官评价选择酒花。我不大关注甲酸，也不关注酒花油含量。我们用"酿酒师切割"切开酒花，看最原始的东西。"由创始人肯·格罗斯曼（Ken Grossman）、德莱斯勒和其他人组成的酒花挑选团队要在36小时内选定数十万磅的酒花。"我们是香型酒花的大买家，我们会通过邮寄的方式来检测甲酸含量。"

德莱斯勒认为他的年度之旅收获比购买的酒花还大。他说："你总能看到新东西，和其他人谈一谈。坐下来，一起喝上一杯啤酒，你会获益良多。"胜利啤酒厂（Victory Brewing）的联合创始人罗恩·巴契特（Ron Barchet）每年都要去德国挑选酒花。他说："我喜欢和农民一起工作，如果我们不直接参与，我们就不会得到同等品质的酒花。"

泰特昂的酒花农民听到罗恩的名字就会笑起来。"罗恩长着灵敏的酒花鼻子。"乔治·本特勒（Georg Bentele）和胜利啤酒厂签订了长期合同。"他的识别力极好，能从啤酒中尝出不同的酒花品种，这可不是件容易的事。"

当巴契特在泰特昂揉搓和嗅闻酒花时，他并不是在寻觅啤酒中的香气。他说："（香气）几乎是不相关的，你得认知你所闻到的香气和它将要转化到啤酒中的味道，我在找最新鲜的酒花。"

他不断地从经验中学习。他说："反复嗅闻。第一年使用的酒花，第二年再闻一闻，我不知道有没有更好的方法，酒花茶真的不管用，直到发酵阶段，你才会知道你所需要的。"

图5.2中所示为未经打包的完整酒花球果、加工后新鲜的颗粒酒花和酿酒师切开供评价和挑选的样本。

图5.2　酒花的加工

酿酒师酒花评价与挑选指南

约翰·哈里斯（John Harris）在2012年创办了自己的啤酒厂，之前曾经在扬帆啤酒厂、德舒特啤酒厂和麦克蒙那明斯（McMenamins）担任酿酒师。他于2001年获得了美国酿酒师协会（Brewers Association）颁发的罗素·舍勒（Russell Schehrer）创新奖，他从事酒花评价和挑选工作超过20年。在1999年美国酿酒大师联合会(Master Brewers Association of the Americas)的一次演讲之后，酿酒商开始使用他的指南来挑选酒花，他专门为本书更新了指南。

常见的酒花缺陷

当发现缺陷时，最重要的是考虑它与整体样本的关系。例如，在酿酒师切割中发现个别受风损伤的酒花球果属于正常现象。

螨虫：这种小昆虫喜欢炎热的天气和灰尘，通常在夏末出现，这正好是酒花球果成熟的时间，它们杀死球果，死亡的球果呈暗红的色调。

酒花蚜虫：蚜虫喜欢凉爽的天气，所以在春天更加活跃，它们钻进酒花里，吸空球果的内容物，留下排泄物后死去，剩下一堆黑色、发霉的东西，这样，酒花球果再也无法使用。

霉病：有两类的霉病影响酒花，白粉病和霜霉病（霜霉属）。它们在酒花种植的各个阶段都可能产生危害，但主要发生在种植早期。霜霉病与温暖潮湿的天气有关，主要由环境起作用。俄勒冈州易发霜霉病，而雅基玛山谷很少，爱达荷州则完全没有。白粉病是从土壤中生长出来的，并可导致酒花每年反复发病，1997年开始在雅基玛山谷出现。这两种霉病都会影响酒花球果正常生长，甚至完全枯萎。在两者之中，白粉病对农民的影响最大。接近收获季节时，感染了任意一种霉病的酒花都可能出现银色或棕色的斑点，但仍有机会继续使用，这取决于酿酒师的态度。可能你永远也不会看到受到霉病严重破坏的酒花样本，因为只有在极其糟糕的年份，你才会在样本中看到霉病。

风损伤和喷射伤：风损伤和喷射伤的症状是酒花球果变成棕褐色。在使用喷射装置时，种植者通常使用巨型的风扇以约每小时130英里（209.2km）的速度将喷雾洒向农田上空。这可能导致酒花球果受到高压而受伤，可能是化学损伤，也可能是风力损伤。高的风速也可能导致球果互相碰撞，导致球果擦伤。这更大程度上是外观上的瑕疵，而不会损害酿造性能。评估这些酒花以确定能否满足需求。

酒花评价团队

在评价啤酒风味时，通常依赖一个固定形式的品评程序、一套描述口味的词汇以及一个训练有素的品评小组来协助做出决定。在选择酒花时，同样需要一个经过训练并具有一致性的团队来为公司做出决策。该选择团队人数在4~6个人，这个结构有助于所有团队成员在决策时贡献意见。需要训练这个团队，使每个人理解计划使用的香气描述词汇。所有人都应在同一框架中、使用共同的语言来描述所闻到的、所感觉到的和所看到的酒花。个人认为一个非常重要的前提是：确保每个参与选择酒花的人都理解所做的选择对最终啤酒产生的影响以及了解酒花如何在啤酒酿造过程中应用。

该小组需要评估一个给定品种的样本，并根据同一品种的特性来评价它们，这是一项值得反复进行的工作——记住在评估过程中品种的重要性。

不同品种在外观、香气、颜色和其他变量上存在差异，以至于不能相互对照评价。只能依据它们对啤酒的贡献来进行评判。即使是同一品种，你也会发现它们的香气和外观有很大的不同，取决于它们来自哪个国家、哪个州或种植的地区。有时缺乏特色的样本对你的啤酒来说反而是最好的选择，因为对酿酒师来说，最大的挑战是每次都酿造出风味一致的啤酒。

记得有一年，我们在评估卡斯卡特酒花时发现有一个批次非常出色，这批酒花有着标志性的卡斯卡特特征：新鲜的柑橘香和淡淡的水果香。它无疑是我们所揉搓过的许多批次中最芳香的一批，但我们没有选中它。为什么？因为经过多年的卡斯卡特评价经验，这个批次是我们所闻过的香气最强烈的样本。我们的担心在未来几年内都很难找到同样的样本，取而代之的是，我们选择了我们认为比较好并且能保证我们的啤酒风味在不同年份也能保持一致的批次。不同年份的生长环境会影响对酒花的选择，有些年份甲酸含量高，而有些年份甲酸含量低。当你查看样本的时候，首先应为你想要的设定好目标，并且把你在酒花中想得到的特征建立好表述方法。有时酒花样本提供了你想要的香气，但是检测值并没有达到你设定的品种参数。记住通过这个问题来做出评价："样本的外观、香气和感觉是否和品种相对应？"

和其他品评小组一样，小组成员应该避免使用香水，洗干净双手，但不能有肥皂味残留，品评的地点应光线合适、环境舒适，远离噪音和任何气味。

酿酒师切割

酿酒师切割是从每块地的第50个捆包抽取得到的样本，该样本用于分析 α- 酸、β- 酸和酒花贮存指数（HSI）。酿酒师切割把样本分为两份，你会得到每个备选批次的样本。

除了分析数据，你还会得到一份叶/茎（L/S）及种子数值的报告。美国农业部（The U.S. Department of Agriculture）对每个批次的第10个捆扎进行检测，所得到的百分比是基于重量的，分值0~1%得分为0，

1%~2% 得分为 1，2%~3% 得分为 2，这个分值非常重要，因为它代表了酒花的产品质量。高 L/S 数值意味着酿造成分较少、杂质相对较多，这些数值反映了种植者加工酒花的过程质量。重要的是要记住，一些酒花品种容易产生较多的种子。此外，生长条件和产区也可能影响种子的生成。

酒花评价术语

用普通的词语来描述你在酒花中闻到的香味是很好的做法，这里列出了在酒花行业中使用的对正面和缺陷的描述词汇列表。

正面的词汇：树木香、薄荷、柑橘、松木、辛香、西柚、酯香、青草香（新鲜的）、树脂、花香、草本香、雪松、核果（桃子、李子）、热带水果（芒果）、番茄茎叶（不是番茄本身）。

缺陷和异香的词汇：泥土味、草味（褐变或无味）、霉味、煤油味、枯草香、稻草香、茶香、干酪味、洋葱味、蒜味、汗味、烟草味。

酒花的人工评价

记住带着这个问题来评价："样本的外观、香气和感觉是否和品种相对应？"评价应该从低 α- 酸 / 香气的品种开始，逐步到高 α- 酸酒花。在不同品种之间稍事休息，以清空头脑和嗅觉，也是很好的做法。向供应商索取所评价样本的常见信息。如果你已经知道某个年份酒花的特定缺陷，你也可以快速地完成样本评估。询问供应商是怎样评价酒花的，了解他们认为重要的内容。

（1）检查酿酒师切割的横切面　从横切面可以了解很多东西。样本包括三个切割面和一个未切割面。首先，看一下未切割的面，查看已经打好包的酒花内部是怎样的，捆包的紧密度也有其作用，德国的捆包比较松散，因此切割评价不是很有必要，因为酒花球果不会紧密地粘在一起。看看没有被切开的球果，检查球果的稳定性和破碎度，也就是由于水分减少造成花瓣从花梗上脱落的情况。再看看切割面，蛇麻素看起来怎么样？良好的产品应该是漂亮的嫩黄色或浅橙色。如果是深橙色，可能是氧化的信号，在干燥间过度受热了。摩擦切割面，感觉有没有种子的存在。有没有看到花叶和花茎？

（2）对水分的感觉　现在用手按压酒花样本。感觉如何？样本应该有很好的坚实度，在松开手时有一个轻微的回弹，这表明酒花经过了合适的干燥和打包。样本的感觉越硬，它的水分就越高。如果样本湿度很高，可能出现二次回潮，导致球果破碎，像湿抹布一般。如果球果潮湿和破碎，在揉搓时它们可能不会分离。当样品很硬时，会有木板一样的感觉，像压在真正的木板上一样。如果样本太干了，会在按压时破碎，酒花看起来毫无生气，这可能是太晚收获的原因。低甲酸 / 香气的酒花比高甲酸的酒花更容易分离，因为其蛇麻素和酒花油含量也少。

（3）检查完整的球果　拿起硬板分割器，剪下5cm的样本。将球果一个个分开，检查是否有瑕疵。看是否有风损伤或喷射损伤、蚜虫或蜘蛛破坏、霉菌、花叶和花茎。检查球果的大小——是否和品种相对应？也要检查球果的花梗。花瓣是否附着良好？这是干燥适中的标志。完整的球果应该占绝大多数。破碎的球果越多，氧化的机率就越高。掰开一个球果，检查蛇麻腺体，它们看起来怎么样？颜色是否和品种对应？

（4）评价酒花的颜色　整体酒花的颜色正常吗？它是绿色的、黄色的还是棕色的？如果样本变色了，可能是由于收获太晚、过度干燥、虫害或酷热的天气影响。一般来说，俄勒冈州的酒花并不像华盛顿州的酒花那么鲜亮。酒花的光泽如何？是暗淡的、苍白的、鲜亮的还是灿烂的？你会发现酒花颜色是多种多样的。只有经验才能教会你什么是正常的颜色。尝试识别酒花的品种和产区。酒花生长的环境条件也会逐年变化，并且影响到酒花的颜色。单凭外观不足以成为拒绝或接受一批酒花的理由。

（5）完整球果的香气评价　取一个没有破碎的酒花球果，并评估其香气。由未经破碎的球果你能够察觉任何不良的香气。对照香气缺陷列表进行检视。

（6）第一次揉搓——轻轻揉搓　拿一个样本，在手心里轻轻揉搓，然后放在一边，这样有助于清洁你的手掌以评价不同样品。再拿另一个样本，在手心轻轻揉搓，这一次确保打开蛇麻腺体，进行嗅闻。气味如何？轻轻揉搓是识别青草味的最佳方式。

（7）用力揉搓——释放香气　拿起轻轻揉搓过的样本，然后在手心将其压碎，酒花会破碎，这种摩擦会释放出酒花油和蛇麻腺体的碳氢化合物，感受一下样本的湿度。感觉如何？感觉到酒花油了吗？高α-酸的酒花会比低α-酸的酒花更有黏性，用力嗅闻样本。用已知的酒花描述和其他你可能闻到的香味来评价它。你喜欢它吗？品种是不是纯正？这种酒花将如何用在你的啤酒里？

（8）用力揉搓——握紧样本　将大力揉搓后的样本放在手心，紧握1分钟使它升温，再来一次嗅闻，闻起来是不是一样的？你还喜欢它吗？或者更喜欢它了？

（9）讨论揉搓的结果　在与团队做出选择之前，回顾一下给定品种的所有样本。揉搓样本，做好笔记，然后进行讨论。酒花品种纯正吗？它们在啤酒中如何使用？能否在酿造中提供可重复性？你最喜欢哪一个？为什么？

（10）选择更多的批次　确认你所选的酒花提供了所需的α-酸、β-酸、酒花油以及良好的HSI值。在进行选择时，设定一个评价等级是很好的做法，基于选择程序的框架制定评价表格。每个品种都有其自身的标志特性，可在选择时提供参考，对每个样品进行打分，并评价打分标准。

进一步的评价

完成酒花挑选后，在实验室和啤酒厂评估它们的表现。

（1）酒花茶　酒花茶可用于检查压缩酒花或颗粒酒花样本的香气。大多数时候，由于叶绿素或异常香气的影响，酒花茶初始的香气会有青草的味道。我通常用 1L 水，加上一把球果，然后把它煮沸，让酒花茶小沸一段时间，以散去香叶烯和其他挥发性化合物，因为经过麦汁煮沸后，你永远也不会在啤酒中闻到它们。在这个过程的不同时段闻一闻香气，以查看在煮沸锅的不同添加时间如何影响啤酒的香气。通过添加热水（不是煮沸）和定量的酒花，混合 10~15 分钟，以模拟回旋沉淀槽的添加。用冷水萃取可以初步了解酒花用作干投时的表现。如果你打算做酒花茶，非常重要的是建立一个基准，以对不同批次进行比较。有时候你从酒花茶得到的香味并不那么令人愉快。

（2）评估新鲜酒花　通过试酿，验证酒花在啤酒中的表现是否良好。要真正地评估酒花，必须将其投入麦汁中并完成发酵。从相对淡口味的家庭啤酒开始可酿造一款淡色麦芽啤酒——单一酒花酿造，将苦味设定在 12~20IBU，从而你可以直观了解到某个酒花品种的特性。对于香型品种，要确保使用足量的酒花以获得充分的酒花油含量，之后和品评小组一起评价。一旦找到一款喜欢的酒花，将它用在常规的啤酒中了解其表现如何。

评估颗粒酒花

高品质的颗粒酒花源于高品质的原酒花，颗粒酒花至多只能和生产用的原酒花一样好。要关注酒花供应商的生产流程。

（1）将样本加热至室温　这样有助于香味释出。如果样本温度太低，香味就会被锁住，如同啤酒一般。

（2）检查外观　颗粒酒花的颜色应是绿色的，根据品种不同而不同。深橄榄色和棕褐色颗粒表示酒花可能已经被氧化，注意原酒花的颜色会影响到颗粒酒花的颜色。玻璃状的外观是处理过程中加热过度的印迹。

（3）用手指捏碎酒花　用手指揉捏颗粒，只需指尖轻轻用力，颗粒就能破碎。

（4）评价香气　颗粒酒花应具有新鲜的酒花香，检查是否有乳酪的香味和其他的氧化迹象。如果你喜欢做酒花茶，可以用酒花茶来评估。

一份检查清单

选择酒花是个人的行为，不同的酿酒商和啤酒厂从不同的角度来达到这个目的。一些关键点必须加以注意：

• 学习辨识酒花的缺陷，以及它们如何影响啤酒的品质。

• 熟悉你最喜欢的酒花品种的香气、感觉和外观。

• 建立你的香气词汇表。学习常用的香气描述，调节你的嗅觉和品尝口感。

• 组建一个团队以协助选择。

• 建立评估程序。建立评价指标，并遵循指引评价每一个样本，创建一份个人评价表格。

• 以一致性为目的进行选择。

• 与供应商建立良好的合作关系。

参考文献

[1] Bertin Deneire，"The Hoppiest Days of My Life，" oral history，kept at Hop Museum in Poperinge，Belgium. Available at *www.hopmuseum.be/images/flelib/hopstory.pdf.*

[2] P.L. Simmonds，*Hops*：*Their Cultivation*，*Commerce*，*and Uses inVarious Countries*（London：E. & F.N. Spon.，1877），79.

[3] G. Pomeroy Keese，"A Glass of Beer，" *Harper's New Monthly Magazine* 425（October 1885），668.

[4] George Orwell，"Hop-picking，" *New Statesman and Nation*，Oct.17，1931.

[5] Rev. J.Y. Stratton，*Hops and Hop-Pickers*（London：Society for Promoting Christian Knowledge，1883），54.

[6] Hertfordshire Federation of Women's Institutes，*Hertfordshire Within Living Memory*（Newbury，Berkshire，England：CountrysideBooks，1993），163.

[7] Ibid.，164.

[8] L. Gimble，R. Romanko，B. Schwartz，and H. Eisman，*Steiner's Guide to American Hops*（Printed in United States：S.S. Steiner，1973），55.

[9] Gimble，et al.，56.

[10] Alice Toupin，*MOOK-SEE*，*MOXIE*，*MOXEE*：*The Enchanting*

Moxee Valley, Its History and Development (1970), 8.

[11] Orwell.

[12] Here's the math in more detail. 1920s: 13 acres, 100 people, 30days=2.3 acres per day, 7.7 people per acre; 1960s: 150 acres, 80people, 30 days=5 acres per day, 0.5 people per acre; Today: 750acres, 40 people, 30 days = 25 acres per day, 0.05 people per acre.

[13] Herbert Myrick, *The Hop: Its Culture and Cure, Marketing and Manufacture* (Springfield, Mass: Orange Judd Co., 1899), 177.

6

第6章 酒花产品

品类繁多、各式各样的酒花

2012年年初，在拉里·西多尔离开德舒特啤酒厂、创办个人啤酒厂的前几天，拉里·西多尔再次讲述了一个他经常提起的故事。谈到他曾经将奥林比亚啤酒厂的压缩酒花的添加装置改造为使用颗粒酒花。“这是我这辈子最大的遗憾，”西多尔说：“一辈子的教训。德舒特就是我的教训。”

离开奥林比亚后，西多尔在雅基玛山谷的斯丹纳公司工作了七年，其后加入了德舒特啤酒厂。他注意到颗粒酒花加工质量的显著提升，他列举了颗粒酒花的正面作用，颗粒酒花能提供较高的异构化率，尤其是在干投的时候，α-酸的含量也更加稳定。颗粒酒花更省空间，利于保存。他承认使用颗粒酒花比压缩酒花在香气和风味上更胜一筹也许是主观的，但即使如此，他会坚持这一点。

伦敦的富勒啤酒厂在1970年开始由使用压缩酒花转向使用颗粒酒花。“（在酒花收割后的）头三个月，压缩酒花表现很好，”啤酒厂总监约翰·吉林（John Keeling）说，“接下来的三个月也还不错，但是后续的六个月颗粒酒花表现更加出色。”

直到2008年，百威啤酒由使用压缩酒花转为使用颗粒酒花，内华达山脉啤酒厂成为美国最大的、只使用压缩酒花的啤酒厂。

“我们非常清楚颗粒酒花的优点和缺点”，内华达山脉啤酒厂创始人肯·格罗斯曼如是说。1980年，内华达山脉啤酒厂将一批庆典爱尔（Celebration Ale）分成两部分，一部分使用颗粒酒花干投，其余的使用压缩酒花，格罗斯曼说所有人都更喜欢使用压缩酒花那个批次。他说：“从哲学意义上讲，我们忠实于酒花。”

内华达山脉啤酒厂并非唯一的一家，宾夕法尼亚州的胜利啤酒厂也只使用压缩酒花，合伙人罗恩·巴契特说：“我们不认为颗粒酒花有那么好，只有少数几个酿酒师觉得会有前景。”俄罗斯河啤酒厂的维尼·奇卢尔佐在绝大部分的啤酒中使用颗粒酒花，甚至使用了“酒花炮”来提升干投效果，但他也承认，“原始酒花有一种更柔和和微妙的酒花香气。”

除了这些差异，议论焦点是“传统酒花”，包括把压缩酒花和颗粒酒花放在同一个品类而其他的另列一项。

酒花浸膏并非新东西。早在1870年，纽约酒花浸膏公司（The New York Hop Extract Company）就建造了世界上第一家浸膏厂，并大到可以生产足够的产品以供应给多个啤酒厂。J.R. 怀廷（J.R. Whiting）在1875年得到了工艺授权，并在沃特维尔（Waterville）建立了一个工厂，位于纽约州酒花种植区的中心位置，产能扩大了2倍，以满足使用需求。啤酒厂在酒花丰收、价格低廉时购买浸膏，作为对付欠收年份、价格高昂的保险，通常与压缩酒花混合使用。沃特维尔工厂于本世纪初关闭，纽约市工厂在1933年停产。

1963年，美国酒花浸膏公司（Hops Extract Corporation of America）在雅基玛建立了一家大型工厂。至1971年，全美收获的4960万lb（2.3×10^4t）酒花中约2300万lb（1.0×10^4t）被加工成浸膏。

6.1 造粒过程和颗粒产品

西多尔建议酿酒师“在加工颗粒酒花时最好盯紧点”，只有少数人会觉得这个建议有用，不过至少可以通过观看酒花加工知道它是怎么生产出来的。酒花首先经由锤式粉碎机粉碎，通常在低温条件下进行，以减少α-酸和酒花油的损失。将酒花粉末收集在一个混合容器中，然后进行造粒。造粒机使用环形冲模或平面冲模装置。环模设备将酒花粉末导入内置的旋转圆柱体（冲模），通过滚筒挤压粉末，穿过圆柱的孔而形成颗粒。平模设备则使用水平的模具，滚筒挤压水平分布的酒花粉末穿过模具的圆孔，从而得到颗粒。低温造粒可得到高质量的酒花，低密度的颗粒产生的温度也低。

几乎所有的蛇麻腺都在造粒时粉碎了，一方面可使颗粒酒花的异构化率比压缩酒花高10%~15%；另一方面，由于失去了保护层，颗粒酒花比压缩酒花的氧化也要快3~5倍。颗粒酒花也更容易均匀，因为在造粒过程中进行了机器混合，从而α-酸和酒花油含量也更加一致。

6.1.1 90型颗粒（Type 90 pellets）

90型颗粒因它含有压缩酒花90%的非树脂成分而得名，今天的产品损失通常更少，实际含量更高。它是最常见的产品。颗粒酒花的酒花油和α-酸组分接近压缩酒花，但并非完全一致。

6.1.2 45型颗粒（Type 45 pellets）

45型颗粒，或称富蛇麻腺颗粒，使用浓缩酒花粉末制造。加工设备在约-30℃粉碎酒花，以降低树脂的黏性，并将蛇麻腺与不想要的纤维植物成分分离开来。虽然命名显示酒花富集了两倍于90型颗粒的含量，不过这个数值仅限于相对于原始酒花的蛇麻腺的含量。通常，含量是可定制生产的，举例来说，与45型颗粒类似，也可以生产出33型或72型颗粒。45型颗粒常常用于加工低α-酸的香型酒花。

6.1.3 异构化颗粒（Isomerized pellets）

包括异构化颗粒和预异构化颗粒，表示在加工过程中将α-酸转化为异构化α-酸。通过添加食品级的氢氧化镁和加热处理实现，它可以提供更高的利用率，只需要10~15min的麦汁接触时间就可以完成。

6.1.4 100型颗粒（Type 100 pellets）

100型颗粒又称为酒花栓，也是压缩酒花的一种，主要用于桶装啤酒的干投。

6.2 酒花浸膏

19世纪的科学家用水和乙醇来提取酒花。今天大多数设备应用二氧化碳萃取法，或者用超临界法（欧洲和美国），或者用液态法（英国）。最简单的处理方法是将溶剂通过颗粒酒花的填充塔，以萃取树脂组分，在去除溶剂后就可以得到几乎纯净的树脂提取物。

液态二氧化碳萃取法可得到高纯度的酒花树脂和酒花油成分，几乎不含硬树脂、单宁，含少量植物蜡，不含植物色素，含少量的水和水溶性物质。95%的浸膏加工使用超临界萃取法，可获得较多的α-酸，通常在35%~50%，酒花油含量在3%~12%。如若在加工过程中进行异构化处理，可获得更高的利用率。

酒花浸膏的单位苦味成本比起压缩酒花或颗粒酒花要高，不过它的优点——减少了运输和贮运成本、均一、稳定、高利用率及减少麦汁损失——抵消了这个劣势。尽管一些从事精酿啤酒的人将酒花浸膏与天然的酒花对立起来，认为前者主要用于很少或没有酒花的产品，实际上它也可以用来强化高酒花用量的啤酒品质。

奇卢尔佐是美国第一个公开宣称使用二氧化碳浸膏的精酿啤酒酿酒师，刚开始时他只使用颗粒酒花酿造老普林尼（Pliny the Elder），一款原创的双倍IPA啤酒，他不喜欢青草、叶绿素的味道并归咎于酒花的质量，听从雅基玛酒花公司吉拉德·莱门斯（Gerard Lemmens）的建议，他用酒花浸膏替代了苦型颗粒酒花。

“在开始几年我们严守秘密，”奇卢尔佐说，“但吉拉德一直催促我们公开。”最终奇卢尔佐同意莱门斯在雅基玛新闻上发布这个消息，其他许多小型啤酒厂很快开始使用二氧化碳酒花浸膏。

2010年，加利福尼亚州拉格尼塔斯啤酒厂（Lagunitas Brewing）的杰里米·马歇尔（Jeremy Marshall）开始在啤酒中大范围地使用酒花浸膏，原因是啤酒厂希望在数个啤酒品牌中降低单宁的含量，以处理低质量麦芽带来的问题。他表示，“使用酒花浸膏提升了我们的啤酒质量。”

奇卢尔佐在多款啤酒中引入了品种酒花浸膏，比如在盲猪IPA（Blind Pig IPA）和小普林尼（Pliny the Younger）的煮沸中段添加亚麻黄。他说，“你现在可以得到任意的浸膏。”他经常拜访欧洲的啤酒厂，他了解到与美国的精酿啤酒厂相比，即使相对较小的啤酒厂也会使用酒花制品，支持者将酒花制品称之为“高级酒花制品”，而反对者称之为“下游酒花制品”。奇卢尔佐对这些不感兴趣，但他理解为什么许多酿酒师对使用二氧化碳浸膏存有疑问。

“这是非常个人的决定，”他说，“是个哲学概念。”

6.3 高级酒花制品

高级的，或称精制的酒花制品是专门为了某种目的而加工的酒花浸膏。

6.3.1 还原酒花浸膏（Rho hop extracts）

还原酒花浸膏可能含有二氢异构α-酸、β-酸和酒花油，或仅为二氢异构α-酸。它可以避免啤酒暴露在紫外光下时由于3-甲基-2-丁烯-1-硫醇（别名：异戊烯基硫醇）的形成而产生的日光臭，它仅在未还原的（原始的）α-酸和异构化α-酸不存在时生效。还原异构酒花浸膏的感知苦味值约为传统α-酸成分的70%。

6.3.2 β- 酸酒花油（Beta-acids with hop oils）

酿酒师用于控制煮沸锅的泡沫形成、提升麦汁中的酒花油含量。

6.3.3 异构化酒花浸膏（Iso extracts）

异构化α-酸的标准溶液，通常销售30%含量的溶液，在后发酵阶段添加以调整苦味，只含有极少的β-酸或酒花油。

6.3.4 四氢酒花浸膏（Tetra extracts）

用于增加泡沫和提供光稳定性，四氢异构酒花浸膏通常以10%的溶液销售。如同还原酒花浸膏，它只在没有α-酸和异α-酸存在时防止日光臭形成。添加3mg/L时即可显著改善泡沫，这个添加量低于大多数饮用者的阈值。其感知苦味，依据啤酒类型和使用情况，为1~1.7倍的异α-酸单位。

6.3.5 六氢酒花浸膏（Hexa extracts）

六氢异构酒花浸膏同样用于增加泡沫和提供光稳定性，但其感知苦味更加接近于异α-酸。

6.3.6 香型酒花产品（Hop aroma products）

生产商提供一系列的酒花油产品，可以用原花或酒花浸膏加工，可能是常见的（如“高贵香气”），也可能是特色的（如“柑橘香”），或者某个具体品种的香气。此外，巴特-哈斯旗下的博达尼斯（Botanix）公司销售纯酒花精油（PHA），具有常见的香气（“草本香”“辛香”“花香”）和品种特性，后者旨在模拟晚加酒花尤其是干投的风味。博达尼斯开发Topnotes是为了强化瓶装啤酒的干投风味，与类似的生啤相比，在口感上有较少的“酒花刺激香味”。

博达尼斯销售总监克利斯·道斯（Chris Daws）称巴特-哈斯酒花学院推荐一些英式精酿啤酒厂使用头香，一些人旨在增加香气或风味，另一些人则为了掩饰低醇啤酒中不想要的味道。他表示，“当你闻头香的时候，味道和酒花不同，每款头香都是天然酒花的浓缩物，你得把它加到啤酒里面去。”

这是他培养潜在客户的第一件事，“他们会说，‘我打算用到啤酒里面’，我告诉他们我们得先考察原始啤酒的特性，然后做出推荐，”道斯补充说，“每一款啤酒都是独特的。”

每一款酒花也是独特的。

6.4 酒花品种一览：从A到Z

后续的内容是105个酒花品种的简要介绍。每一年酿酒师们都在关注酒花的选择，然后据此编制配方，对每个品种或多个品种的组合进行试酿以了解它/它们的特性是非常必要的。

这也是为什么没有建议替代品种的原因，罕有酒花品种能直接替换另一个。波兰种的卢布林和司派尔特都是很好的酒花而且非常接近，几乎完全相同。将司派尔特斯塔特啤酒厂（Stadtbrauerei Spalt）的比尔森啤酒中的司特尔特酒花换成卢布林酒花，其香气和风味也许都非常优秀，但是仍然有所不同。对于亚麻黄、世纪或东肯特郡哥尔丁，不存在一对一的替代品种，任何建议都是馊主意，酿酒师最好先确定想要的啤酒特点，然后针对性地选择酒花品种。

6.4.1 酒花分类

西拉·内华达啤酒厂将马格努姆视为“苦型”酒花，放在“酒花鱼雷”中进行干投生产“鱼雷特酿IPA”（*Torpedo Extra IPA*）。胜利啤酒厂的罗恩·巴契特设计的凯勒比尔森（*Kellerpils*）的配方则用10号（Chapter 10）作苦型酒花，与萨兹、哈拉道中早熟两种“香型酒花”搭配使用。当然，还存在“风味酒花”与“特种香气”酒花的问题。所以很显然，在每一个品种旁边的字母仅仅是一个宽泛（但是可资参考）的指南。

B代表苦型酒花，主要是因其甲酸含量高，并具有较高的苦味利用率。酿酒师也许还对它的香味属性感兴趣，尤其是当其寻找高酒花油含量的酒花来用于干投的时候。

N代表着新世界（*New World*），包括美国酒花和南半球的酒花，其实来自任何地方的新品种都可能有资格。美国的“C”系列酒花，通常以字母“C”开头，有突出的花香和柑橘香，属于这里。

O代表有机的，也就是说，该品种是通过有机认证的酒花。

P代表专有品种或专利品种，包括注册了商标的品种，通常是由私人育种项目开发的。有兴趣种植这些品种的人需要获得许可证，而不是公开市场上以普通的价格购得幼苗。在美国之外，一些品种可能申请保护，限制种植。

S代表“特殊酒花”。也许有人会提出一个更好的词，或者至少提供一个准确的定义，“风味”或是一个好的选项，这些是目前流行的、新开发的、通常与过去不一样的品种，具有强烈的香气和风味。它们是一些所谓“兼优品种”的子集，既具有较高的甲酸用于提供苦味，又具有愉悦的香气特征。在“特殊”和“接近特殊”之间并没有明确的界限。例如，对世纪和奇努克的需求增长几乎和西楚与西姆科一样快，不过前者被划分为“新世界酒花”，而后者被列入“特殊酒花”，因人而异。

T代表传统的，主要用来定义原产地品种与那些后培育，可提供相似香气的品种。

6.4.2 数值

对酒花油含量的关注可能会改变酒花商通常提供的信息内容，尽管科学家首先确定了一些成分（如里哪醇和香叶醇）的重要性。今天，酒花商提供的数据包括α-酸和β-酸、合葎草酮、总含油量和基于总含油量的四种主要碳氢化合物所占的百分比。有些人提供了一个范围，也有些人提供确定的数值，不过酿造商应该意识到，随着年份的推移这些数值可能发生很大的变化，以及酒花产区和收获时间带来的偏差。

新西兰为每个品种提供了“花香–酯香”和“柑橘香–松香”的测量值，并在产品描述上给出了清单。花香–酯香的成分包括里哪醇、乙酸香叶酯、异丁酸香叶酯和香叶醇，柑橘香–松香包括柠檬烯、杜松烯、杜松萜烯、摩勒烯和芹子烯。

为了便于比较，这里有一些非新西兰的酒花（于1999年检测）的花香–酯香成分：哈拉道中早熟1.2/5.2、泰特昂1.5/5.8、天然金块1.5/5.8和马格努姆1.1/3.4。

6.4.3 贮存性能

酒花生产者使用紫外分光光度法测定酒花贮存指数（HSI），并将其印在包装的标签上，配送至商业啤酒厂。酿造商可据此快速估算α–酸的衰减速度，并随着酒花的贮存调整配方。商品目录也可能，但不一定，提供某个特定品种的贮存状态，如果有的话，就可以在目录中找到。酒花在冷藏条件下保持着最佳状态，但是要小心在它们送到工厂前已经受到破坏了。

6.5 为什么从A到宙斯（Zeus）而不是从A到神话（ZYTHOS）？

神话（ZYTHOS）不是一个真正意义的酒花。2010年，联合酒花公司发明了一种混合颗粒酒花，命名为福尔克纳凤凰（Falconer's Flight），随后是七彩凤凰（Falconer's Flight 7C's）和神话（ZYTHOS），这些产品包含了一些短缺的“特殊香气”品种，有时甚至是试验性的酒花。杰西·安姆巴格（Jesse Umbarger）参与了配方设定，他说：“我想，用一种酒花来酿造IPA将是多么酷啊！我们试图（用神话）与香型品种亚麻黄、西姆科和世纪竞争。”和其他酒花品种一样，联合酒花公司也为混合酒花签订合同，包括五年的远期合同。安姆巴格说，从2012年度开始，联合酒花公司将同样提供混合酒花的油含量信息，就像一个独立的酒花品种一样。

海军上将（Admiral）　　BOT

在英国种植，主要作为目标酒花的替代，用于酿造传统英式爱尔啤酒。具有水果香、柑橘香，在煮沸后期添加会更加明显，在比利时提供有机种植。贮存性能良好。

α- 酸	13%~16%	总酒花油	1%~1.7%
β- 酸	4.8%~6.1%	合葎草酮	37%~45%
香叶烯	39%~48%	法呢烯	1.8%~2.2%
葎草烯	23%~36%	石竹烯	6.8%~7.2%

阿格纳斯（Agnus） BT

一些大型的捷克啤酒厂喜欢用阿格纳斯，他们相信其α-酸/β-酸比例相对较高可带来稳定性。有草本香和青草香，高香叶醇和酒花油含量，有干投的潜力。

α- 酸	9%~12%	总酒花油	2%~3%
β- 酸	4%~6.5%	合葎草酮	29%~38%
香叶烯	40%~55%	法呢烯	<1%
葎草烯	15%~22%	石竹烯	6.8%~7.2%

阿塔纳姆（Ahtanum） NOP

可与所有“C”字头的美国酒花媲美，尤其是其花香、辛香、草本香和适度的松木香，通常用于晚添加和干投，是常见的有机酒花品种。贮存性能中等至良好。

α- 酸	5.2%~6.3%	总酒花油	0.8%~1.2%
β- 酸	5%~6.5%	合葎草酮	30%~35%
香叶烯	50%~55%	法呢烯	<1%
葎草烯	16%~20%	石竹烯	9%~12%

亚麻黄（Amarillo） NSP

达伦·加马什（Darren Gamache）建议将其称之为“原产地品种”酒花，因为它被发现是野生的。果味浓郁（柑橘香、瓜果香和核果香），非常适合美国啤酒的“酒花炸弹”，自2012年以来种植面积显著增加。贮存性能中等。

α- 酸	8%~11%	总酒花油	1.5%~1.9%
β- 酸	6%~7%	合葎草酮	21%~24%
香叶烯	68%~70%	法呢烯	2%~4%
葎草烯	9%~11%	石竹烯	2%~4%

太阳神（阿波罗，Apollo）　BP

S.S.斯坦纳育种项目的专利酒花。通常用作苦型花，然而其愉悦的香气和酒花油特点使其成为和其他个性酒花一起干投的备选对象。贮存性能优秀。

α- 酸	15%~19%	总酒花油	1.5%~2.5%
β- 酸	5.5%~8%	合葎草酮	24%~28%
香叶烯	30%~50%	法呢烯	<1%
葎草烯	20%~35%	石竹烯	14%~20%

香熏（阿拉米斯，Aramis）　T

新近发布的品种，由法国阿尔萨斯（Alsace）地区的独特的经典低α-酸酒花斯驰瑟司派尔特（Strisselspalt）和惠特布雷德哥尔丁（Whitbread Golding）杂交而成。具有辛香和草本香、芬芳的花香、柔和的柑橘香。贮存性能中等。

α- 酸	7.9%~8.3%	总酒花油	1.2%~1.6%
β- 酸	3.8%~4.5%	合葎草酮	21.5%~21.7%
香叶烯	40%	法呢烯	<1%
葎草烯	21%	石竹烯	8%

极光（Aurora）　T

斯洛文尼亚产品，以前以超级施蒂利亚（Super Styrian）知名，虽然它是北酿（Northern Brewer）的子本，但是与斯帝润哥尔丁有许多共性。比哥尔丁酒花有更高的甲酸含量，花香和辛香更突出。贮存性能很好。

α- 酸	7%~9%	总酒花油	0.9%~1.4%
β- 酸	3%~5%	合葎草酮	23%~28%
香叶烯	35%~53%	法呢烯	6%~9%
葎草烯	20%~27%	石竹烯	4.8%

布兰姆岭十字（Bramling Cross） NT

布兰姆岭出现在19世纪中期，是众多金牌酒花中的一个，在英国用一个兄弟品种酿金杂交得来。有黑加仑的香气，英国的“美国唐”酿造商在20世纪30年代使用过。贮存性能较弱。

α-酸	6%~7.8%	总酒花油	0.8%~1.2%
β-酸	2.2%~2.8%	合葎草酮	26%~31%
香叶烯	35%~40%	法呢烯	<1%
葎草烯	28%~33%	石竹烯	14%~18%

喝彩（Bravo） BOP

一款“超级α-酸”，因其有极高的苦味利用率。2007—2011年，种植面积稳步增长。贮存性能良好。

α-酸	14%~17%	总酒花油	1.6%~2.4%
β-酸	3%~4%	合葎草酮	29%~34%
香叶烯	25%~50%	法呢烯	<1%
葎草烯	18%~20%	石竹烯	10%~12%

酿金（Brewer's Gold） NT

数据是美国的，英国的α-酸和酒花油含量稍低，德国的还要低一些。比纯金酒花易于得到，但是比较奇特。在德国，此种香气有时比较柔和，但是都有浓郁的黑加仑香味。贮存性能较弱。

α-酸	8%~10%	总酒花油	2.2%~2.4%
β-酸	3.5%~4.5%	合葎草酮	40%~48%
香叶烯	37%~40%	法呢烯	<1%
葎草烯	29%~31%	石竹烯	7%~7.5%

海中女神（Calypso） NP

由斯丹纳育种项目研发的新品兼型酒花，也可以定位为“特殊品种”。不像命名所暗示的拥有热带水果的风味，而是富于核果香（梨和桃子；樱桃的特征）和柑橘香。贮存性能良好。

α- 酸	12%~14%	总酒花油	1.6%~2.5%
β- 酸	5%~6%	合葎草酮	40%~42%
香叶烯	30%~45%	法呢烯	<1%
葎草烯	20%~35%	石竹烯	9%~15%

新西兰卡斯卡特（Cascade）（NZ）　　NO

卡斯卡特因其种植区域（种植的地区越来越多）不同而不同，在新西兰的植株很好地说明了这一点。柑橘-松香占5.9%，花香-酯香占2.8%。贮存性能良好。

α- 酸	6%~8%	总酒花油	1.1%
β- 酸	5%~5.5%	合葎草酮	37%
香叶烯	53%~60%	法呢烯	6%
葎草烯	14.5%	石竹烯	5.4%

美国卡斯卡特（Cascade）（US）　　NO

也许不能列为"特殊品种"，但其具有浓郁的花香、柑橘香气和风味，因此而改变了"酒花香"的定义，该品种是种植最广泛的美国品种。贮存性能较差。

α- 酸	4.5%~7%	总酒花油	0.7%~1.4%
β- 酸	4.8%~7%	合葎草酮	33%~40%
香叶烯	45%~60%	法呢烯	3.7%
葎草烯	8%~13%	石竹烯	3.6%

西莉亚（Celeia）　　T

斯洛文尼亚斯帝润哥尔丁的子本，继承了一些相同的香气/风味，但更浓郁，柑橘香（和西柚香）突出。通常用于拉格啤酒，不过在晚添加时可能给爱尔啤酒带来极佳的水果味发酵特性。贮存性能良好。

α- 酸	4.5%~6%	总酒花油	0.6%~1%
β- 酸	2.5%~3.5%	合葎草酮	27%~31%
香叶烯	27%~33%	法呢烯	3%~7%
葎草烯	20%~35%	石竹烯	8%~9%

世纪（Centennial） NO

被称为“超级卡斯卡特”，近年来随着IPA销售的增长，其需求直线上升。有独特的花香，可能是源于在其他品种中较少存在的顺式玫瑰香化合物。贮存性能中等。

α- 酸	9.5%~11.5%	总酒花油	1.5%~2.3%
β- 酸	3.5%~4.5%	合葎草酮	29%~30%
香叶烯	45%~55%	法呢烯	<1%
葎草烯	10%~18%	石竹烯	5%~8%

挑战者（Challenger） OT

主要在英国培育和种植，它具有“英国酒花”的相同特征，可能是因为20世纪70年代（及其后）啤酒巨头巴斯（Bass）使用过它，此种酒花具有果香和辛香。贮存性能极好至优秀。

α- 酸	6.5%~8.5%	总酒花油	1%~1.7%
β- 酸	4%~4.5%	合葎草酮	20%~25%
香叶烯	30%~42%	法呢烯	1%~3%
葎草烯	25%~32%	石竹烯	8%~10%

奇兰（Chelan） BP

盖丽娜酒花（Galena）的子本，在约翰I.哈斯与选择育种公司合并之前培育成功。有诱人的柑橘香，但通常只用作苦花。贮存性能优秀。

α- 酸	12%~14.5%	总酒花油	1.5%~1.9%
β- 酸	8.5%~9.8%	合葎草酮	33%~35%
香叶烯	45%~55%	法呢烯	<1%
葎草烯	12%~15%	石竹烯	9%~12%

奇努克（Chinook）　BNO

基于干投带来的松香、树脂香，使其成为以酒花香为核心的美国啤酒的标志。按苦型酒花培育，并用作苦花，不过目前以其复杂的、富于水果–松香的风味而闻名。贮存性能良好。

α-酸	12%~14%	总酒花油	1.7%~2.7%
β-酸	3%~4%	合葎草酮	29%~35%
香叶烯	35%~40%	法呢烯	<1%
葎草烯	18%~23%	石竹烯	9%~11%

西楚（Citra）　NOPS

“风味”或“特殊品种”酒花的典型，远远超出美国的需求。有丰富的百香果、荔枝、桃子、醋栗和众多（对酒花来说）不常见的风味。贮存性能中等。

α-酸	11%~13%	总酒花油	2.2%~2.8%
β-酸	3.5%~4.5%	合葎草酮	22%~24%
香叶烯	60%~65%	法呢烯	0%
葎草烯	11%~13%	石竹烯	6%~8%

科拉斯特（Cluster）　NO

差不多成为美国的“原产地”酒花，曾经占了西北地区80%的酒花种植量，有机版本是一种被称为加利福尼亚艾凡赫（California Ivanhoe）的品种，它提醒人们以前曾有过多个不同的名称。贮存性能优秀。

α-酸	5.5%~8.5%	总酒花油	0.4%~0.8%
β-酸	4.5%~5.5%	合葎草酮	37%~43%
香叶烯	45%~55%	法呢烯	<1%
葎草烯	15%~18%	石竹烯	6%~7%

哥伦布（Columbus）　BNP

三个基因非常相似的品种之一，通常被合称为“CTZ”［与战斧（Tomahawk）

和宙斯（Zeus）一起]，通常用作苦型酒花，而香气略有不同。哥伦布常具有明显的水果香和辛香。贮存性能极佳。

α-酸	14%~16.5%	总酒花油	2%~3%
β-酸	4%~5%	合葎草酮	28%~32%
香叶烯	40%~50%	法呢烯	<1%
葎草烯	12%~18%	石竹烯	9%~11%

水晶（Crystal）　NT

哈拉道中早熟酒花、卡斯卡特和酿金的后代，毫无疑问，随着使用方式的不同而呈现出不同的特性。此种酒花具有柔和的辛香和花香，在罗格野蛮IPA（Rogue *Brutal IPA*）啤酒中，表现极其刺激。贮存性能较弱。

α-酸	3.5%~5.5%	总酒花油	1%~1.5%
β-酸	4.5%~6.5%	合葎草酮	20%~26%
香叶烯	40%~65%	法呢烯	<1%
葎草烯	18%~24%	石竹烯	4%~8%

美丽再续（三角洲，Delta）　NP

斯丹纳育种项目发布的品种，由富格尔与卡斯卡特反向杂交而成。有木香味和带有柑橘味的草本香，不像兼型那样单一，具有独特的混合酒花的特征。贮存性能优秀。

α-酸	5%~5.7%	总酒花油	0.5%~1.1%
β-酸	5.5%~7%	合葎草酮	22%~24%
香叶烯	25%~40%	法呢烯	<1%
葎草烯	30%~40%	石竹烯	9%~15%

爱尔多拉多（El Dorado）　NSP

由雅基玛山谷的一家农场培育，自2012年第一次收获后，已经可以大规模地供应。非常适合用作兼型酒花或特殊酒花，浓郁的香气：核果香（梨、樱桃），糖果香（救生员牌糖果）。贮存性能良好。

α-酸	14%~16%	总酒花油	2.5%~2.8%
β-酸	7%~8%	合葎草酮	28%~33%
香叶烯	55%~60%	法呢烯	<1%
葎草烯	10%~15%	石竹烯	6%~8%

爱拉（Ella）　　NPS

起初叫斯特拉（但一家大型啤酒厂提出了异议），此种在澳大利亚2013年收获后改了新名字。尽管有很高的α-酸含量，但却按香型品种来销售。浓郁的香气，但不是热带水果味，甜而有花香，有柠檬、杏仁和甜瓜的香味。

α-酸	14%~16%	总酒花油	2.9%
β-酸	4%~4.5%	合葎草酮	36%
香叶烯	33%	法呢烯	13%
葎草烯	1.2%	石竹烯	15%

首金（First Gold）　　OT

需要强调的是这是一款真正的矮架酒花，受欢迎的原因是它保留了母本惠特布雷德哥尔丁丰富的水果香和花香的特征。典型的英式酒花，非常适合在煮沸锅加工和干投。贮存性能极佳。

α-酸	5.6%~9.3%	总酒花油	0.7%~1.5%
β-酸	2.3%~4.1%	合葎草酮	32%~34%
香叶烯	24%~27%	法呢烯	2%~4%
葎草烯	20%~24%	石竹烯	6%~7%

富格尔（Fuggle）　　OT

很好地定义了英式酒花的特征（水果香、辛香和木香），可单独使用或与哥尔丁一起搭配。由于农业特性较弱，种植前景不明朗，不过它是许多现代酒花的祖本。贮存性能中等。

此品种很好地缓和了英国的酒味（水果、辛辣、木味），或者和哥尔丁酒花一起。由于农学上的弱点，未来不明朗，但它是许多现代酒花的重要祖先。贮存性能一般。

α-酸	3%~5.6%	总酒花油	0.7%~1.4%
β-酸	2%~3%	合葎草酮	25%~30%
香叶烯	24%~28%	法呢烯	5%~7%
葎草烯	33%~38%	石竹烯	9%~13%

银河（Galaxy） NPS

该澳大利亚品种有助于令人想起“风味酒花”一词。α-酸含量较高，但常常用于晚加和干投。有丰富的百香果、柑橘、杏仁、甜瓜、黑加仑的味道，风味浓郁，甚至有点刺激。

α-酸	13.5%~15%	总酒花油	2.4%~2.7%
β-酸	5.8%~6%	合葎草酮	35%
香叶烯	33%~42%	法呢烯	3%~4%
葎草烯	1%~2%	石竹烯	9%~12%

盖丽娜（Galena） B

1978年发布，是一款非常受欢迎的高α-酸酒花。自2007年之后，它的种植面积有所下降，其中一些被超级盖丽娜（Super Galena）取代。由于其花香/柑橘香型，偶尔大型啤酒厂会用其来生产淡色拉格。贮存性能极佳至优秀。

α-酸	11%~13.5%	总酒花油	0.9%~1.3%
β-酸	7.2%~8.7%	合葎草酮	36%~40%
香叶烯	55%~60%	法呢烯	<1%
葎草烯	10%~13%	石竹烯	4.5%~6.5%

冰川（Glacier） T

美国农业部育种项目的一个产品，以极低的合葎草酮著称。有愉快、经典、柔和的香气和花香，包括柑橘香和核果香，桃子的味道也很突出。贮存性能良好。

α-酸	5%~6%	总酒花油	0.7%~1.6%
β-酸	7.6%	合葎草酮	11%~13%
香叶烯	33%~62%	法呢烯	<1%
葎草烯	24%~36%	石竹烯	6.5%~10%

绿子弹（Green Bullet） BNO

尽管在1972年发布时以高α-酸而知名，不过现在它的香气却很受重视。具有明显的花香和水果香（有葡萄的香味），花香酯香占2.3%，柑橘-松香占7.9%。贮存性能良好。

α-酸	11%~14%	总酒花油	1.1%
β-酸	6.5%~7%	合葎草酮	41%~43%
香叶烯	38%	法呢烯	<1%
葎草烯	28%	石竹烯	9%

哈拉道默克尔（Hallertau Merkur） B

苦型酒花，主要用于淡色拉格，有泥土香、花香和辛香。贮存性能良好。

α-酸	10%~14%	总酒花油	1.4%~1.9%
β-酸	3.5%~7%	合葎草酮	17%~22%
香叶烯	25%~35%	法呢烯	<1%
葎草烯	35%~50%	石竹烯	9%~15%

哈拉道中早熟（Hallertau Mittelfrüh） OT

经典的原产地酒花，复杂而又微妙，非常适合拉格啤酒。美国农业部培育大量的杂交品种，试图复制其草本香、辛香、柔和的木香香气和风味，每一个杂交品种都很有趣，但没有一个像哈拉道中早熟。贮存性能较弱。

α-酸	3%~5.5%	总酒花油	0.7%~1.3%
β-酸	3%~5%	合葎草酮	18%~28%
香叶烯	20%~28%	法呢烯	<1%
葎草烯	45%~55%	石竹烯	10%~15%

哈拉道道拉斯（Hallertau Taurus） B

在德国差不多与马格努姆（Magnum）同时推出，但没有那么普及。在中等酒花香气的淡色拉格中表现最好，具有柔和、传统的香气。贮存性能良好。

α- 酸	12%~17%	总酒花油	0.9%~1.4%
β- 酸	4%~6%	合葎草酮	20%~25%
香叶烯	30%~50%	法呢烯	<1%
葎草烯	23%~33%	石竹烯	6%~11%

哈拉道传统（Hallertau Tradition） OT

由德国培育，用来复制哈拉道中早熟酒花的特性，但具有更高的产量和抗病性。有类似它祖本的花香、草本香和微妙的特征。贮存性能良好。

α- 酸	4%~7%	总酒花油	0.5%~1%
β- 酸	3%~6%	合葎草酮	24%~30%
香叶烯	17%~32%	法呢烯	<1%
葎草烯	35%~50%	石竹烯	10%~15%

和谐（Harmonie） T

具有典型的捷克酒花香气，和谐酒花极佳和平衡的苦味比萨兹酒花要持久。2010年发布的波希米（Bohemie）酒花，是一款类似捷克酒花的品种，具有传统的香气，α-酸含量为5%~8%。

α- 酸	5%~8%	总酒花油	1%~2%
β- 酸	5%~8%	合葎草酮	17%~21%
香叶烯	30%~40%	法呢烯	<1%
葎草烯	10%~20%	石竹烯	6%~11%

海尔格（Helga） PT

早前以南方哈拉道而知名，是在澳大利亚种植的哈拉道中早熟酒花的后代。具有和哈拉道中早熟酒花同样的辛香、草本香特征。

α- 酸	5%~6%	总酒花油	0.6%~0.7%
β- 酸	3.8%~5.4%	合葎草酮	22%~26%
香叶烯	2%~12%	法呢烯	<1%
葎草烯	35%~47%	石竹烯	10%~14%

大力神（海库勒斯，Herkules） B

德国品种，一如它的名字，大力神酒花看起来就像酒花地里的一株α-酸树，从地上到电线的高度结满了球果。此种拥有很高的α-酸含量和产量，苦味平衡，提醒人们评估合葎草酮的作用是一个复杂的过程。贮存性能极佳。

α- 酸	12%~17%	总酒花油	1.6%~2.4%
β- 酸	4%~5.5%	合葎草酮	32%~38%
香叶烯	30%~50%	法呢烯	<1%
葎草烯	30%~45%	石竹烯	7%~12%

海斯布鲁克（Hersbrucker） OT

海斯布鲁克位于哈拉道北部，曾经是德国的主要酒花产区之一。具有经典的辛香、草本香及淡淡的柑橘香、核果香，该品种可以制成上好的酒花香水。贮存性能较弱至中等。

α- 酸	1.5%~4%	总酒花油	0.5%~1%
β- 酸	2.5%~6%	合葎草酮	17%~25%
香叶烯	15%~30%	法呢烯	<1%
葎草烯	20%~30%	石竹烯	8%~13%

地平线（Horizon） BN

和天然金块酒花有一半的亲缘关系，由于合葎草酮含量低，一些酿酒师喜欢将其作为苦花，用作兼型花是因其具有花香的特征和有辛香的味道。贮存性能中等至良好。

α- 酸	11%~13%	总酒花油	1.5%~2%
β- 酸	6.5%~8.5%	合葎草酮	16%~19%
香叶烯	55%~65%	法呢烯	2.5%~3.5%
葎草烯	11%~13%	石竹烯	2.5%~3.5%

卡兹别克（Kazbek） T

捷克人培育的这款卡兹别克酒花能抗旱、耐高温，杂交来源有俄罗斯野生酒花的成分。它的强烈辛香使它有别于其他捷克酒花品种。

α- 酸	5%~8%	总酒花油	0.9%~1.8%
β- 酸	4%~6%	合葎草酮	35%~40%
香叶烯	40%~50%	法呢烯	<1%
葎草烯	20%~35%	石竹烯	10%~15%

肯特郡哥尔丁（Kent Golding） T

被认定为最早的哥尔丁，区分该酒花品种的原产地并不容易，甚至源于肯特郡的东肯特郡酒花也长得不一样，更不用说在美国生长的了。最重要的是，它尝起来是英式的啤酒风格。贮存性能极佳。

α- 酸	4%~6.5%	总酒花油	0.4%~0.8%
β- 酸	1.9%~2.8%	合葎草酮	28%~32%
香叶烯	20%~26%	法呢烯	<1%
葎草烯	38%~44%	石竹烯	12%~16%

自由（Liberty） OT

此种是由美国农业部项目发布的四种三倍体哈拉道中早熟品种之一，被认为是最“接近”原始品种的一个。贮存性能极弱。

α- 酸	3%~5%	总酒花油	0.6%~1.2%
β- 酸	3%~4%	合葎草酮	24%~30%
香叶烯	20%~40%	法呢烯	<1%
葎草烯	35%~40%	石竹烯	9%~12%

卢布林（Lublin） T

在波兰种植，非常类似于其他萨兹类型的原产地品种，也被称为卢布林纳（Lubliner）或卢贝尔斯基（Lubelski）。贮存性能极弱。

α- 酸	3%~4.5%	总酒花油	0.5%~1.1%
β- 酸	3%~4%	合葎草酮	25%~28%
香叶烯	22%~29%	法呢烯	10%~14%
葎草烯	30%~40%	石竹烯	6%~11%

马格努姆（Magnum） BO

很快就会被取代的德国主要高α-酸酒花（大力神的产量已经超过马格努姆，虽然后者的种植面积多）。不足为奇，德国种植的版本比美国种植的闻起来更具“贵族香”。贮存性能极佳。

α- 酸	11%~16%	总酒花油	1.6%~2.6%
β- 酸	5%~7%	合葎草酮	21%~29%
香叶烯	30%~45%	法呢烯	<1%
葎草烯	30%~45%	石竹烯	8%~12%

巴伐利亚柑橘（Mandarina Bavaria） NST

2012年发布的四个新品种之一，也是德国新育种计划的第一款新产品。继承了其母本卡斯卡特的特点，具有更多的水果香和草本香。

α- 酸	7%~10%	总酒花油	2.1%
β- 酸	5%~7%	合葎草酮	33%
香叶烯	71%	法呢烯	1%
葎草烯	5%	石竹烯	1.7%

马林卡（Marynka） BT

在波兰种植的主要为苦型酒花，不过具有足够的香气成为兼型酒花。非常芳香，如同刚刚采摘的鲜花，其中有玫瑰的香气。

α- 酸	6%~12%	总酒花油	1.8%~2.2%
β- 酸	10%~13%	合葎草酮	26%~33%
香叶烯	28%~31%	法呢烯	1.8%~2.2%
葎草烯	26%~33%	石竹烯	11%~12%

子午线（Meridian） N

独立酒花农场计划重新种植哥伦比亚酒花，它是未种植的威廉麦特的姊妹花。然而，哥斯契农场的山上却打算种植哥伦比亚这种不为人知的品种。此种酒花香气非常特别，有柠檬派、果汁潘趣酒的味道。

α- 酸	6.5%	总酒花油	1.1%
β- 酸	9.5%	合葎草酮	45%
香叶烯	30%	法呢烯	<1%
葎草烯	8%	石竹烯	3.8%

千禧（Millennium） B

天然金块酒花的子本，主要用作苦型酒花，但具有非常令人愉快的辛香。侍酒师在巴特《酒花香气摘要》（*Hop Aroma Compendium*）中将其描述为“类似酸乳和太妃糖的奶油焦糖风味”。贮存性能优秀。

α- 酸	14%~16.5%	总酒花油	1.8%~2.2%
β- 酸	4.3%~5.3%	合葎草酮	28%~32%
香叶烯	30%~40%	法呢烯	<1%
葎草烯	23%~27%	石竹烯	9%~12%

马赛克（Mosaic） NS

在2012年第一次收获后就可以丰收。很多人仍然将其称作HBC 369。它是西姆科（Simcoe）与一株抗病植株杂交的子本，以天然金块为父本，此种酒花具有丰富的芒果、柠檬、柑橘、松木香和特别的蓝莓香。

α- 酸	11%~13.5%	总酒花油	1.5%
β- 酸	3.2%~3.9%	合葎草酮	24%~26%
香叶烯	54%	法呢烯	<1%
葎草烯	13%	石竹烯	6.4%

莫图伊卡（Motueka）　NOS

此种是三分之一的萨兹与新西兰品种杂交的酒花，起初称为比利时萨兹，此种酒花具有柑橘香，尤其是柠檬和西柚味，还有热带水果味。花香–酯香的比例为4%，柑橘–松香占18.3%。贮存性能良好。

α-酸	6.5%~7.5%	总酒花油	0.8%
β-酸	5%~5.5%	合葎草酮	29%
香叶烯	48%	法呢烯	12%
葎草烯	3.6%	石竹烯	2%

胡德峰（Mt. Hood）　T

另一个哈拉道中早熟酒花的三倍体子本，20世纪90年代曾被大量种植，但今天的种植面积很少。贮存性能较弱。

α-酸	4%~7%	总酒花油	1.2%~1.7%
β-酸	5%~8%	合葎草酮	21%~23%
香叶烯	30%~40%	法呢烯	<1%
葎草烯	30%~38%	石竹烯	13%~16%

尼尔森苏文（Nelson Sauvin）　NOS

此种需求量很大，主要是由于其具有长相思（白葡萄酒）的特征，浓郁的水果香，有点像热带水果，超出了白葡萄酒的特征。花香–酯香占2.8%，柑橘–松香占7.8%。贮存性能良好。

α-酸	12%~13%	总酒花油	1%~1.2%
β-酸	6%~8%	合葎草酮	22%~26%
香叶烯	21%~23%	法呢烯	<1%
葎草烯	35%~37%	石竹烯	10%~12%

纽波特（Newport）　BN

由美国农业部开发的高α–酸酒花，总体香气柔和，但用在干投时香气刺激，带树脂味。贮存性能中等。

α- 酸	13.5%~17%	总酒花油	1.6%~3.4%
β- 酸	7.2%~9.1%	合葎草酮	36%~38%
香叶烯	47%~54%	法呢烯	<1%
葎草烯	9%~14%	石竹烯	4.5%~7%

诺斯登（Northdown）　T

20世纪70年代其因相对较高的α-酸而知名，随后被其他品种所取代。苦味过于粗糙，不过有时它的高酒花油含量可用于干投。相对中性，偏英式风格。贮存性能中等至良好。

α- 酸	7.5%~9.5%	总酒花油	1.2%~2.5%
β- 酸	5%~5.5%	合葎草酮	24%~30%
香叶烯	23%~29%	法呢烯	<1%
葎草烯	40%~45%	石竹烯	13%~17%

北酿（Northern Brewer）　NT

酿金酒花的后代，由于具有很高的α-酸，一度成为德国流行的苦型酒花品种。在德国种植的品种有极柔和的香气（一半含量的香叶烯和少量的“美国气味”）。贮存性能极佳至优秀。

α- 酸	6%~10%	总酒花油	1%~1.6%
β- 酸	3%~5%	合葎草酮	27%~32%
香叶烯	50%~65%	法呢烯	<1%
葎草烯	35%~50%	石竹烯	10%~20%

天然金块（Nugget）　BO

1983年由美国农业部发布，以满足人们对高α-酸酒花的要求，并且依然是俄勒冈农民的主要产品。此种酒花有愉悦的草本香，在德国种植（同样具有柔和的香气）了20多年，但现在已经不多了。贮存性能极佳至优秀。

α- 酸	11%~14%	总酒花油	0.9%~2.2%
β- 酸	3%~5.8%	合葎草酮	22%~30%
香叶烯	48%~55%	法呢烯	<1%
葎草烯	16%~19%	石竹烯	7%~10%

猫眼石（奥珀尔，Opal）　OT

由德国希尔酒花研究中心开发，其独特之处在于芬芳的辛香和木香，有适度的花香。贮存性能中等。

α- 酸	5%~8%	总酒花油	0.8%~1.3%
β- 酸	3.5%~5.5%	合葎草酮	13%~17%
香叶烯	20%~45%	法呢烯	<1%
葎草烯	30%~50%	石竹烯	8%~15%

太平洋（Pacifica）　NO

用哈拉道中早熟酒花与新西兰培育品种杂交而成，曾被命名为太平洋哈拉道，基本上是哈拉道中早熟酒花的加强版，花香–酯香比例为1.6%，柑橘–松香比例为6.9%。贮存性能良好。

α- 酸	5%~6%	总酒花油	1%
β- 酸	5.5%~6%	合葎草酮	25%
香叶烯	10%~14%	法呢烯	<1%
葎草烯	48%~52%	石竹烯	17%

栅栏（芭乐西，Palisade）　NOP

由雅基玛农场培育，主要用作香型花（具有花香、水果香和一些热带水果香），它是一款多用途，具有“特殊品种”香气的搭配型酒花。贮存性能良好。

α- 酸	5.5%~9.5%	总酒花油	1.4%~1.6%
β- 酸	6%~8%	合葎草酮	24%~29%
香叶烯	9%~10%	法呢烯	<1%
葎草烯	19%~22%	石竹烯	16%~18%

珍珠（Perle）　OT

此种在德国培育，以北酿为父本，具有薄荷香和辛香，被德国人形容为“柔和”。多年来因其具有高α-酸含量，用作苦型酒花，在美国西北部也有种植。贮存性能极佳至优秀。

α- 酸	4%~9%	总酒花油	0.5%~1.5%
β- 酸	2.5%~4.5%	合葎草酮	29%~35%
香叶烯	20%~35%	法呢烯	<1%
葎草烯	35%~55%	石竹烯	10%~20%

传教士（Pilgrim）　BO

尽管它与英国矮架酒花首金（First Gold）和先驱（Herald）有共同的父本，但它并不是矮架酒花。有时被列为苦型酒花，有时被列入兼型酒花，具有有趣的柠檬和葡萄柚的香气。贮存性能极佳。

α- 酸	9%~13%	总酒花油	1.2%~2.4%
β- 酸	4.3%~5%	合葎草酮	36%~38%
香叶烯	30%	法呢烯	0.3%
葎草烯	17%	石竹烯	7.3%

开拓者（Pioneer）　T

在英国种植的矮架酒花，一般用作兼型酒花。有类似哥尔丁酒花品种淡淡的柑橘香，可用来补充柠檬的香气。贮存性能良好。

α- 酸	7%~11%	总酒花油	1%~1.8%
β- 酸	3.5%~4%	合葎草酮	36%
香叶烯	31%~36%	法呢烯	<1%
葎草烯	22%~24%	石竹烯	7%~8%

北极星（Polaris）　BNT

从2012年开始种植的另一个德国新品种，该品种具有非常高的α-酸和惊人的酒花油含量，它的香气被描述为“冰糖”、桉树、薄荷和柑橘香。

α- 酸	19%~23%	总酒花油	4.4%
β- 酸	5%~7%	合葎草酮	27%
香叶烯	50%	法呢烯	<0.1%
葎草烯	22%	石竹烯	9%

普莱米特（Premiant） T

在捷克共和国种植，是从萨兹的后代选育出来的，有较高的α-酸含量。香型特征为纯净的花香，略带柑橘味。在试验中，品酒师发现它的苦味特别柔和、圆润。

α- 酸	7%~9%	总酒花油	1%~2%
β- 酸	3.5%~5.5%	合葎草酮	18%~23%
香叶烯	35%~45%	法呢烯	1%~3%
葎草烯	25%~35%	石竹烯	7%~13%

令伍特之骄傲（Pride of Ringwood） B

值得关注的澳大利亚苦型酒花，在20世纪60年代开始种植，其α-酸含量早就很高了，同时还具有一些香型特色（浆果风味、柑橘香），是现在流行的酒花。贮存性能很弱。

α- 酸	7%~11%	总酒花油	0.9%~2%
β- 酸	4%~6%	合葎草酮	32%~39%
香叶烯	25%~50%	法呢烯	<1%
葎草烯	2%~8%	石竹烯	5%~8%

前进（Progress） T

此种是20世纪60年代在英国作为香型花种植的，它的特性使其看起来像是一株原产地的品种，非常适合英式爱尔。贮存性能中等。

α- 酸	5%~7%	总酒花油	0.6%~1.2%
β- 酸	2%~2.5%	合葎草酮	25%~30%
香叶烯	30%~35%	法呢烯	<1%
葎草烯	40%~47%	石竹烯	12%~15%

拉考（Rakau）　NO

以前以阿尔法香花知名。与尼尔森苏文相比，属于“风味酒花”。香气/风味包括热带水果味、百香果味和桃子味，花香–酯香比例为1.2%，柑橘–松香比例为5.7%。贮存性能良好。

α-酸	10.8%	总酒花油	2.1%
β-酸	4.6%	合葎草酮	25%
香叶烯	56%	法呢烯	4.5%
葎草烯	16.3%	石竹烯	5.2%

利瓦卡（Riwaka）　NO

与新西兰育种原料杂交的萨兹类型酒花，起初命名为D萨兹（D Saaz）。有松香和热带水果香，供应紧俏，花香–酯香比例为2.8%，柑橘–松香比例为5.9%。贮存性能良好。

α-酸	4.5%~6.5%	总酒花油	0.8%
β-酸	4%~5%	合葎草酮	29%~36%
香叶烯	68%	法呢烯	1%
葎草烯	9%	石竹烯	4%

鲁宾（Rubin）　B

捷克人将其分类为苦型酒花，但源于其萨兹的背景，它的基因与欧洲的香花品种相似。苦味没有萨兹那么柔和，持续时间更长一些。

α-酸	9%~12%	总酒花油	1%~2%
β-酸	3.5%~5%	合葎草酮	25%~33%
香叶烯	35%~45%	法呢烯	<1%
葎草烯	13%~20%	石竹烯	7%~10%

萨兹（Saaz）　OT

尽管农民在2011年减少了萨兹的种植面积，但仍占捷克酒花种植面积的83%。该品种可以在其他地区种植，但没有原产地品种独特、愉悦和细腻。2012年推出了第一个有机萨兹版本。贮存性能较弱。

α- 酸	3%~6%	总酒花油	0.4%~1%
β- 酸	4.5%~8%	合葎草酮	23%~26%
香叶烯	25%~40%	法呢烯	14%~20%
葎草烯	15%~25%	石竹烯	10%~12%

晚熟萨兹（Saaz Late） T

捷克酒花研究院培育并开发的品种，用以替代经典的萨兹香花，以克服后者α-酸水平逐年下降的问题。

α- 酸	3%~7%	总酒花油	0.5%~1%
β- 酸	3.8%~6.8%	合葎草酮	20%~24%
香叶烯	25%~35%	法呢烯	15%~20%
葎草烯	15%~20%	石竹烯	6%~9%

街道（桑提厄姆，Santium） T

由美国农业部在俄勒冈州开发，复制了泰特昂的高α-酸含量，具有草本香和辛香。贮存性能中等至良好。

α- 酸	5.5%~7%	总酒花油	1.3%~1.7%
β- 酸	7%~8.5%	合葎草酮	20%~22%
香叶烯	30%~45%	法呢烯	13%~16%
葎草烯	20%~25%	石竹烯	5%~8%

蓝宝石（索菲亚，Saphir） OT

由德国的酒花育种项目选出，如同奥珀尔（Opal）和斯马拉格德（Smaragd）一样为“经典的”香气而开发，具有令人愉悦的辛香，还带有新世界酒花的浆果/柑橘的特点。多用途，可用于增加水果香/类爱尔酵母的丁香味。贮存性能良好。

α- 酸	2%~4.5%	总酒花油	0.8%~1.4%
β- 酸	4%~7%	合葎草酮	12%~17%
香叶烯	25%~40%	法呢烯	<1%
葎草烯	20%~30%	石竹烯	9%~14%

西姆科（Simcoe）　NOSP

这款香花已经成为使用干投工艺的美国啤酒的另一个标志了，它被推向了刺激和“酷”的前沿，有时甚至走得更远。具有强烈、浓郁的多种柑橘类水果、黑加仑、浆果和松香味。贮存性能良好。

α- 酸	12%~14%	总酒花油	2%~2.5%
β- 酸	4%~5%	合葎草酮	15%~20%
香叶烯	60%~65%	法呢烯	<1%
葎草烯	10%~15%	石竹烯	5%~8%

斯拉德克（Slάdek）　T

本酒花如同普莱米特酒花，是从精选的萨兹酒花后代繁殖而来，其α-酸含量更接近于萨兹，具有花香和轻微香料味，因其风味及总体平衡而获评很高。

α- 酸	4.5%~6.5%	总酒花油	1%~2%
β- 酸	4%~6%	合葎草酮	25%~30%
香叶烯	40%~50%	法呢烯	<1%
葎草烯	20%~30%	石竹烯	8%~13%

祖母绿（斯马拉格德，Smaragd）　OT

在德语中，斯马拉格德意思是绿宝石，和猫眼石（奥珀尔）与蓝宝石（索菲亚）酒花一样，都是由希尔地区培育的传统香气和风味酒花。具有辛香、草本香和木香。贮存性能中等。

α- 酸	4%~6%	总酒花油	0.4%~0.8%
β- 酸	3.5%~5.5%	合葎草酮	13%~18%
香叶烯	20%~40%	法呢烯	<1%
葎草烯	30%~50%	石竹烯	9%~14%

空知王牌（Sorachi Ace）　NS

它在日本培育，来源于萨兹酒花和酿金酒花，在达伦·甘米希（Darren

Gamache）从农业部的档案中发现这个产品之前，此品种从没有在日本之外被种被植过，具有突出的柠檬香型。特别的酒花，酿造特别的啤酒。

α- 酸	10%~16%	总酒花油	2%~2.8%
β- 酸	6%~7%	合葎草酮	23%
香叶烯	35%	法呢烯	6%
葎草烯	21%~27%	石竹烯	8%~9%

南十字座（Southern Cross）　　NO

兼型酒花。在新西兰的拉格啤酒中非常流行，具有诱人的香气，包括柑橘（柠檬）、辛香和松香，花香-酯香比例为2.7%，柑橘-松香比例为6.9%。贮存性能良好。

α- 酸	11%~14%	总酒花油	1.2%
β- 酸	5%~6%	合葎草酮	25%~28%
香叶烯	32%	法呢烯	7.3%
葎草烯	21%	石竹烯	6.7%

标品（索夫林，Sovereign）　　OT

另一款英国矮架酒花，是威特布莱德的子本，它有强烈的水果香，同时也能产生柔和的风味，如像桃子一样的核果香味。

α- 酸	4.5%~6.5%	总酒花油	0.8%
β- 酸	2.1%~3.1%	合葎草酮	26%~30%
香叶烯	无数据	法呢烯	3.6%
葎草烯	23%	石竹烯	8.3%

司派尔特（Spalt Spalter）　　T

只能在司派尔特地区买到，种植信息不多，但容易买到，它有极佳的、独特的香气，其基因与萨兹、泰特昂相似，具有辛香，细腻，有草本香、木香和花香。贮存性能较弱。

α- 酸	2.5%~5.5%	总酒花油	0.5%~0.9%
β- 酸	3%~5%	合葎草酮	22%~29%
香叶烯	20%~35%	法呢烯	12%~18%
葎草烯	20%~30%	石竹烯	8%~13%

司派尔特精选（Spalter Select） OT

在德国种植量比原始的司派尔特还要广泛，几乎和哈拉道中早熟一样受欢迎。在希尔地区开发，具有辛香、花香和木香。此品种是萨兹类型酒花的固定替代品。贮存性能中等。

α- 酸	3%~6.5%	总酒花油	0.6%~0.9%
β- 酸	2.5%~5%	合葎草酮	21%~27%
香叶烯	20%~40%	法呢烯	15%~22%
葎草烯	10%~22%	石竹烯	4%~10%

纯银（斯特林，Sterling） OT

以萨兹为母本，卡斯卡特和其他几个欧洲植株为父本开发。具有萨兹的特征，包括辛香和柑橘香气，同时α-酸含量要高得多。贮存性能良好。

α- 酸	6%~9%	总酒花油	1.3%~1.9%
β- 酸	4%~6%	合葎草酮	22%~28%
香叶烯	44%~48%	法呢烯	11%~17%
葎草烯	19%~23%	石竹烯	5-7%

斯驰瑟司派尔特（Strisselspalt） T

此种是法国阿尔萨斯的原产地酒花，在百威啤酒取消合同后，它的种植面积几乎完全消失了。该品种具有优雅的香气、花香、辛香和柠檬风味，它曾经是米什劳（Michelob）淡色拉格啤酒的主要原料，与比利时酵母的搭配也非常好。贮存性能中等。

α- 酸	1.8%~2.5%	总酒花油	0.6%~0.8%
β- 酸	3%~6%	合葎草酮	20%~25%
香叶烯	35%~52%	法呢烯	<1%
葎草烯	12%~21%	石竹烯	6%~10%

斯蒂润哥尔丁（Styrian Golding） T

20世纪30年代，由于酒花被病害毁掉了，斯洛文尼亚农民需要寻找一株替代酒花，他们以为带回家的是哥尔丁品种并将其命名为萨维尼亚哥尔丁（Savinja Golding），实际上那是一种富格尔，与现在斯洛文尼亚的品种有所不同。贮存性能极佳。

α- 酸	4.5%~6%	总酒花油	0.5%~1%
β- 酸	2%~3.5%	合葎草酮	25%~30%
香叶烯	27%~33%	法呢烯	3%~5%
葎草烯	20%~35%	石竹烯	7%~10%

夏天（Summer） PT

夏天和席尔瓦（Sylva）酒花是姊妹花，均是由萨兹杂交而来的，其化学特征与其祖本相似。夏天酒花香气稍淡而果味更重，不过还保留辛香和花香的特点，并有类似茶叶的香气成分。

α- 酸	4%~7%	总酒花油	0.9%~1.3%
β- 酸	4.8%~6.1%	合葎草酮	22%~25%
香叶烯	5%~13%	法呢烯	<1%
葎草烯	42%~46%	石竹烯	14%~15%

顶峰（Summit） BNOP

西北地区的一株低架酒花（不是真正的矮架酒花），祖本包括宙斯和天然金块，此种具有强烈的柑橘和葡萄柚的香气与风味，非常适合作为兼型酒花，但有可能偏向洋葱和大蒜味。贮存性能优秀。

α- 酸	13%~15.5%	总酒花油	1.5%~2.5%
β- 酸	4%~6%	合葎草酮	26%~33%
香叶烯	30%~50%	法呢烯	<1%
葎草烯	15%~25%	石竹烯	10%~15%

超级盖丽娜（Super Galena）　BP

盖丽娜的第三代。值得注意的是其兼具高α-酸和高产量。α-酸亩产甚至高于大力神（Herkules）。

α- 酸	13%~16%	总酒花油	1.5%~2.5%
β- 酸	8%~10%	合葎草酮	35%~40%
香叶烯	45%~60%	法呢烯	<1%
葎草烯	19%~24%	石竹烯	6%~14%

超级骄傲（Super Pride）　BP

澳大利亚令伍特之骄傲（Pride of Ringwood）的后代，特征类似，但具有更高的α-酸。贮存性能良好。

α- 酸	14%~15%	总酒花油	1.7%~1.9%
β- 酸	7%~8%	合葎草酮	30%~34%
香叶烯	30%~45%	法呢烯	<1%
葎草烯	1%~2%	石竹烯	7%~9%

席尔瓦（Sylva）　PT

夏天酒花的姊妹花。席尔瓦展示了萨兹的传统酒花香（带有雪松木特征）和辛香，该品种是南半球酿酒师的绝佳选择，但和萨兹存在偏差。

α- 酸	4%~7%	总酒花油	0.5%~1.1%
β- 酸	3%~5%	合葎草酮	23%~28%
香叶烯	17%~23%	法呢烯	23%~25%
葎草烯	19%~26%	石竹烯	6%~9%

目标（Target）　BT

在1972年发布后不久，目标迅速成为英国种植最多的品种，反映了全球流行高α-酸种植的趋势，基于其英国式的特点，啤酒商至今仍在使用它，用来干投也别有趣味。贮存性能较弱。

α-酸	9.5%~12.5%	总酒花油	1.2%~1.4%
β-酸	4.3%~5.7%	合葎草酮	35%~40%
香叶烯	45%~55%	法呢烯	<1%
葎草烯	17%~22%	石竹烯	8%~10%

泰特昂（Tettnang Tettnanger）　OT

萨兹家族的一名成员，香气接近但有所不同，具有泰特昂地区的独特性。根据巴特《酒花香气摘要》的描述："具有花香、佛手柑、山百合、干邑白兰地和巧克力的香味。"贮存性能较弱。

α-酸	2.5%~5.5%	总酒花油	0.5%~0.9%
β-酸	3%~5%	合葎草酮	22%~28%
香叶烯	20%~35%	法呢烯	16%~24%
葎草烯	22%~32%	石竹烯	6%~11%

美国泰特昂（Tettnanger）（US）　T

此种酒花的起源众说纷纭，不过与德国的泰特昂相比，这株酒花和富格尔有更多共同之处，很多人质疑这株酒花的基因是否从美国泰特昂培育而来，此种具有木香和辛香。贮存性能较好。

α-酸	4%~5%	总酒花油	0.4%~0.8%
β-酸	3.5%~4.5%	合葎草酮	20%~25%
香叶烯	25%~40%	法呢烯	10%~15%
葎草烯	18%~25%	石竹烯	6%~8%

朋友（Tillicum）　BP

盖丽娜的子本，有着愉快的香气，但更适合于当作苦花。农民种植这株酒花是为了与其他高α-酸酒花错开收获日期。贮存性能优秀。

α-酸	12%~14.5%	总酒花油	1.5%~1.9%
β-酸	9.3%~10.5%	合葎草酮	31%~38%
香叶烯	45%~55%	法呢烯	<1%
葎草烯	13%~16%	石竹烯	7%~8%

战斧（Tomahawk） BP

另一种CTZ酒花。和另两种一样，人们将其单独考虑时会呈现出有趣的特征。比利时的研究者最近发现战斧酒花的某些组分与尼尔森苏文相似。贮存性能极弱。

α-酸	14.5%~17%	总酒花油	2.5%~3.5%
β-酸	4.5%~5.5%	合葎草酮	28%~35%
香叶烯	50%~60%	法呢烯	<1%
葎草烯	9%~15%	石竹烯	4%~10%

黄宝石（Topaz） BNP

澳大利亚的高α-酸品种，专为加工酒花浸膏而培育。从一开始人们就将兴趣放在兼型酒花上，其具有强烈的水果风味，包括浆果味和百香果味。贮存性能优秀。

流行音乐（瑞斯科尔，Triskel） T

最新发布的版本是为阿尔萨斯酒花种植区培育的，由法国的斯驰瑟司派尔特酒花和英国品种约曼（Yeoman）杂交而成。非常柔和，适合浅色拉格，不过它的酒花油特性（花香和柑橘香）又可供美式艾尔使用。贮存性能中等。

α-酸	8%~9%	总酒花油	1.5%~2%
β-酸	4%~4.7%	合葎草酮	20%~23%
香叶烯	60%	法呢烯	<1%
葎草烯	13.5%	石竹烯	5.4%

青岛大花（Tsingtao Flower）　N

这个中国版本的美国科拉斯特，大约占了中国65%的种植面积，具有花香和辛香。贮存性能良好。

α-酸	6%~8%	总酒花油	0.4%~0.8%
β-酸	3%~4.2%	合葎草酮	35%
香叶烯	45%~55%	法呢烯	<1%
葎草烯	15%~18%	石竹烯	6%~7%

超级金（Ultra）　T

在俄勒冈培育，以哈拉道中早熟酒花和萨兹类型酒花为父本，该品种是人们寻求柔和、愉快的欧洲原产地酒花的另一个选择。有些酿酒商很喜欢此种，但是种植量很少。贮存性能良好至极佳。

α-酸	2%~3.5%	总酒花油	0.5%~1%
β-酸	3%~4.5%	合葎草酮	23%~38%
香叶烯	15%~25%	法呢烯	<1%
葎草烯	35%~50%	石竹烯	10%~15%

先锋（Vanguard）　T

此种是由美国农业部开发的哈拉道中早熟酒花的另一株后代。具有草本香和辛香，和母本非常像。贮存性能极佳至优秀。

α-酸	5.5%~6%	总酒花油	0.9%~1.2%
β-酸	6%~7%	合葎草酮	14%~16%
香叶烯	20%~25%	法呢烯	<1%
葎草烯	45%~50%	石竹烯	12%~14%

瓦卡图（Wakatu）　NOST

它的血缘包括有三分之二的哈拉道中早熟酒花，这主要体现在香气上。α-酸很高，足以被视为兼型酒花，比较粗犷，花香-酯香的比例为3.2%，柑橘-松香的比例为9.5%。贮存性能良好。

α- 酸	6.5%~8.5%	总酒花油	0.9%~1.1%
β- 酸	8%~9%	合葎草酮	28%~30%
香叶烯	35%~36%	法呢烯	6%~7%
葎草烯	16%~17%	石竹烯	7%~9%

勇士（Warrior） BP

与勇士有相同的杂交来源，并同样开花授粉。主要用于苦型酒花，但也有有趣的香气/风味属性，如花香、辛香、木香和甜柑橘香。贮存性能极佳。

α- 酸	14%~16.5%	总酒花油	1.3%~1.7%
β- 酸	4.3%~5.3%	合葎草酮	22%~26%
香叶烯	40%~50%	法呢烯	<1%
葎草烯	15%~19%	石竹烯	9%~11%

惠特布雷德哥尔丁（Whitbread Golding） T

此种不是真正的哥尔丁但有类似的特征，有明显的甜水果味。此种在肯特郡的惠特布雷德啤酒厂（Whitbread Brewery）的酒花农场培育和种植，现在这里是一家酒花博物馆和游乐园。贮存性能中等。

α- 酸	5.4%~7.7%	总酒花油	0.9%~1.4%
β- 酸	2%~2.5%	合葎草酮	25%~36%
香叶烯	43%	法呢烯	1%~3%
葎草烯	29%~44%	石竹烯	12%~14%

威廉麦特（Willamette） T

美国种植量最大的香型酒花品种，直到2008年百威英博公司缩短了合约。该品种于1976年发布，是富格尔的替代品种，具有柔和的辛香特性。用途广泛，适合很多类型的啤酒。贮存性能中等。

α- 酸	4%~6%	总酒花油	1%~1.5%
β- 酸	3%~4.5%	合葎草酮	30%~35%
香叶烯	30%~40%	法呢烯	5%~6%
葎草烯	20%~27%	石竹烯	7%~8%

宙斯（Zeus）　BP

CTZ家族的最后一位成员，和另两种一样非常芳香，有时甚至带点刺激感。柑橘香最为明显，但同时也有辛香和草本香的特征。贮存性能较弱。

α- 酸	12%~16.5%	总酒花油	1%~2%
β- 酸	4%~6%	合葎草酮	27%~35%
香叶烯	25%~65%	法呢烯	<1%
葎草烯	10%~25%	石竹烯	5%~15%

7

第 7 章 糖化车间的酒花

感知事宜：你能感受到苦味，亦能闻到香气

在德国西南部的泰特昂的Krone酒店啤酒坊中，客人的房间完全现代化、有硬木地板、墙壁整洁一新，时髦的游客们期望在康士坦茨湖（又名博登湖）地区度过他们的假期。这栋建筑在上一位主人蒙特福特（Montfort）之前就一直存在，在18世纪，安顿伯爵四世（Count Anton IV）一直住在这里。1847年，陶舍尔（Tauscher）家族买下了这家坐落于酒店后面的啤酒厂，弗里茨·陶舍尔（Fritz Tauscher）是第七代酿酒师。皇冠啤酒厂（Kronen Brauerei）是26家啤酒厂的最后一家，它曾在泰特昂生产过啤酒，每年生产大约6000L啤酒（超过5000桶），大约60%的瓶子有"泰特昂"标签。

陶舍尔是9位酿酒师成员之一，他的成员称其为身体和灵魂相结合的酿酒师。他解释道："所有的人都是家族企业的所有者，啤酒是用我们的双手所酿造的。"

酒店的每一个房间都有它自己的名字——酿酒师、熊广场，当然还要有酒花，每个房间会根据自己的主题加以装饰。小镇中最出名的是酒花，随着高科技产业和旅游业的发展，小镇的人口正在增长，旧世界和新世界和谐共处。1980年出生的陶舍尔参加了美国精酿酿酒师会议，在会议上他看到了啤酒的美好未来，因为啤酒充满了异国酒花的特点。他说："我能想象将来我会酿造一两款啤酒，但现在还没有酿造，这里的饮酒者还没有做好喝啤酒的准备。"

他只使用泰特昂地区的酒花，直接向邻居们购买，他将捆好的酒花贮存在啤酒厂院子底下8~9m长的地窖中，每当他与祖父穿过庭院时，他都会学到点什么。陶舍尔说："祖父会说'酒花很好'或者说'酒花比去年好吗?'对于我来说，泰特昂酒花是酿造啤酒的最佳选择。"

他又采用了全新的方案来酿造啤酒，当过滤的麦汁进入煮沸锅中时，他加了酒花添加量的60%~70%。在20世纪初，德国酿酒师通常将酒花加入头道麦汁中，但如今许多大型啤酒厂只在煮沸初期使用酒花浸膏来增加其苦味。陶舍尔使用煮沸的麦汁去酿造他的啤酒，麦汁过滤需要花费120~150min。陶舍尔第一次添加酒花的时间是麦汁过滤开始后的20~30min，第二次添加酒花的时间是在煮沸前的5min，并在煮沸结束之前不久添加一次酒花，然后在回旋沉淀槽中再添加一次。

他所酿造的比尔森啤酒，苦味值为34~36IBU，口感顺滑、杀口力强。他解释道，起初他将一次剂量的酒花都加入全部头道麦汁中（他称之为"粉碎添加"）。他说："我认为这种苦味不是那么好，"他展开右手，抵着下巴，顺着喉咙滑到锁骨，描述着啤酒流经的路径，说道："是的，我不知道怎样用英语去描述这种涩感。"

那些对啤酒包装感兴趣，同样也对酒花特点感兴趣的酿酒师，在糖化、过滤、整个煮沸过程及以后的过程中都有可能添加酒花。当他们想要衡量这种影响时，通常使用国际苦味值（IBU），但是正如陶舍尔所理解的那样，有时仅用一个数字描述酒花的感官感受是行不通的。

7.1 α-酸和β-酸

在全球范围内，通常将多种结构相似且具有明显不同特征的"α-酸"作为一种单一商品进行交易。葎草酮、合葎草酮和加葎草酮（前葎草酮和后葎草酮只是微量存在）便是α-酸的同分异构体，它们通常在麦汁煮沸的高温环境中发生异构化作用，且每一种α-酸将形成两种形式的物质，最终形成6种异α-酸（顺-异葎草酮和反-异葎草酮、顺-异合葎草酮和反-异合葎草酮、顺-异加葎草酮和反-异加葎草酮)。α-酸本身并不苦,但很难溶于像啤酒这样的溶液中,然而异α-酸可溶于像啤酒这样的溶液且可增强其苦味(异α-酸苦味是α-酸的四倍)。除了提供苦味,它们也可以增加泡沫的稳定性,抑制细菌的生长。

直到19世纪50年代,酿酒师才知道有不止一种葎草酮存在,尽管科学家们从19世纪的酒花中分离出了纯葎草酮和纯蛇麻酮(属于β-酸的一部分)。到20世纪30年代,研究人员在酿造过程中确定了相对精确的葎草酮利用率,这有利于确定啤酒中异葎草酮的含量。最后,在1953年,从事于开发测量苦味方法的贝林恩(J.L.Bethune)和劳埃德·里格比(Lloyd Rigby)分离出了三种主要的α-酸。

后来,里格比将高比例的合葎草酮合并起来,通常简单地称为CoH——他所描述的是一种更强烈的苦味。这一研究结果表明:国际上增加了对相对含量较低的合葎草酮酒花的需求,同时也促进了酒花的研究和育种,并解释了为什么酒花品种的大多数分析都包含了合葎草酮的比例,而不是包含葎草酮或加葎草酮。20世纪90年代,许多酿酒师的兴趣从酿造"顺滑"苦味的高酒花浓度啤酒转变为使用低合葎草酮酒花来酿造啤酒,他们不知道有含较高比例的合葎草酮酒花,更重要的是异合葎草酮酒花更有功效。

在20世纪90年代,里格比的结论是被人们忽视的,但是俄勒冈州立大学的一份近期研究结果受到了更多的关注。品尝啤酒的俄勒冈州立大学小组成员分别加入黄宝石酒花(异合葎草酮含量高,大约含52%的α-酸)和地平线酒花(异合葎草酮含量低,大约含20%的α-酸)的预异构化浸膏和各种各样的化合物,其中包括二氢-异α-酸、四氢-异α-酸和没有任何与酒花相关的添加剂。经验丰富的品评者们评估其苦味强度、粗糙度和顺滑度,他们没有找到高异合葎草酮含量和低异合葎草酮含量之间的明显区别。小组成员也用自己的描述语去描述样品,他们认为黄宝石酒花是最不具有药味香气的,它们的苦味也是最不持久的(四氢-异α-酸比异合葎草酮更有药味香气、口味更粗糙、苦味更持久)[1]。

传闻,酿酒师认为使用低合葎草酮含量的酒花会带来更"顺滑"的苦味,这些结果可能是受期望值、个人喜好、遗传(如香味感觉)所影响。新格拉鲁斯啤酒厂的丹·凯里说:"苦味的品质是不一样的,这就像爱斯基摩人对雪的描述,他们有多少形容词呢?"

在不同品种之间,每一品种中的合葎草酮和葎草酮的含量在20%~50%变化,加葎草酮的含量在10%~15%变化。各种各样的报道指出,异合葎草酮是更加有效的（提高利用率），低比例的异-合葎草酮会产生更好的泡沫。研究表明，如果啤酒中有同分异构体存在，其分解速度更快，会形成老化风味[2]。相反，顺式异构体和反式异构体的区别也是众所周知的，其对风味稳定性也有同样的重要性。

在传统酒花风味的啤酒中，顺式异构体和反式异构体之间的比例是68%和32%。顺式异构体可能是更苦的，但是反式异构体更容易使啤酒腐败。德国研究人员发现在28℃的情况下贮存啤酒，第一年大约有75%的反式-异α-酸被分解，只有15%的顺-异α-酸存留下来。这一结果提醒了那些只使用冷藏的传统酒花来酿酒的酿酒师，需要在啤酒新鲜时尽快将其卖出，而那些使用预异构化酒花浸膏进行酿酒的酿酒师是受益的，主要是因为他们对酒花浸膏的利用率从30%上升到了55%，这些酒花浸膏含有更高比例的顺式异构体（从85%到95%），因此啤酒更加稳定。

β-酸不可溶，即使是在煮沸的过程中它们也无法异构化成更加可溶的化合物，然而在成品啤酒中找到的其氧化产物（例如酒花酸）可以是很苦的、水溶性的，因此，酒花在用于酿造啤酒之前，酒花中潜在的苦味会受到各种各样的α-酸和β-酸的氧化反应影响。此外，近期研究结果表明，在煮沸的过程中产生的各种各样的β-酸转化产物，大体上也可能会导致苦味。

苦味化合物如表7.1所示。

表 7.1　　苦味化合物　　单位：μg/L

化合物	阈值	典型贮藏啤酒中的浓度	突出酒花风味的美国精酿啤酒浓度
合葎草酮	5.5	0.3	10
葎草酮	7	0.6	10
加葎草酮	7.6	0.4	2
顺－异合葎草酮	2.7	12	15
顺－异葎草酮	3.2	10	18
顺－异加葎草酮	2.5	3.4	10
反－异合葎草酮	6.5	5.1	9
反－异葎草酮	6.1	4.2	12
反－异加葎草酮	4.4	1.5	2
黄腐酚	2.9	0	2
异黄腐酚	4.7	0.5	5

来源：“125th Anniversary Review：The Role of Hops in Brewing，” *Journal of the Institute of Brewing*. 117，no. 3，2011.

7.2 苦味趋势

20世纪80年代初期，安海斯–布希公司董事长奥古斯特·布希三世（August Busch Ⅲ）下令将新酿造的百威啤酒（*Budweiser*）和百威淡啤酒（*Bud Light*）的易拉罐进行低温冷冻，过一段时间后进行对比品尝。25年后，《华尔街日报》（*Wall Street Journal*）在头版报道了安海斯–布希公司如何通过向百威啤酒和百威淡啤中加入酒花来扭转几十年的趋势。这篇文章强调："为了寻求大众的目光，多年来酿酒师减少了啤酒中的苦味；现在，饮酒者想要更多的苦味。"

记者萨拉·艾里森（Sarah Ellison）描述了这样一个场景，布希和当时是安海斯–布希公司酿造技术副总裁的道格（Doug Muhleman）在圣路易斯公司品尝室里，将1982年、1988年、1993年、1998年和2003年贮藏的啤酒易拉罐解冻，且摆放在他们的面前。她写道："道格说公司不准备做苦味较低的啤酒，他称这种变化为'蔓延'，即不断地修饰啤酒，如原材料、环境和消费者口味的变化。指着一排百威啤酒易拉罐的道格说，'通过不断地反馈，倾听消费者的声音，这是未来20年、30年、40年的变化，随着时间的推移，这是一种趋势'"。

道格说："这些样品易拉罐可以展示出'蔓延'是如何进行的，这两种相差五年之久的啤酒，其味道上的差异是不能辨别的，然而1982年与2003年的啤酒差异却是很大的，它们的骨骼是相同的，它们的结构也是相同的。不过，总的来说，啤酒的苦味已经降低了[3]。"

艾里森并没有透露测量苦味的具体标准，但报道称米勒康胜啤酒厂经常测试安海斯–布希公司的啤酒，他们于2003年和2005年分别检测了百威啤酒和百威淡啤酒，发现其含有高标准的苦味值，这显然是为了回应米勒康胜啤酒厂的营销策略。在米勒康胜淡啤酒降低其苦味值的几年后，这家酿酒厂于2001年增加了苦味感，并进行了公众口味测试，他们使用广告来尖锐抨击百威淡啤酒缺乏风味特点，米勒康胜淡啤酒出货量一直在下滑，而2004年上升了13.5%，2005年上升了2.1%。在一档叫做"流行"的电视节目中，喝百威淡啤酒的人跑遍了街道，大声说："我尝不出我的啤酒。"

道格所说的"蔓延"在安海斯–布希啤酒厂开始冰冻易拉罐啤酒之前就已经开始了。一位在啤酒行业中赫赫有名且被公认为是"淡啤酒"开创者的乔·奥瓦德斯（Joe Owades），于1982年对《纽约时代》（*The New York Times*）说：在过去的10年里，啤酒的苦味已经下降了约20%。他估计，1946年百威啤酒的苦味值为20IBU，到20世纪70年代为17IBU。当酿酒师使用少量的酒花就可以达到保持同等的苦味值时，酒花的使用和苦味可能会一直持续到20世纪中期。然而，更大的效益不能完全解释美国酒花消费的变化，即从0.65lb/桶（0.3kg/桶）的添加量到1950年的0.43lb/桶（0.2kg/桶）、1960年的0.33lb/桶（0.15kg/桶）、1970年的0.23lb/桶（0.1kg/桶）以及2011年的0.5lb/桶（0.22kg/桶）（当时精酿啤酒厂不包括在内）。

为了更好地追踪苦味的标准，2006年，巴特–哈斯集团开始对来自世界各地的啤酒品牌进行年度分析，他们测量了异α–酸的含量（mg/L），结果与国际苦味值有着明显的一致性。11款美国贮藏啤酒平均含7.6mg/L的异α–酸，而之前的报告称，1980年的苦味值仍在20左右，而在20世纪90年代末，这一数字为12。美国贮藏啤酒、南美贮藏啤酒和中国啤酒皆含有最低含量的异α–酸（7~9mg/L）。

异α–酸对大部分啤酒的苦味贡献最大，但是其他成分对于啤酒的价值也有着很大的不同。显然，高温焙焦的麦芽会增加啤酒的苦味，就像他们做咖啡一样。虽然高浓度的碳酸钙会展现出啤酒的劣等苦味，但是使用硫酸钙酿造的啤酒以一种“新鲜的”酒花香气特点而著称。较低的温度抑制了人体对于苦味的感知，以至于当啤酒变暖时，这种感知可能会增强，多酚的含量会影响人们对苦味的感知。

对于大部分哺乳动物来说，苦味表示了一种中毒的危险信号，但是最近的一项研究否定了这样的假设，即人类对于苦味的厌恶是天生的。对6天大的新生儿和年龄稍大婴儿的一项研究发现：新生儿对于苦味的拒绝是有限的，而大一点的婴儿（两周至6个月大的婴儿）则一致拒绝苦味。作者的结论是：这表明在接受苦味方面的早期发展变化[4]。对苦味的厌恶可以后天获得，这有助于解释为什么对苦味的喜爱（镜子反应）也是可以后天获得的。

其余的研究表明，饮酒者们对于苦味的感知是不同的，原因在于基因扮演了至关重要的角色。来自宾夕法尼亚大学农业科学学院的约翰·海斯（John Hayes）说：“就像有些人是色盲一样，而有些人具有味觉障碍，以至于不能品尝到别人能尝到的苦味。事实证明，不同的苦味食物通过不同的受体起作用，人们可以对一种苦味做出或高或低的反应，但是对于另一种苦味可能又会有不同的反应。”2011年，在《化学感觉》（*Chemical Senses*）上发表了一份合作研究的详细资料，这份资料为其他科学家们之间的报告差异提供了一个解释；例如，对一种苦味化合物高度敏感的对象可能对另一种化合物不敏感[5]。

琳达（Linda Bartoshuk）是佛罗里达大学的生理学心理学家，她在1991年提出了“超级味觉者”这个词，“超级味觉者”指的是：当将一种化学试剂——丙基尿嘧啶（PROP）置于舌头上时，对苦味感知特别敏感的那些人。至少有25种可以对各种苦味化合物做出反应的受体是由*TAS2R*基因家族编码而成的，而PROP受体就是其中之一。现在科学家们通过计算舌头上的乳头状凸起（一种覆盖在味蕾上的微小结构）来将人们分为超级味觉者、有味觉者和无味觉者。琳达认为，有味觉者占了总人口数量的一半左右，而超级味觉者和无味觉者的数量是基本相等的。

拥抱苦味

比利时酿酒师、兼职哲学家 Yvan de Baets 对啤酒中苦味起到的关键作用，进行了特别激烈的争论。比利时 de la Senne 啤酒厂的联合创始人 de Baets 说，因他曾看到父母从食物中获取到了快乐，所以他开始欣赏苦味。他说：“这打开了复杂风味的大门，给了我一种能力去欣赏它们，其中也包括苦味，这让我过后想去理解苦味对于我们人类的重要性，以及我们对于它们的爱恨关系。”他通过电子邮件写道：“自然界中有两种口味：一种是动物喜欢的口味，一种是人类喜欢的口味。动物喜欢的（我们所说的哺乳动物）是甜味和油脂味，当一种动物面对这些味道的时候，它会直接得到两条对于它们生存很重要的信息，它知道可以通过吃去获得能量（这就是它想吃的原因），也知道这些吸引他的东西不包含毒药，这是安全的，它可以吃，也可以喝。因此，动物的本能驱使它们喜欢甜味和油脂味。相反，（人类）会拒绝苦味。在自然界中，苦味这种味道是一种危险的信号，这也就意味着，这些东西可能是有毒的，不要碰它！事实上，大多数植物显示出苦味，表明本身是危险的。当然，大自然是很好的，我们仍然是动物，我们的本能也告诉我们要急于去寻求甜味和油脂味。”

“但是在动物和人类之间至少有一个区别：文明。自人类起源开始，无论是哪一人种、哪一片大陆，我们的祖先都通过做实验来告诉我们哪些食物是可以吃的，可以喝的。渐渐地，人们发现一些苦味的东西不一定是坏的或危险的。有时，苦味对健康是有好处的（许多天然的疗法都是由苦的植物物质组成的），但是，尤其重要的是苦味可能给我们提供快乐，这是一切动机中最好的！通过大脑成像技术，现在确实证明：与那些只喜欢甜味的人们相比，通过欣赏苦味得到的快乐比从甜味中得到的快乐更多。《人类的味觉文化》（a *human culture of taste*）由此诞生，人类比动物的味觉更加丰富。”

“由于进化和文明，人类可能是唯一喜欢苦味的动物，这是一种后天习得的东西，需要我们去努力和学习，也需要花费时间，一些人可能永远也无法学到它。这并不会让那些农产品行业高兴，因为他们想要大规模地出售大量生产的标准化食品，为了实现这一目标，他们在垃圾食品中添加糖和脂肪，然后，他们肯定会把客户困在一个无法抗拒的心理网络中，他们知道本能是无法抑制的。”

“我认为，我所酿造的苦味啤酒是一种与人类智慧相对应的液体交流，从农产品行业的‘胃处理’中传递出来。通过推销这种几乎在几十年前就已经消失了的苦味啤酒，精酿啤酒者们帮助人类的味觉文化得到重生且变得更强大。他们不仅向自己表示敬意，也为那些喝了他们啤酒的人表示敬意；他们做这些都是为了给顾客提供无穷无尽的快乐来源，苦味肯定是很棒的。”

让我看看你的苦味值

2009 年，约翰巴特哈斯父子集团小组成员测试出 11 款美国贮藏啤酒的平均苦味值为 8IBU。为了更好地进行对比，这里列出了其他 10 款啤酒的苦味值，其中大部分是由啤酒厂所生产的啤酒。

10 款啤酒的苦味值如表 7.2 所示。

表 7.2　　10 款啤酒的苦味值

啤酒品牌	IBU
蓝月亮白啤酒（*Blue Moon White*）	18
喜力（*Heineken*）	21
新比利时胖轮胎（*New Belgium Fat Tire*）	19
奥佛（*Orval*）	38
普拉纳含酵母的小麦啤酒（*Paulaner Hefe-Weissbier*）	21
比尔森之源（*Pilsner Urquell*）	40
山姆亚当伯斯顿贮藏啤酒（*Samuel Adams Boston Lager*）	30
夏纳博克啤酒（*Shiner Bock*）	13
内华达山脉浅色爱尔（*Sierra Nevada Pale Ale*）	37
巨石 IPA（*Stone Brewing IPA*）	77

研究人员继续进行分类，即大脑如何通过有限数量的苦味受体来分辨成千上万的苦味化合物。德国实验证明，酒花的衍生物可以激活三种特殊的苦味受体，这些受体可以通过多种不同化学成分的化合物被广泛地调节和激活，它们对不同的同分异构体有着不同的反应，并且在苦味系统中分布广泛（相同的化合物可能激活不同的受体）。

口腔中的味觉受体细胞对于苦味的敏感度要低于实验室试管中的受体细胞，这也表明，口腔黏膜和唾液腺膜吸收了一些苦味物质，降低了口腔内能够刺激受体的有效浓度[6]。慕尼黑工业大学的托马斯·霍夫曼（Thomas Hofmann）教授在研究报告中说："很显然，味觉受体的辨别和口腔内的吸附现象是人们感知啤酒苦味的原因。"

他们还确定苦味的感知不会呈线性增加，达到一定程度（大约50mg/L的异α-酸）后，也不会继续增加，当然，这取决于个体。

7.3 了解 IBU 和计算利用率

丹麦的一位"吉普赛酿酒师"米克尔·伯格·别捷格斯（Mikkel Borg Bjergsø）在世界各地的工厂生产啤酒，并以美奇乐的商标销售，他生产了一种自己号称1000IBU的啤酒，但并没有说在实验室中能测量出这1000个IBU，只是简单地说这些是计算出的苦味值。为了酿造一批1000L（8.5桶）的啤酒，他向啤酒中添加了18罐［每罐400g，约14盎司］α-酸含量为53%的酒花浸膏，他也添加了"正常"剂量的酒花，以增加酒花香气，然后添加了10kg（1%）的干酒花。

位于圣地亚哥的怀特实验室为小型啤酒厂提供了全波段光谱实验服务，他们测试了一瓶啤酒，并确定了啤酒中含有140个IBU，这个数字比任何报道过的包装啤酒都要高。相比之下，位于比利时罗汶的天主教大学实验室（世界上最著名的研究机构之一）测出的结果为96IBU。

研究结果不仅说明了使用同一个公式来预测和测量啤酒中所包含的苦味值会出现巨大的偏差，还说明了测量添加酒花较多啤酒中的IBU是一项挑战，尤其是那些干投酒花超多的啤酒。俄勒冈州立大学的邵尔海默实验室已经提出了另一种称为SBU的方法，这种方法更加准确和适用，即使用固相萃取法，但是在我们了解SBU之前，先来仔细看看IBU。

IBU 的计算

进入家酿竞赛的第 23 类啤酒通常带有一份成分配方，其目的是帮助解释为什么一份参赛作品被判断为独特的啤酒而不是一种独特的风格，例如印度浅色爱尔（IPA）。在 2012 年年初的一次比赛中，一名啤酒评委宣读了对下一款以深色麦芽酿造的啤酒的描述，“使用了哥伦布酒花和西姆科酒花，苦味值为 75IBU。”

另一个人则针锋相对地问道：“那是廷塞斯（Tinseth）、拉赫尔（Rager）还是加雷茨（Garetz）的计算结果？他很清楚地知道，这只是一个计算出来的数字，或许与实验室里的测量结果有着很大的不同。格伦·廷塞斯（Glenn Tinseth）、杰基·拉赫尔（Jackie Rager）、马克·加雷茨（Mark Garetz）和雷·丹尼尔斯（Ray Daniels）都写了计算苦味值的公式，其关键的区别在于他们如何使用。”*

如今，大多数计算机的配方软件都可以让酿酒师们选择这些公式，进一步允许他们在公式之间进行选择，以便于做出更适合自己系统的调整。它们产生不同的结果，但它们中的任何一种都可能被用来制造具有更持久苦味的啤酒，这就是设计 IBU 的目的。

廷塞斯的公式可能是使用最广泛的，因为它们可以在 *www.realbeer.com/hops* 的网站上使用，或者专业酿酒师可以在 *www. probrewer.com* 的网站上使用。在 20 世纪 90 年代中期，廷塞斯在俄勒冈州立大学攻读化学博士学位时，发布了他的公式。作为一名家庭酿酒师，他在美国农业部（USDA）的实验室里做了一场实验，以换取对其检测设备的访问权。

他开始收集来自俄勒冈州立大学的专业酿造文献信息，包括来自世界各地大型啤酒厂的论文。他还采用了俄勒冈州立大学中试啤酒厂和一些小型啤酒厂提供的数据。在他建立了利用率曲线后，他在美国农业部的实验室用酿造小批量来测量它的准确性。

他在一封电子邮件中写道：“对我来说，发生的改变是，今天我很少为这些东西担心。要弄清楚系统是如何运作的，你可以按照你想要的方式去做一些基本的啤酒配方，注意你所酿造啤酒的核心成分，一致的酿酒操作远比你使用的公式要重要得多，如果你对 IBU 非常感兴趣，请送一个样品去测试，除非它能让你快乐，否则不必过于费心。”

在近 20 年的时间里，廷塞斯的酒花利用率图表为家酿师提供了良好的服务，尽管每个酿酒厂的结果都是不同的。

* Michael Hall 在《酿造学》特刊的第 54~67 页，详细比较了“你心目中的 IBU 是多少？”

α- 酸利用率与时间的对应关系见图 7.1。

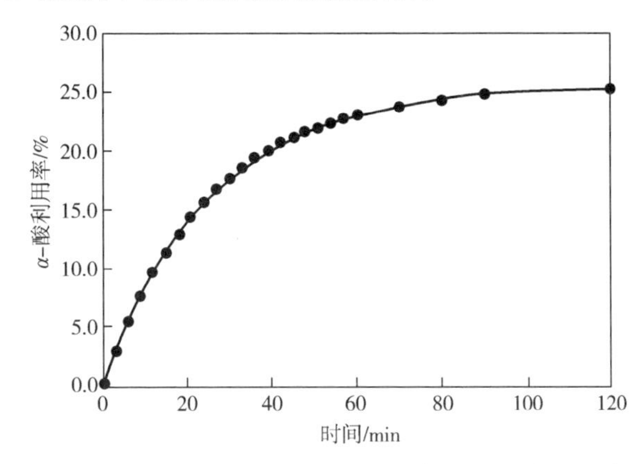

图7.1 α-酸利用率与时间的对应关系（原麦汁浓度1.050）

那些想要往啤酒中加入大量酒花的酿酒师通常使用IBU来作为其营销工具，但是创造IBU的原始目的是为了帮助酿酒师酿造出具有一致苦味水平的啤酒。通过用异辛烷酸化和萃取啤酒样品可以决定IBU的数值，在具有特殊波长的紫外线灯下进行吸光度测量，IBU等于吸光度乘以50。本过程需在实验室条件下进行，结果是一个绝对数字，一个普遍被误解的数字。

只测量异α-酸的含量并不能判断IBU的数值。在20世纪50~60年代，这一公式被研制出来的时候，大多数啤酒厂所使用的酒花并不像现在那么新鲜。一定比例的苦味来源于氧化产物，而单独测量异α-酸并不能准确地反映这种情况。大西洋两岸的科学家们发明了一种方法来计算一个能表达全体苦味的数字，最终美国酿酒化学家协会和欧洲酿酒协会对今天使用的公式进行了让步。

根据20世纪60年代所提出的假设，即七分之五的啤酒平均苦味值是由异α-酸和非异α-酸物质所引起的，故这种方法将酒花中的异α-酸和非异α-酸物质的总和通过七分之五这一数字来调整。正如瓦尔·皮科克在2007年国际酿酒师论坛上所解释的那样，这一问题有其缺点："当且仅当测试啤酒所使用的酒花与那些进入啤酒中矫正IBU计算所使用的酒花同等质量时，此时IBU应该粗略与啤酒中实际存在的IAA（异α-酸）含量相当，这种计算方法对20世纪60年代的商业啤酒一直很适用，因为所用的很多酒花按照今天的标准属于已经氧化的了。如今，由于酒花冷贮和酒花制品的应用，酒花在使用前不易受到氧化降解，啤酒中非IAA苦味的相对数量小于20世纪60年代，因此实际的IAA含量在

IBU中所占的比例更大。与40年前的酒花相比，如今大量用于啤酒酿造的高α-酸酒花仅含有少量的与α-酸相关的β-酸，啤酒中的非IAA物质减少了对苦味的贡献[7]。”

酿酒师得益于使用IBU作为工具来制定配方，并确保常规酿造的啤酒可维持特定的苦味值。然而我们也必须承认，IBU既不能完全反映出受各种反应过程和苦味酸成分影响的苦味特性，也不能反映出全部的苦味感受。IBU最好在实验室中进行检测，但是许多小型啤酒厂计算IBU只是为了估算其数值，因为他们或者没有检测设备，或者没有看到送到别处去精确计算的价值。家酿师们使用的公式是经过仔细研究过的，但仍然依赖几乎不可能精确量化的变量，并且我们知道这些变量在20世纪90年代的某些情况下已经发生了变化。

在火石行者啤酒厂，定期在麦汁中和成品啤酒中检测IBU的马特·布吕尼尔松说：“我们知道我们的啤酒厂用什么设备检测，而有的精酿啤酒厂没有设备去检测苦味值（IBU），只能利用大量假设去计算。”

甚至在实验室工作的人也依赖假设，只有在15~30IBU的范围内，苦味值和异α-酸的含量才是相等的，并且只有在使用相对新鲜的酒花时才会如此。在没有酒花的啤酒中，其他物质（不添加苦味物质）将会在特殊的波长下吸收足够的光线，人们便可测量出2~4个IBU。最近，德国的研究结果再一次表明，对苦味的感知并不是线性关系，而是达到一个饱和程度的感受。

一种简单测量IBU的方法是使用计算机软件。有许多选择可用，它们通常作为创建配方的部分工具，并且大多数软件都允许酿酒师更改设置，以展现出特殊品种的特性。有时，将估算出来的数据与实验室得出的准确数据进行分析比较，然后通过一定的调整，可能会提高未来估值的准确性。

任何关于评估IBU的讨论都需要从利用率开始，利用率会受到许多变量的影响，改变其中最明显的变量——煮沸时间，其利用率也会发生变化。

（1）形状（酒花锥形球果、颗粒酒花和酒花浸膏等）：颗粒酒花的效率大约比酒花锥形球果高出10%~15%。

（2）煮沸时间和煮沸强度：时间和利用率之间不呈线性关系，煮沸90min之后，异α-酸会分解为人们不希望出现的不明化合物。

（3）煮沸锅的几何形状：大型的煮沸锅是更加有效的，5加仑（18.9L）的家酿系统和一个10桶［310加仑（1173.4L）］的商业啤酒厂酿造系统之间的差别是惊人的。

（4）麦汁浓度：随着麦汁浓度的增加，酒花的利用率降低，然而，随着酒精和未发酵碳水化合物的增加，啤酒可以承受更高的IBU值。

（5）煮沸温度：俄勒冈州立大学的一项实验表明：在70℃的条件下煮沸 90min，只有不到10%的α–酸被转换为异α–酸。虽然在120℃的条件下煮沸30min就可以达到90%的转换率，但是，那只可能发生于pH为5.2的缓冲水溶液中，而不是在啤酒中。水在高海拔地区的沸点较低，会降低酒花的利用率。

（6）pH和水的矿物质含量：随着pH的上升，酒花利用率也会增加。当然，较高的pH对热凝固物的形成、蛋白质的组成和酵母菌的营养都是有害的。这也提醒我们，酿酒过程需要综合考虑各种因素。

（7）葎草酮的组成：葎草酮含量越高，酒花利用率越高。

酒花的利用率等于成品麦汁或成品啤酒中所发现的异α–酸的含量，这取决于酿酒师在麦汁煮沸过程中添加的α–酸的数量。公式很简单，如式（7–1）、式（7–2）所示。

$$\text{酒花利用率} = \frac{\text{麦汁中的异}\ \alpha\text{–酸} \times 100}{\text{加入麦汁中的}\ \alpha\text{–酸}} \tag{7–1}$$

$$\text{IBU} = \frac{\text{酒花重量} \times \alpha\text{–酸比例*} \times \text{酒花利用率*} \times 0.749}{\text{啤酒体积}} \tag{7–2}$$

注：* α–酸和酒花利用率表示为整数，而不是百分比。

异α-酸的检测必须在实验室中进行，计算酒花利用率的最好方法是采用HPLC（高效液相色谱法，也称高效液相层析），这是分析麦汁或成品啤酒的一种选择。当然，处于一定条件下的结果将是独一无二的，如煮沸时间、麦汁浓度等条件。酒花利用率的准确测量条件还包括：在酒花添加到麦汁中时，测量其α–酸的含量（无论它们是什么形式）。出现在酒花包装上的α–酸数值可能是收获时的含量，也可能是加工后的含量。在批发商或啤酒厂贮藏和运输酒花的过程中，α–酸的数量会发生改变。HPLC分析法比分光光度法或电导分析法更加精确，也更为昂贵。

IBU的估算是几种算法的一个综合结果，因为每添加一种酒花，都要用单独的计算公式来计算。

拉里·西多尔是一名行业资深人士，他于2012年年初离开了德舒特啤酒厂，并开办了自己的啤酒厂。他说："我在华盛顿的奥林匹亚啤酒厂酿酒时，我会每周花一天时间来混合酒花。在那时，奥林匹亚啤酒厂使用的是整只锥形球果。在创建IBU之后，实验室也开始使用IBU，并不断校验。我有一个只做样品的伙伴，他每次做10个不同的样品。"使用混合酒花来酿造具有一致IBU

水平的啤酒，其香气和风味也有所提高。

在发酵过程中，异α-酸的损失见图7.2。

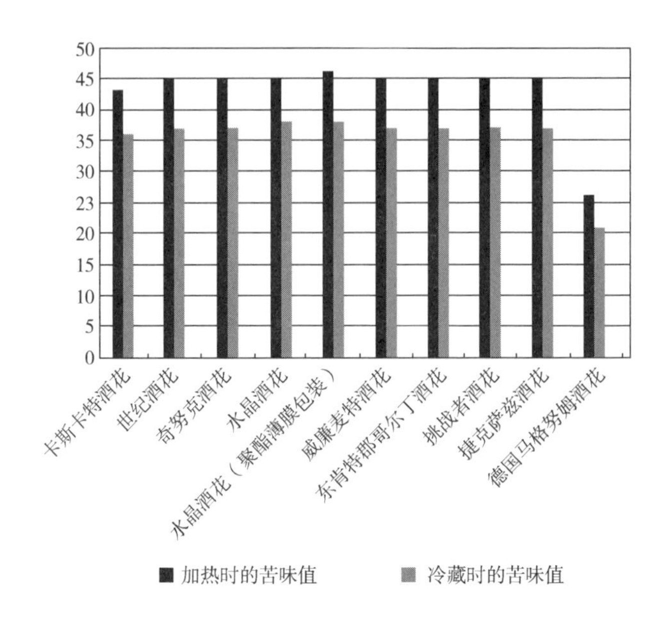

图7.2　在发酵过程中，异α-酸的损失

在啤酒发酵和过滤的过程中，成品啤酒中残留的异α-酸含量将会进一步减少。内华达山脉啤酒厂的汤姆·尼尔森准备了一份有关于酒花香气的研究报告，他也测量了麦汁和成品啤酒中的IBU，图7.2指出在发酵的过程中，苦味值下降了20%。马特（Matt Brynildson）说："在一次剧烈的发酵过程中，火石行者啤酒厂损失的异α-酸甚至更高。"

2009年，加利福尼亚的巨石啤酒厂酿造了一款强劲的、高酒花含量的啤酒——"13周年爱尔啤酒（*13th Anniversary Ale*）"。在发酵之前，麦汁苦味值为130IBU，但在啤酒装瓶后，苦味值只有100IBU。巨石啤酒厂酿造负责人米奇·斯蒂尔（Mitch Steele）说："发酵过程中IBU的下降是由于液体的pH从5.3下降为4.5，导致异α-酸的溶解度下降，因此某些苦味物质凝固且分离出来，然后被酵母吸收[8]。"酿酒师估测，在啤酒厂可能会损失大约50%的异α-酸，在发酵和装瓶的过程中又会损失20%的异α-酸。

在2012年，处于研究中的SBU方法使用了固相萃取法（而不是溶解法）来收集这些能够使用分光光度计测量到的化合物，一个简单的公式得出了一个SBU的数字。在2011年，俄勒冈州立大学首次进行了一项研究，研究表明，在

HPLC的测定中，SBU与异α–酸的含量关系比IBU与异α–酸的含量关系更加密切，SBU和感知苦味之间也存在着很强的关联[9]。邵尔海默实验室在2012年的夏天和秋天进行了第二次国际研究。

7.4 准备，设置，开始添加酒花

位于俄勒冈州的德舒特斯啤酒厂将“酒花巨石阵实验性IPA（Hop Henge Experimental IPA）”描述为“每年逐步增加IBU的实验性啤酒”。2008年，德舒特斯啤酒厂生产了一批243IBU的啤酒，在实验室的发酵罐中检测到117IBU，瓶装啤酒仅含87IBU。第二年，当酿酒师粉碎大麦芽制成糖化醪时，他们每桶投放了1lb（0.454kg）的亚麻黄酒花和卡斯卡特酒花[10]。酿酒大师拉里·西多尔从来没有考虑糖化醪中加入了多少IBU，他明白这是毫无意义的。

现如今酿酒师所做的增加酒花的影响，过去无人尝试，即在糖化锅过滤的过程中添加酒花[11]或在煮沸过程中定时添加酒花。1995年，德国酿酒杂志《酿造世界》（*Brauwelt*）报道了“头道麦汁添加酒花再现”，记录了许多德国啤酒厂在头道麦汁中添加酒花，并尝试在糖化过程中添加酒花。事实上，过去的英格兰和比利时酿酒师也在煮沸之前添加酒花。

自1985年以来，琼–玛丽·罗克（Jean–Marie Rock）一直是奥瓦尔–特拉普斯特修道院的酿造主管，他说，比利时啤酒厂在20世纪70年代停止了这种做法。罗克于1972年开始酿造，他首先在Palm啤酒厂酿造贮藏啤酒，其后又来到梅赫伦（Mechelen）的拉梦特（Lamot）。当啤酒酿造大师史蒂芬·保韦尔斯（Steven Pauwels）建议他们在配方上合作时，他马上就知道他想要重新使用这一非现存的技术。为了酿造强劲的比尔森啤酒，即含有8%的酒精含量和30IBU的苦味值，他们在煮沸前加入了三分之二的捷克萨兹酒花。

罗克对结果很满意。他说：“当你晚加酒花的时候，是不可能得到这种味道的，你会感受到一种陈旧的味道，这是我的观点。”保韦尔斯是一位于1999年在美国密苏里州堪萨斯市工作的比利时人，当他了解相关贸易时，获悉了其他比利时酿酒师的一些做法。有人告诉他，要使啤酒保持鲜亮的颜色，就要缩短煮沸时间。他说：“直到后来他们才发现这种酒的香味已经有了，这看起来自相矛盾，当你品尝啤酒的时候，你得到了更多的苦味和更少的风味，这很微妙，而且更新鲜，有时候酒花添加晚，还会得到植物的味道。”

据《酿造世界》报道：1995年，当两家德国啤酒厂试验了在头道麦汁中添加酒花时，他们发现这一过程可使啤酒具有出色的香气。两家啤酒厂都以非常类似的方法酿造了两个版本的比尔森啤酒，两种方法中酵母接种率、酿造水、麦芽数量都相同，也都使用45型颗粒酒花。啤酒厂A向头道麦汁中加入了占酒花总量为34%的泰特昂酒花和萨兹酒花；而啤酒厂B向头道麦汁中加入了占酒花总量为53%的泰特昂酒花。在这两款啤酒中，皆含有较高的苦味值，啤酒厂A的苦味值范围为37.9~39.6，啤酒厂B的苦味值范围为27.2~32.8。

尽管增加了苦味，品尝小组描述道：将酒花投入头道麦汁所酿造而成的啤酒具有令人愉快的味道，且大部分的人会不可抵抗地首选这种味道。气相色谱分析表明：传统意义上的富含酒花的啤酒含有高浓度的酒花香气物质（尤其是里哪醇），但是专家小组称将酒花投入头道麦汁所酿造而成的啤酒，具有非常细腻、圆润、丰满的酒花香气和风味。

该研究的作者总结道："……我们建议向头道麦汁中加入的酒花，至少是全部酒花添加量的30%，之后添加香型酒花。就使用的酒花而言，即使是在改善酒花苦味利用率的情况下，也不应该减少α–酸的数量。品尝结果显示，啤酒的苦味被认为是很好的、淡淡的味道。酒花数量的减少可能会过度削弱苦味，这种好的'酒花风味印象'也会完全消失[12]"。

葎草酮的转移：事实还是虚构？

喝啤酒的人会对酒花产生抵抗吗？俄罗斯河啤酒厂的维尼·奇卢尔佐创造了"葎草酮转移"这一短语（图7.3），之后这家啤酒厂各种各样的服饰用品都标注了该"葎草酮转移"的完整定义。

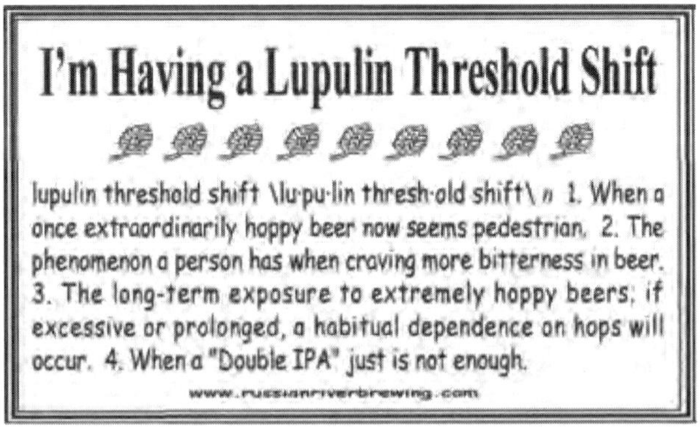

图7.3 "葎草酮转移"的概念

在两年之后的首届国际酿酒师论坛的问答环节中，这个术语出现了。在一场介绍中，相关人员详细介绍了与苦味性质相关的研究结果，一位出席者向邵尔海默解释了“葎草酮转移”这一概念，并将其与辛辣食物进行了类比，他说：“当你习惯吃辣的食物时，你不得不加入越来越多的辣椒来得到同等程度的辣度；依我看来，啤酒与苦味亦是如此。”

邵尔海默回答：“我用同样的比喻来描述苦味这种暂时性的影响和性质上的影响，例如，生姜的辣度与红辣椒、胡椒的辣度不同，就如你所说的‘葎草酮的转移’一样。但是随着时间的流逝，我们并没有看见品评小组成员如何诠释这种转移[Ⅰ]。”

然而，人类嗅觉心理物理学，即人类如何感知气味的研究表明：香气的影响可能会改变。洛克菲勒大学的安德里亚斯·凯勒和同事们发现：在某种浓度下，这种气味的感知会随着时间的流逝而发生改变，并且会依赖于原先的经验，这种现象称为适应，是由于重复和长时间暴露气味而引起的，通常会导致这种气味的阈值升高。虽然这并不完全适用于非挥发性的苦味化合物，但已经证明：当我们在闻酒花香气时，我们的大脑期待着一种更苦的感觉[Ⅱ]，这与我的结论相适应。

注：[Ⅰ] Thomas Shellhammer，ed.，*Hop Flavor and Aroma*：*Proceedings of the 1st International Brewers Symposium*，（St. Paul，Minn.：Master Brewers Association of the Americas and American Society of Brewing Chemists），2009，180.

[Ⅱ] A. Keller and L.B. Vosshall，“Human Olfactory Psychophysics.” *Current Biology* 14，No. 20（2004），877.

因为预煮麦汁的pH较高，且异构化从低于沸点的温度开始，所以测量出较高的苦味值并不令人惊讶，但是当计算利用率时，总体的苦味印象会导致困惑。一些计算苦味的公式表明，将头道麦汁添加酒花作为后期添加量来计算，会导致酒花利用率偏低。在估算异α-酸方面，这些都是错误的，尽管它们对计算结果也有贡献，也大体接近总体的苦味印象。

头道麦汁添加酒花的效果要比煮沸90min的效果更加有效。向糖化锅中添加酒花不是指将酒花加入糖化醪中，在糖化锅中几乎不发生异构化，酒花将会残留在麦糟中。一些酒花进入煮沸锅中，然后与头道麦汁添加的酒花以相同的比例转化成异α-酸。米勒康胜啤酒厂在其中试啤酒厂使用颗粒酒花进行测试，向糖化醪中加入百万分之五十的异α-酸，结果是该批（10桶）啤酒的苦味值为10~15IBU。

俄罗斯河啤酒厂的酿酒大师维尼·奇卢尔佐在其酿造的比利时风格的啤酒中，在糖化醪中添加了酒花，但在该啤酒厂非常有名的高含量酒花啤酒中，并没有在糖化醪中添加酒花。他们酿造了一款名为普林尼老人（*Pliny the Elder*）的双倍IPA，他说："我们并没有发现增加了酒花特点，因为基础的啤酒就是富含酒花的。"当他将酒花投入糖化醪中时，使用了酒花花朵，发现麦汁过滤会更容易。

在头道麦汁添加酒花所酿造的啤酒和在糖化醪中添加酒花所酿造的啤酒可能会提高所谓的"煮沸锅酒花风味"，这种风味在中等酒花添加量的啤酒中更容易被察觉。尽管如此，许多酿酒师认为煮沸之前添加酒花酿造出来的啤酒风味细腻而微妙，即使在添加量较大的啤酒中也能感受到。在煮沸锅中添加酒花时，其风味不容易被描述，这种风味的化学过程并没有完全被确定。皮科克说："我们不知道答案。"甚至在他上高中之前，他已经开始研究酒花油和煮沸锅酒花风味之间的关联性了。

在剧烈的煮沸过程中，这些化合物几乎被蒸发掉了，在寻找蛇麻腺的时候，我们发现了酒花中的糖苷风味化合物，这些化合物提供了复杂的香气和风味的模型。糖苷来源于植物的一种保护机制，其中包括两部分，其一是糖类分子，其二是被称为苷元的非糖化合物。在酒花中，不同的香气化合物扮演着苷元的角色，且多种多样。在剧烈的煮沸过程中，那些不同的苷元精油保留了下来，它们的成分是无气味和不挥发的（所以不能用气相色谱法进行分析），但是不同的酵母菌株会导致个别的糖苷分解，释放出芳香成分，并归入所谓的"煮沸锅酒花风味"中[13]。

许多关于糖苷的早期研究都是在米勒康胜啤酒厂进行的，他们现在使用酒花浸膏酿造了很多啤酒，二氧化碳酒花浸膏由从酒花中分离出的蛇麻腺和不含蛇麻腺的固体组成。米勒康胜啤酒厂的工人发现，一种仅用二氧化碳酒花浸膏酿造而成的啤酒（不含糖苷）缺乏煮沸锅的酒花风味。1978年开始在米勒康胜啤酒厂工作，2011年退休的化学家丁博士（Pat Ting）说："我们认为真正的煮沸锅酒花风味是酵母和酒花的产物，有时候它与酒花油的风味相似，但又不完全一样。"

他停顿了一下，想要寻找最好的方式来描述它们的不同。他说："更新鲜，人们通常无法形容一种酒花的风味，他们把酒花的风味和酒花油的含量联系起来，但是这并不是他们所能描述的。"

丁博士解释说：“这种风味不仅来源于糖苷的水解，也来源于酵母或口腔中的酶和微生物的后续生物转化。”

在米勒康胜啤酒厂的一次圆桌会议上，帕蒂·阿伦（Pattie Aron）曾提出这样的疑问，她知道迄今为止还没有人公布过答案。她问道：“还有另一个领域需要关注，饮用啤酒时如何影响这些分子的风味？假设饮用的啤酒中存在糖苷，那么啤酒在一个充满酶和其他可改变化学成分的口腔里会发生什么呢？”

当在S. S. Steiner公司工作，帮助美国颗粒酒花实现现代化的西多尔（Sidor）看见米勒康胜啤酒厂的研究结果时，他产生了很大触动。在45型颗粒酒花的生产过程中，他看到了剩余的绿色物质，闻到了空气中的香气，他说：“当你没有闻到这种风味的时候（显然来自于糖苷），这种啤酒是不适于饮用的，你有许多闻起来不错的啤酒，然后你走到它们中间开始想，‘哇，香气到哪里去了？’”

在米勒康胜啤酒厂拥有的众多酒花专利中，有一种是将糖苷从酒花锥形球果的植物部分和酒花植物本身中分离出来。只使用CO_2酒花浸膏和下游产品的酿酒师可能会发现：为了酿造出具有煮沸锅酒花风味的啤酒，他们需要一种“糖苷添加物”，这种风味很自然地出现在使用传统酒花所酿造的啤酒中，但是使用酒花锥形球果或颗粒酒花的酿酒师仍然能从糖苷所发挥的重要作用中获益。举例来说，德国的研究人员发现在他们所研究过的5种不同的酒花品种中含有相同的苷元，但是在糖苷的数量上又有着明显的区别[14]。当研究人员研究更多的酒花品种和酵母菌株时，他们似乎发现了更多的差异。

在煮沸过程中，制定酒花添加规则与拿刀具格斗的一样明确，在2007年关于啤酒酒花风味和香气的首届国际酿酒师论坛中讨论了关于不同酒花添加方式的意义，S. S. Steiner公司的迪特玛（Dietmar Kaltner）说：“我认为，应该区分开来，即在新式的煮沸系统中煮沸60min、70min或更少的时间，而在老式的煮沸系统煮沸90min，此时，进行三次添加酒花更有意义。如果煮沸时间为60min，最好采用两次添加酒花工艺。为了突出酒花风味，在煮沸开始时添加苦型和香型酒花，再在煮沸结束或回旋沉淀槽中添加所需数量的细腻的香型酒花。在煮沸初期，之所以同时添加香型酒花与苦型酒花，其原因是为了获取一些不确定的苦味物质，在香型酒花中苦味物质含量往往较高，这些对苦味特性有着积极影响的苦味物质需要一个确定的煮沸时间，若在煮沸结束时添加，苦味物质就很难融入麦汁中。但对于酒花配方来说，并没有什么通用规则，每一种啤酒都有不同的酒花添加方式[15]。”

1897年，《酿酒师手册》（*A Handy Book for Brewers*）的作者W.E. Wright首次向读者们提供了许多标准建议，他建议采用三次酒花添加方式，并提出了一种备选方案，“另一种方式有点繁琐，但却是一种值得推荐的方式，这种方式是将酒花分成许多份，为了避免争论，可以考虑分成10份，然后将煮沸时间也分成10段，每过1/10的煮沸时间就加入1/10的酒花，要记住在最后的1/10煮沸时间段中，添加当天酿造最好的酒花并煮沸半小时左右，或者在麦汁打出时添加酒花[16]。”

这似乎是“连续添加酒花”的先驱，该酒花添加方式在特拉华州角鲨头（Dogfish Head）精酿啤酒厂已滚瓜烂熟。创始人萨姆（Sam Calagione）说，他从一位电视厨师中汲取了灵感，这名厨师建议在均量的汤中添加均量的作料，以获得更丰满的风味。气相色谱并没有检测出啤酒的酒花风味有多么好，但是煮沸60min的IPA（*60 Minute IPA*）是该啤酒厂最畅销的啤酒，煮沸90min的IPA（*90 Minute IPA*）和煮沸120min的IPA（*120 Minute IPA*）也供不应求。

在角鲨头啤酒厂的里霍博斯（Rehoboth）海滩酿造酒吧中，萨姆拿来了一个塑料桶和从救世军（Salvation Army）买来的一个振动电子足球游戏，用于向一批（5桶）煮沸60min的IPA啤酒中定时添加酒花。当啤酒厂在其生产设备上开始生产煮沸90min的IPA时，一位酿酒师将会监控煮沸锅，在麦汁煮沸的90min内不停地添加颗粒酒花，一个机械漏斗（被称为Sir Hops Alot）可以自动化实现该过程。当角鲨头啤酒厂用100桶的酿造系统取代了50桶的系统时，酒厂增加了一台Sofa King酒花添加系统，这是一种气动装置，以固定管路与煮沸锅相连。

角鲨头啤酒厂也不停地使用酒花酿造一款名为我的安东尼娅（*My Antonia*）的啤酒，这是一款与意大利德尔博戈（del Borgo）啤酒厂合酿而成的啤酒。德尔博戈啤酒厂没有“酒花炮”这一设备，因此当罗马东部的啤酒厂生产这种啤酒时，酿酒师必须在整个煮沸的过程中一直站在煮沸锅旁边，以定时添加酒花。萨姆说：“Leonardo di Vincenzo啤酒厂的创始人Leo告诉我，当他们酿造啤酒的时候，每个人都在诅咒我。”

Di Vincenzo啤酒厂酿造了几款富含美国酒花的啤酒，其中包括*ReAle Extra*啤酒，即*ReAle*啤酒的“错误”版本。他说：“他曾经忘记添加酒花，但那时他几乎完成了一批*ReAle*啤酒的酿造，然后，在煮沸结束还有5min的时候，他把配方中所有的酒花全部加入煮沸锅中。现在再酿*ReAle Extra*啤酒时，都是在距离煮沸结束还有10min的时候，向煮沸锅中添加所有的酒花，使用的酒花数量是*ReAle*啤酒的三倍。”

美国的家酿师给这个技术起了一个名字："酒花炸弹"，这相当于将所有的（或几乎所有的）酒花都在距离煮沸结束20min内添加到煮沸锅中。由于利用率较低，有时酿酒师会使用大量的酒花，甚至超大量的酒花。目前，很少有以这种方式酿造出的啤酒的分析，无论是从技术层面，还是啤酒厂的感官评判，但是它的影响力与在回旋沉淀槽中加入酒花或者使用酒花回收罐类似。

用新鲜酒花进行酿造

以新鲜酒花、湿酒花酿造的啤酒，或者无论什么名字，都能吸引酿酒师和饮酒者。资深酿酒师约翰· 哈里斯说："我们销售了西北部的大部分酒花。"俄勒冈州和华盛顿州的酿酒师会为它们打分，并在每个周末都会庆祝，而且它们的影响是全国性的。

酒花联合公司是最大的新鲜酒花供应商，但并不是唯一的一家，该公司在 2011 年卖出了 120 包"绿色酒花"，快递在第二天就能送达。此外，全国各地的啤酒厂都有当地种植的酒花和新鲜采摘的酒花。

酒花必须在几天内使用，最好是采摘后的一天内用完，否则它们将会腐烂。为了酒花的苦味，那些没有途径得到大量新鲜酒花的酿酒师有时会使用干酒花，通常情况下为颗粒形式，保存湿酒花是为了在晚期添加或在后期发酵时添加。

这项研究追踪了在酒花采摘之前的几天里，精油是如何在几天内发生戏剧性的改变的。研究结果表明，湿酒花和烘焙酒花一样不含有相同的氧化成分，与干酒花相比，湿酒花可能产生不同的气味化合物。不幸的是，关于新鲜酒花的相关研究还没有发表。宁卡斯（Ninkasi）啤酒厂的合伙人杰米 · 佛洛依德（Jamie Floyd）说："这不是一种对酿造的科学探究，分析每年生产一次的啤酒的经济效益在哪里？"

俄罗斯河啤酒厂的维尼 · 奇卢尔佐采用新鲜的紫苏和干燥的紫苏进行酿造，并类比了它们的不同。他说："两者都有很大贡献，但是当你添加湿紫苏时，你会得到更多新鲜的香气和风味，因为煮沸时间较长，在煮沸过程中要定时补水。湿酒花有甜瓜和青草气息，青草气息有点长相思白葡萄酒（Sauvignon Blanc）的味道。"

1996 年，内华达山脉啤酒厂在美国开始生产最具影响力的湿酒花商业啤酒，现在被称为北半球收获爱尔啤酒（*Northern Hemisphere Harvest Ale*）。酿酒大师史蒂夫· 德莱斯勒也将其归功于许多酒花批发商和酒花指导者，杰勒德 · 莱门斯（Gerard Lemmens）告诉史蒂夫 · 德莱斯勒，早在 1992 年年初，沃德沃斯（Wadworth）酿酒公司使用一种哥尔丁酒花酿造了一款啤酒，从那时起该公司每年都酿造麦芽和酒花（*Malt & Hops*）啤酒。

已故的迈克尔·杰克逊（Michael Jackson）形容该啤酒“一开始有着轻微的麦芽甜，然后有一股清新的、提神的、胶质的、如橙子般的风味，最后令人吃惊的是其持久的、清新的、能够激发食欲的苦味”。在内华达山脉啤酒厂使用湿酒花酿造啤酒的前三年，杰克逊写道：在美国遥远的西部，他只能想到一家啤酒厂，这家啤酒厂酿造了一款新型啤酒（*bière nouvelle*），但却不记得是哪家酒厂酿造的了。

当然，许多酿酒师致力于研究酒花的影响，尽管啤酒不一定要像那些使用干燥酒花酿造出的啤酒一样苦。哈里斯说：“为了品尝和感受酒花，你必须投放比例合适的酒花，如果啤酒太苦，你就无法体会到新鲜酒花的细微差别。”

德莱斯勒表示同意。他说：“我真的很想要香味，新鲜就是它的意义所在。如果你试着通过添加更多酒花增加苦味，你将会在一开始得到一种如青草般的叶绿素味道。”

拉古尼塔斯啤酒厂的杰里米·马歇尔（Jeremy Marshall）每年都会注意到这些。他说：“当我品尝发酵了 12h 或 24h 的啤酒时，我所尝到的就是叶绿素的味道。用湿酒花酿造的啤酒在首次发酵 12h 后，味道尝起来像雪茄。由于有雪茄的味道，我降低了湿酒花投放量，然后开始品尝，就没有雪茄的味道了。”

尽管像内华达山脉啤酒厂和科罗拉多分水岭（Great Divide）啤酒厂这样的酿酒师成功地生产了有合理保质期的瓶装湿酒花啤酒，但大多数都是桶装生啤酒。

哈里斯说：“我认为湿投酒花啤酒的分解速度太快，故无法将它们装入瓶子里。一个月的时间，它们就会变成不同的啤酒。”

7.5 煮沸后酒花的添加

为了增加酒花的香气，最初的构想既不是将麦汁流入酒花回收罐，也不是向回旋沉淀槽中加入酒花。传统观点认为，麦汁发酵前需要进行冷却，要使用酒花回收罐滤掉麦汁中的酒花糟和热凝固物。传统的酒花回收罐通常出现在英国的大型地区啤酒厂，它有一个沟槽的假底，其设计的目的在于可以使用完整的锥形酒花球果，将麦汁输送到酒花回收罐中沉淀，这样就会在假底上形成一层酒花过滤层，如此可以将新鲜酒花投入至酒花回收罐中，然后再将麦汁输送至酒花回收罐，酿酒师既可以将新鲜酒花固定于过滤层，又可以增加新鲜酒花的香气。

德国制造商罗莱克（ROLEC）的客户包括了美国几家大型的精酿啤酒酿酒厂，该公司制造了一款名为HOPNIK的设备，其工作原理类似于酒花回收罐，另一款名为“DryHOPNIK”，主要用于地下酒窖的酒花干投。第一款使用鲜酒花，第二款使用颗粒酒花。宾夕法尼亚州的胜利啤酒厂是第一家购买HOPNIK设备的啤酒厂，该设备取代了原先设计的一种室内大型容器，并取名为HopVic。胜利啤酒厂使用HopVic作为过滤器，为几款啤酒赋予了酒花香气，其中包括：第一比尔森（*Prima Pils*）、酒花恶魔（*HopDevil*，一种IPA）和起源浅色爱尔（*Headwaters Pale Ale*），它们都是在煮沸锅和发酵罐之间加入酒花的。

因为酒花干投系统（HOPNIK）无法满足啤酒厂的需求，所以胜利啤酒厂安装了HopVic，胜利啤酒厂希望能快速地提高产量来达到增加酒花香气的目的。事实上，IBU上升了大约10%，因此罗恩·巴切特（Ron Barchet）为了降低IBU，便在煮沸的后期加入这些酒花，同时增加了啤酒香气和风味强度。巴切特说：“在添加酒花的啤酒中，这些改进能够达到目的，即使是那些几乎较少添加酒花的啤酒也能够快速通过HopVic，达到提高酒花香气和风味强度的问题，这也能更好地让回旋沉淀槽发挥功效。”

酒花干投系统包括一个圆柱锥形罐，罐体有两层壁，内部装有筛板。酒花和麦汁进入罐内，麦汁通过筛板，酒花则留在其内部。麦汁以部分正切的方式流入罐内，以增加酒花的浸提率，并避免堵塞筛板。罗莱克的沃尔夫冈·罗斯（Wolfgang Roth）说：“我们看到了酒花回收罐回归的趋势，从美国的精酿工厂开始，这种趋势正向世界的其他地区转移”。

其他使用酒花干投系统的啤酒厂还包括英国的索恩桥啤酒厂（Thornbridge）和明太啤酒厂（Meantime），以及科罗拉多州的奥德尔啤酒厂（Odell Brewing）。明太啤酒厂通过使用酒花干投系统向啤酒中加入所有酒花，他们期望在回旋沉淀槽中能达到14%的利用率，在酒花后添加时实现12%的利用率。

没有一项研究比较了这几款啤酒，即使用酒花回收罐酿造而成的啤酒和使用其他突出酒花香气和风味的方法酿造而成的啤酒，但是酿酒师自己也经常对这种差异进行评论，其中包括来自英国地区啤酒厂的酿酒师，如哈威斯啤酒厂（Harveys）和黑绵羊啤酒厂（Black Sheep），以及来自美国啤酒厂的酿酒师，如奥德尔啤酒厂、德舒特斯啤酒厂、图格斯（Tröegs）啤酒厂和胜利啤酒厂。

2011年，德舒特斯啤酒厂和林荫大道啤酒厂（Boulevard）合酿了一款啤酒，这款啤酒同时兼具比利时白啤酒风格和美国IPA风格。每家啤酒厂都有着自己的制造系统，当啤酒厂交换试验性的一批啤酒时，林荫大道啤酒厂的保韦尔斯立即意识到了其间的差异，他说："我们使用颗粒，他们使用酒花花朵且有酒花回收罐，他们可以在酿酒车间做更多的事情，我们不得不使用更多的干投酒花，这对于我来说是一次教训，它告诉我，除了酒花之外，你如何能够利用好酿酒车间，以得到更多。"

回旋沉淀槽是用来除去酒花糟和其他蛋白质凝固物的，也可以增加酒花风味。火石行者啤酒厂的Brynildson报道说："当将新鲜的颗粒酒花投入回旋沉淀槽中时，酒花的利用率能够提高22%，为了能够提高酒花的利用率，颗粒酒花投入的时间应当晚一些，酒花与热麦汁的接触时间应尽可能最短，即最好少于一个小时。在啤酒中，这种利用率将会由于特殊的麦汁浓度和高含量的酒花浓度而减少。"他说："保守来说，我认为麦汁浓度在11.5~12.5°P的啤酒的酒花利用率应能达到15%。"其他啤酒厂（包括酿造酒吧）将他们自己酿造的啤酒送去分析，也得到了相似的酒花利用率。

Brynildson说：HPLC分析显示在啤酒中能够溶解的非异构化α-酸具有相当可观的数量，它们既可以促成风味，也可以影响IBU的分析，结果显示与干投酒花所酿造而成的啤酒相比是类似的，这并不令人吃惊。

为了确定哪一步投入酒花的过程可以最有效地产生酒花的风味和香味，Rock Bottom啤酒集团旗下的35家啤酒厂酿造了同一款啤酒，即印度浅色爱尔IPA，但是最终加入酒花的时间和酿造方法是多变的，这次试验使酿酒师对于不同的酒花投入方案所产生的影响产生了更好的理解。Van Havig是那时候的一个地区酿酒师，他组织并报道了这个项目。

无论是煮沸90min，还是煮沸30min，每家酿酒厂添加的酒花数量都相同，随后采用了四种酒花添加方式之一：①在煮沸结束时，添加1lb/桶（0.45kg/桶）的亚麻黄（含8.4%的α-酸）酒花，整个煮沸时间为50min；②在煮沸结束时，添加1lb/桶（0.45kg/桶）的亚麻黄酒花，煮沸时间为80min；③在煮沸结束时，添加1.5lb/桶（0.675kg/桶）的亚麻黄酒花，煮沸时间80min，或干投1.5lb/桶（0.675kg/桶）的亚麻黄酒花；④干投1lb/桶（0.45kg/桶）的亚麻黄酒花，煮沸时不加酒花。

由34名经验丰富的品酒师组成了一个感官小组，根据7个特点对啤酒进行了评估：感知到的苦味、酒花香味的强度、酒花风味的强度、麦芽的特性、柑橘味、水果味和青草味。Havig在评估结果时警告说：这些都是具有强烈酒花香气的啤酒，而亚麻黄酒花是一种非常有特色的酒花。尽管如此，研究结果在统计学上具有显著意义，并得出了以下结论。

（1）长时间的煮沸比短时间的煮沸可以形成更多的酒花风味、香气和感知到的苦味，这支持了最初的假设。Havig写道："这与精酿师们普遍的观点相一致，即易挥发的酒花油在热麦汁中会迅速地挥发，因此，在接近煮沸结束时加入最终的酒花之后，要尽可能立即进行冷却，其目的是保护麦汁中所存在的酒花风味和香气。"

（2）长时间煮沸会比干投酒花产生更多的酒花风味，酒花的风味最好在煮沸锅里煮出来。

（3）苦味的检测与酒花的香气或酒花的风味之间没有明显的关系，但是苦味的感觉与酒花风味或酒花香气之间有着重要的相互关系。Havig写道："这个结果也带来了一个问题，这个问题是将IBU作为一种测量富含酒花特点的啤酒或者IPA类型啤酒的方法，其有效性怎样？"

（4）将晚投酒花和干投酒花相结合所酿造的啤酒比晚投酒花所酿造的啤酒会产生更多的酒花香气。然而我们发现，采用干投酒花技术会降低收益[17]。

难怪在许多的啤酒厂，干投酒花已经变得如此重要了。

参考文献

[1] Thomas Shellhammer, ed., *Hop Flavor and Aroma: Proceedings of the 1st International Brewers Symposium* (St. Paul, Minn.: Master Brewers Association of the Americas and American Society of Brewing Chemists, 2009), 175–176.

[2] Val Peacock, "Percent Cohumolone in Hops: Effect on Bitterness, Utilization Rate, Foam Enhancement and Rate of Beer Staling," presentation at the Master Brewers Association of the Americas Conference, Minneapolis, 2011.

[3] Sarah Ellison, "After Making Beer Ever Lighter, Anheuser Faces a New Palate," *Wall Street Journal*, April 26, 2006.

[4] H. Kajiura, B.J. Cowart, and G.K. Beauchamp, "Early Developmental Change in Bitter Taste Responses in Human Infants," *Developmental Psychobiology* 25, issue 5 (1992), 375.

[5] J. Hayes, M. Wallace, V. Knopik, D. Herbstman, L. Bartoshuk, V. Duffy, "Allelic Variation in TAS2R Bitter Receptor Genes Associates with Variation in Sensations From and Ingestive Behaviors Toward Common Bitter Beverages in Adults," *Chemical Senses* 36, vol. 3 (2011), 317–318.

[6] D. Intelmann, C. Batram, C. Kuhn, G. Haseleu, W. Meyerhof, and T. Hofmann, "Three TAS2R Bitter Taste Receptors Mediate the Psychophysical Responses to Bitter Compounds of Hops (*Humulus lupulus* L.) and Beer," *Chemical Perception* 2 (2009), 131.

[7] Shellhammer, ed., 164–165.

[8] 这个配方为想要复制13周年爱尔啤酒（13th Anniversary Ale）的酿酒师提供了方法，配方一共需要5lb/桶（2.3kg/桶）的酒花，其中包括：加入1.5lb/桶（0.68kg/桶）的奇努克酒花（Chinook，含13%的α–酸），煮沸90min；煮沸结束时，加入奇努克酒花1lb/桶（0.45kg/桶）；然后干投酒花1.5lb/桶（0.68kg/桶），保持7d；然后弃掉酒花，再干投0.5lb/桶（0.23kg/桶）的酒花，再保持7d。

[9] Thomas Shellhammer, "Techniques for Measuring Bitterness in Beer," presentation at the Craft Brewers Conference, San Diego, 2012.

[10] 当我在微博上发布这一信息时，@robbiexor回应道："在制麦时忘记加入酒花，就让卡斯卡特酒花与大麦杂交吧"。

[11] 加州的绿色闪光啤酒厂采用回收的加酒花的麦汁进行糖化和洗糟，采用这种方案酿造的啤酒，称之为味蕾杀手。

[12] F. Pries and W. Mitter, "The Re–discovery of First Wort Hopping," *Brauwelt* (1995), 310–311, 313–315.

[13] Shellhammer, ed., 35.

[14] H. Kollmannsberger, M. Biendl, and S. Nitz, "Occurrence of Glycosidically Bound Flavor Compounds in Hops, Hop Products, and Beer," *Brewing Science* 59 (2006), 84.

[15] Shellhammer, ed., 47.

[16] W.E. Wright, *A Handy Book for Brewers* (London: Lockwood, 1897), 317–318.

[17] Van Havig, "Maximizing Hop Aroma and Flavor Through Process Variables," *Brewers Association of the Americas Technical Quarterly* Master 47, no. 2 (2009), doi: 10.1094/TQ–47–2–0623–01, 4–6.

8

第 8 章

酒花干投

现有大量方法，但目的均相同：增加酒花香味

1961年，16岁的保罗·范斯沃斯进入杜鲁门、汉伯里、巴克斯顿所属的伯顿啤酒厂做学徒，开始了他的啤酒职业生涯。当时啤酒厂已经采用干投酒花的方法制作优质的爱尔啤酒。干投酒花时，他们通常在酒桶中添加2oz（56.7g）的哥尔丁酒花。范斯沃斯说，“（干投）需要3个人配合，其中一个人手持铜漏斗，一个人拿着袋装的酒花，一个人手持棍子将酒花捣碎塞进桶里，三个人缺一不可。”

1966年，范斯沃斯离开啤酒厂去大学学习酿造工艺，正式告别了学徒生活，成为英国第一批啤酒酿造培训班中的一员。在大学里，他学的专业是微生物学，于1973年获得了伦敦大学博士学位。1976年，他见证了英国啤酒厂技术发展的进步（例如，当年的拉格啤酒开始使用酒花提取物）。回到美国后，他看到了更多酿造技术的革新，他决定花一年时间进修博士后，并一直坚持了下来。

范斯沃斯在杰克·麦考利夫开始从事酿酒不久后参观了新阿尔比恩酒厂，在加利福尼亚北部参观完内华达山脉啤酒厂，之后为《酿造学》（*Zymurgy*）杂志写了一篇报道。在各个大学任教的这些年里，他在全世界建立和装配了50个啤酒厂和发酵工厂，帮几十家啤酒厂建立了质量控制程序，传授酿造技术，自己也偶尔酿酒。在英国时，他的工作内容之一是计算酒花经酒花分离器干投后会在下一批次的煮沸罐中产生的苦味值。他发现，在美国，酒花的使用不是很精细节约。

“美国改变了干投酒花，酒花添加方法发生了很大变化。”他说。

酒花对啤酒风味的影响见图8.1。

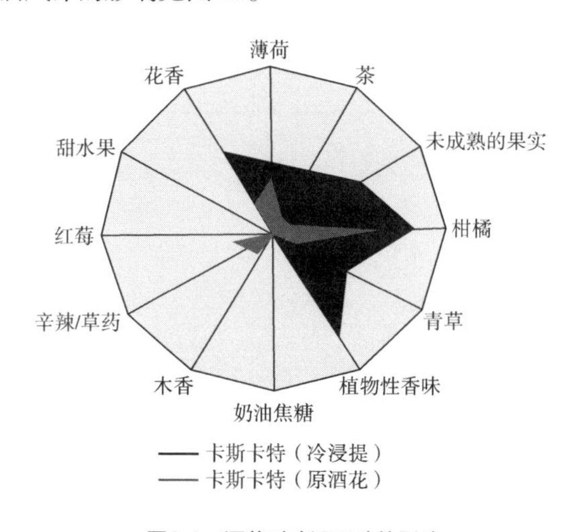

图8.1　酒花对啤酒风味的影响

注：原酒花和冷浸提条件的区别说明了干投卡斯卡特酒花对啤酒风味的潜在影响，该图由约翰巴特哈斯父子集团提供。

干投酒花不会产生干燥炉烘焙的特殊香气，《酒花香气概要》（*The Hop Aroma Compendium*）一书中有章节解释了酒花在冷水浸提后香气的变化。随着干投啤酒的需求增加，酿酒师需要考虑寻找更多新的方法来使啤酒保存住香气。大批量干投的效果和在酒桶［少于11USgal（3.785L）］中直接添加的效果是不同的。

詹姆斯·奥托利尼是圣路易斯啤酒厂的老板，他经常被别人亲切地称呼为奥托，实际上他也是一个固执的家伙。他说：“从工艺效率的角度来看，干投酒花是相对愚蠢的，但恰恰是这些人愿意尝试各种方法才让啤酒保持酒花香气。”这家啤酒厂最名声大噪的一款啤酒叫施拉夫利（*Schlafly*），相比较而言，啤酒厂的名字却并不被太多人所熟知。奥托利尼说：“我们其实都是啤酒方面的怪才，换句话说就是挑剔的艺术家和务实的科学家的结合体。”

他们针对施拉夫利啤酒已经试验了12种不同的干投操作，包括将酒花倒入容器的顶部或将其研磨成粉这些最盛行的方法，除此之外，尝试更多的是一些不被经常采用的方法。“这一切都是基于对啤酒的热爱。我们喜欢它吗？消费者会喜欢它吗？这只是一个方面。”奥托利尼说，“作为科学家，还想知道它里面蕴含的奥秘，我们既是浪漫主义者也是技术工作者。”

在英国，向桶中添加酒花的操作源于19世纪早期，虽然那时还没有提出干投酒花的概念。直到1796年，E. 休斯在著作中写道，“在你准备饮用啤酒的前几天，可以在你的啤酒或小酒桶中再投入一些酒花，可以发现这些重新加过酒花的啤酒变得澄清而且不会很苦，并且可以防止啤酒变酸。相关实验结果也进一步验证了以上提到的益处[1]。”

近年来，不同啤酒酿造教科书中都提到了向桶中添加酒花可以帮助澄清啤酒，并延长啤酒的保存期，并且经过1835名酿酒师亲身验证，证实了干投酒花的确会增强啤酒的香气。在《实用酿造专著》（*A Practical Treatise on Brewing*）一书中，威廉·查德威克建议在桶中保留一部分酒花，他写到：“可以发现干投酒花给啤酒带来了令人愉悦的芳香气味和好的风味，比经过煮沸的酒花带来的香气要好得多，同时还能延长啤酒贮藏期[2]。”

在禁酒令颁布几年后，几家美国啤酒厂利用进口酒花进行干投，并宣扬这种啤酒优良的品质，使用的酒花种类很多，偶尔也会使用萨兹酒花。巴兰坦IPA在这些干投啤酒中独树一帜，当然它的成名是有原因的。20世纪50年代，P. 巴兰坦和桑思一年中酿造了500多万桶啤酒，这其中就有一部分是IPA。这种啤酒的酒精度高达7.5%，苦味值是60IBU，有时候甚至会更高。在啤酒厂，酿酒师从酒花中蒸馏出酒花油并将其添加到贮酒罐中。

1971年，在福斯塔夫啤酒厂收购了巴兰坦后，公司关闭了纽瓦克市啤酒厂并将产品转移到了罗德岛的纳拉甘西特啤酒厂。一开始的时候，酿酒师继承了这种添加蒸馏酒花油的做法，但是这种做法很快就发生了改变。取而代之的是，他们在干投之前将纯金酒花（之后是布鲁尔的哥尔丁酒花和美国的雅基玛酒花，一种成簇的酒花）进行研磨干投。安德森说：“我们把酒花研磨成介于玉米片和木屑之间的颗粒状态[3]。”采用这种做法之后，啤酒厂很快将酒的苦味值降到了50IBU，甚至到45IBU，酒精度降到了6.7%。蓝带公司在1975年购买了福斯塔夫，1979年将产品转移到印第安纳州的福特韦恩，大多数当地的消费者感觉到巴兰坦IPA的特征发生了很大变化。

今天，干投酒花是指在发酵罐、后贮罐或者酒桶中添加酒花的操作。20世纪早期，在发酵过程中添加酒花考虑更多的是经济成本，而不是为了提高风味和香气。沃尔特锡克和亚瑟凌在《酿造原理和实践》)(*The Principles and Practice of Brewing*)一书中提到了2个专利:“为提高酒花利用的经济性,H.W.盖茨建议进行酒花干投时,在发酵罐中放入一个壁上带孔的圆柱体容器,里面放上鲜酒花,之后利用泵将啤酒从发酵罐底部抽到圆柱体容器上部注入圆柱体。停止抽酒液时,酒花需要塞满有孔的圆柱体,随后在发酵过程中不断搅动。A.J.墨菲也设计了一个装置,在带孔的顶端和底部平板之间,由许多竖直的带孔的管子或者圆柱体组成,每根带孔的管子或圆柱体顶端留有孔隙,这是为了给发酵液充气或者添加香料和其他注入物,这种装置可以用于干投啤酒。在干投过程中,装置要在液体中交替上升或下降[4]。”

现在的啤酒厂很少在主发酵过程中干投酒花。在伦敦的一个啤酒厂里,富勒根据不同品牌的啤酒采取不同的操作步骤,有时在发酵开始时添加颗粒酒花,有时在结束的时候添加。有的酿酒师可能会将酒花装入棉袋中丢入后贮罐或者在桶中投入颗粒酒花(100粒)。例如,酿酒师在做奇西克苦啤酒的时候在发酵罐中使用目标酒花,在后贮罐和桶中投哥尔丁酒花。酿酒管理员德里克·普伦蒂斯说,每一种方法都会酿造出不同特征的啤酒,这些特征更多地是被尝出来的,而不是在实验室测出来的。

1991年年末,施拉夫利在圣地亚哥路易斯的街区开业,成为美国第一批定期供应桶装啤酒的啤酒馆之一。酒吧的共同创始人之一丹·库普曼,从他当时的居住地苏格兰海运来了很多空桶和颗粒酒花。“干投酒花使桶中增添了新元素。”奥托利尼说。使用整花干投可以使啤酒更好喝(但这会使操作更困难,酿酒师会将桶放到地上,之后搭建支架,再将桶放在架子上,所以接到杯中的啤酒仍有酒花味)。

施拉夫利一直在酒吧和Bottleworks(一家饭店)经营干投的桶装酒,酒吧的干投啤酒在酿造时是通过后贮罐顶部的安全阀往桶中添加颗粒酒花的,“这需要通过梯子爬到8英尺(2.44m)高的地方,然后再通过吊带吊到25英尺(7.62m)高的空中。”奥托利尼说。在大型啤酒厂里,啤酒罐往往更高,出于安全的考虑,一般不使用这种办法。

自从2003年Bottleworks饭店开业以来,他们做了一系列的试验,包括用锤式研磨机研磨酒花之后将其添加到后贮罐中,用软管清洗盛放酒花的容器(“酒花宝盒”)中,让酒花像钟摆那样在啤酒中来回地交替。Bottleworks饭店里干投酒花采用全酒花或者颗粒酒花。

在这之前,他们还尝试过一些别的方式。例如,施拉夫利率先在比酒桶大的容器内干投，酒吧的酿酒师史蒂芬·海尔将颗粒酒花塞满可过滤的袋子，并用拉链系住，再将其投到酒厂的发酵池中。当Bottleworks饭店的设备启用的时候，酿酒师开始寻求更加有效的方法。他们用整酒花在透明的罐中试验，但是发现酒花在顶部漂浮的时候液面以上的部分还是干的，由此推测酒花油没有全部浸渍到酒中。之后酿酒师尝试了他们称为“反向法式压滤罐（reverse French press）”的方法，利用不锈钢平板让酒花沉到底部。但是，酒花的浮力让平板提升起来，最终导致平板是干的。“但是大家都不喜欢这个方法，”奥托利尼说，“因为还要将直径6英尺（1.83m）的平板消毒。”

“反向法式压滤罐”（图8.2）是一个装有盖子的通有软管的水槽，它首先尝试了在干投时采用外部容器。酿酒师将酒花放在162英尺（49.4m）高1英尺（0.3m）厚的平板上，每个平板在槽中都设置一个角度，之后将啤酒从后贮罐中用泵注入“酒花宝盒”，而后再循环返回到后贮罐中。然而，他们发现这种又长又矮的矩形设计使罐压很低，而且“反向法式压滤罐”每平方英寸（1平方英寸≈645mm^2）不能承受超过5磅（2.25kg）的重量。虽然它不起作用，但它却是现在施拉夫利酒吧所用的另一套方法中的一个环节，和内华达山脉啤酒厂的“鱼雷”产生在同一时期，虽然没有啤酒厂知道他的试验。

图8.2　反向法式压滤罐

之后，施拉夫利将2个相当于7个桶容量的发酵罐改装成了“酒花火箭”来酿造干投的美国IPA，在锥形体上装上小的过滤板代替了CIP球，一部分用以延伸到酒花床的开槽管来清洗罐体。酿酒师将4小捆共52磅（23.6kg）的整酒花放入一个罐中，使啤酒在相当于200个桶容量的罐和“酒花火箭”间来回循环一个星期。

这家啤酒厂也用颗粒酒花进行干投酒花试验，但是行业内部的反对声很快阻止了这种做法。“这些持反对意见的人表示，整花和颗粒酒花的效果是不一样的。我们做了一个3人小组测试（盲评试验），证明两者没有区别。”奥托利尼说。“尽管如此，我仍然感觉持有强烈反对意愿和直言不讳的员工是正确的，我们想让人们用快乐的方式去酿造啤酒。”

2011年，施拉夫利使用“钟摆方法”尝试酿造美国IPA，又被称为AIPA，方法是在3个罐中来回循环啤酒。酿酒师在一个罐里投入酒花，用CO_2净化，然后加入发酵罐的啤酒中，两天以后他们将啤酒转入贮存罐测定产量，检测完将啤酒混合到一个新的罐中，一批酒这样重复3~5次。

AIPA的酒精度是7.2%（体积分数），添加了含有丰富果香化合物的西姆科、世纪和亚麻黄酒花，从而形成了著名的AIPA。啤酒厂在春天和夏天做了5批不同的酒，最后一批啤酒没有采用这种钟摆的方法进行酿造，而是在一个发酵罐中投入颗粒酒花，然后将颗粒酒花浸润在啤酒中并不断循环。“结果酒花的香气很容易变得强烈，”实验负责人马特墨菲说，“我们认为过分强烈的香气也是不合适的。”

最后的这个版本在圣路易斯啤酒爱好者中最受欢迎，他们在当地的互联网上对其大加赞扬。奥托利尼参加了他们的活动，并指出，在最后这款酒中，酒花所含有的所有成分都包含在了啤酒中，也包括一些传统上认为的对啤酒不利的风味物质。

“我们在品评小组那里得到了不同的结果，我们自己喜欢的是传统的酒花香气。我们一直想了解我们究竟想在酒花中得到什么？”奥托利尼说，“作为酿酒师，我们喜欢的并不一定重要。我们喜欢什么不重要，消费者想要什么才是最重要的。”比如那些辛辣的、有刺激性的香气，如2011年的那批啤酒，就添加了额外的酒花成分，受到了消费者的好评。

施拉夫利在2011年12月份改变了酿造工艺，这个方法和本章中描述的悬浮液方法相似但不完全相同。虽然酿酒师利用离心机从啤酒中除去酒花残渣，但奥托利尼调查其他的食品企业时发现，有计划地使用内联旋液分离器的实验结果很有趣，其中的挑战就是如何保持固-液混合组分的密度，因为酒花油和植物性物质的比值是一个浮动的常数，尤其当啤酒厂里混合使用45型和90型颗粒酒花干投时，变动的幅度更加明显。

当施拉夫利酿造小规模啤酒的时候，用这个方法就更简单了。早在2012年的时候，一个转行的酿酒师扎得·威廉姆森，用干投酒花的方法制作了一款只在Bottleworks酒店销售的淡色爱尔。“36小时主发酵后，当啤酒的原麦汁浓度只剩1度的时候，我通过罐顶部的PRV阀门撒下酵母和亚麻黄颗粒酒花，然后盖上盖子。”他解释说，在内部压力达到每平方英寸14lb（0.1MPa）后，啤酒产生了对品质有害的双乙酰，这时他把温度降低，等它们沉降以后再定期投入酒花。

2011年，当俄勒冈州立大学的邵尔海默实验室开始研究关于干投酒花和风味的时候，研究生彼得·乌尔夫调查了小型啤酒厂的干投操作。他很快发现，不同啤酒厂干投酒花的方法是不一样的，包括他们如何添加酒花、在什么温度下干投、酒花使用量、酒花接触啤酒的时间、是否首先将酵母除去和干投2次还是3次等。

“我认为每个人都乐于尝试。你可以不断地调整啤酒以得到更好的香气。”布尔瓦德酒厂的酿酒师史蒂芬·鲍威尔说，他曾主持过2010年芝加哥精酿啤酒会议的小组讨论。那次会议后，布尔瓦德开始在2个阶段进行干投（有时3个阶段），代替了一次性添加酒花。“我们让第一次干投的酒花静置2天，之后把它拿出来，再放进去更多酒花。”他说。

来自科罗拉多的新比利时啤酒公司的酿酒师彼得·波克特是芝加哥精酿啤酒会议的一位发言人。“如果你10年前问我是否参加过干投酒花座谈会，我想你肯定会发笑，”波克特说，“可是现在，在美国，仅2011年IPA的销售额就提高了41%，新比利时的Ranger IPA也是其中的一款。”

在《像修士一样酿啤酒》（*Brew Like a Monk*）一书里，波克特给出了很多建议，这些建议和许多我见过的酿酒师的建议一样有用。“酿酒是一种平衡，”他说，“你必须考虑很多因素，你不能把温度当作唯一的影响因素，这是一个交互的过程，你需要把你酿造的啤酒当作一个整体。”虽然干投酒花会被当作一个相对独立的变量，但是它们的改变也是基于酿酒师的决策。

“你得到什么香气跟你采用什么方法密切相关。”波克特最后说道。

8.1 常见问题

用颗粒酒花干投最简单的方法是打开发酵罐将它们投进去。在20世纪90年代早期，波士顿啤酒公司将中试啤酒厂的贮存罐安上玻璃窗，酿酒师就可以看到颗粒酒花投入后在里面的流动现象了。当他们从罐中多点取样时，发现酒花风味强度有很大程度的下降。“必须保证取样点足够多，才能得到重复性的结果。”大卫·格林内尔说，他是这个啤酒厂的副董事长[5]。

需要提醒的是，许多变量（如干投的速率和温度）不容易控制，还有其他的，比如用于酒花干投的罐，也需要保持不变。“假如我可以从头重新设计的话，我可能会在罐的周围设置一个狭小通道，并且从顶端将酒花投入。”俄罗斯河啤酒厂的维尼·奇卢尔佐说。但是没有这种假设的存在，俄罗斯河啤酒厂在他附近的酒厂中使用酒花炮，通过PRV（减压阀）添加酒花。

小啤酒厂里的默认配置是一个圆锥形的罐，家酿一般适合采用一个大的玻璃瓶，这些配置的改变也会导致许多其他因素的变化。

8.1.1 形式

在俄勒冈州的第一部分研究中，乌尔夫分别用颗粒酒花和整酒花在0℃条件下干投，之后让感官品评小组评价酒花在1~7天内的味道变化，同时使用气相色谱分析啤酒中的酒花成分。品评小组一致认为，酒花颗粒的气味比完整酒花要好，酒花颗粒在气相色谱中显示的所有峰都比整花要高[6]。

酿酒师都知道，颗粒酒花的酒花油和其他组分比整花要溶解分散得更快，所以用酒花颗粒进行干投的结果可能更好。

“20世纪90年代中期，我在安海斯–布希公司做了大量实验，”加利福尼亚巨石酿酒有限公司的总酿酒师米奇·斯蒂尔说，“我们的观点有许多不同，我们利用整花可以得到许多颗粒酒花所没有的花香。我还认为，不同品种的酒花中这些花香也不相同。”

“我相信，酒花颗粒化工艺在过去15年里有了大幅改进。在使用巨石酿酒公司生产的酒花时，我没有发现任何问题。我真的很喜欢我们所得到的酒花特性，我也认为这和使用整花有很大不同，这是一个需要仔细考虑的事情。”加利福尼亚拉古尼塔斯啤酒厂的酿酒师杰里米·马歇尔，非常坦白地承认颗粒酒花有时候会呈现素食主义谈论的一种特征，虽然他们不能清楚地说出来，但我们能明白他们指的是什么，这种差异可以被轻易品尝出来。

8.1.2 温度

在南加利福尼亚州的盲猪啤酒厂，奇卢尔佐第一次做干投酒花操作的时候没有很多选择，唯一可以用来进行干投的是低温箱中的一个发酵罐。他回到北加利福尼亚的俄罗斯河啤酒厂工作后，最初在低温条件下进行干投，他首先将温度升高到11~12℃，“之后我们让温度逐步升高直到发酵温度。”他说。

高温条件下干投酒花加速了提取，许多啤酒厂都在考虑尝试用这种方法以满足干投啤酒的需求。但这种提取方法会提取到不想要的植物性和类似鱼腥味的物质，但对于一个有经验的酿酒师来讲，也许可以通过控制条件来更好地得到想要的成分。

酿酒师在较大的温度范围下均可以酿造出很好的干投啤酒。芝加哥精酿啤酒会议的酿酒师在相对较高的温度下干投酒花，但做出来的酒均不同。

• 巨石酿酒公司采用17℃下干投。“这是依据酵母发酵的温度条件。”斯蒂尔说。他们在整个酿造过程中将啤酒循环三次，在温度急剧下降前，让啤酒结束发酵，并产生大量的二氧化碳。

• 拉古尼塔斯啤酒厂让羊毛状的英国爱尔酵母在21℃进行双乙酰休止，并在相同温度下进行干投。马歇尔说，“大多数的酵母在双乙酰休止时沉降下来，在酒花干投前排出。”

• 新比利时酿酒公司采用12℃下干投酒花，目的是让酵母有活性。

• 内华达山脉啤酒厂用袋子装入整酒花，在20℃条件下干投。当啤酒原麦汁发酵到1~1.5°P，即未达到最终相对密度前开始投入。“让提取物（和酵母）残留很关键，因为即使你用CO_2充入罐体也会有氧气在麻布袋中残留。”酿酒师史蒂夫·德莱斯勒解释说。而酿酒师在两周内降温时，装酒花的袋子还在啤酒里面。

与此对应的是，波士顿啤酒厂在制作Samuel Adams波士顿拉格时，将啤酒从发酵罐转移到贮酒罐时在低温下加入酒花液体（将酒花与除去空气的水混合制成悬浮液）。

在俄勒冈州立大学的一个干投酒花实验中，人们采用在短时间内且在较高温度（25℃）下提取酒花组分。乌尔夫利用颗粒酒花和整酒花进行实验，他收集到了从30min到24h的月桂烯、蛇麻烯、柠檬烯、里哪醇和香叶醇的信息。他发现，干投酒花的萜烯类物质（月桂烯、蛇麻烯和柠檬烯）的提取峰在3~6h达到最高点，之后下降，然而萜烯醇类物质（里哪醇和香叶醇）的浓度在24h的提取过程中持续增加，这是自2012年春天以来进行的一个大规模实验。

8.1.3 数量

数据还是来自芝加哥精酿啤酒会议：

• 巨石酿酒公司用每桶1/3~1.25lb（0.15~0.57kg）的酒花进行干投，是根据每一批的原麦汁浓度来计算的，大多数啤酒用的是0.5~1lb（0.23~0.45kg）。

• 拉古尼塔斯啤酒厂的酒花添加量是平均每桶0.5~1.5lb（0.23~0.68kg），这取决于啤酒品牌。马歇尔说：“如果你每桶加0.5lb（0.23kg），比起加1~2lb（0.45~0.91kg）可以让口味更好，加多了并不代表啤酒口味就好。”斯蒂尔认为酒花添加量和口味并不是线性变化的，“而是会有一个饱和临界值。”罗克博顿啤酒厂的实验也表明当每桶添加1磅（0.45kg）时，和0.5lb（0.23kg）相比口味较差。

• “对于你的添加方法和酒花种类有一个限制。”波克特说，新比利时啤酒厂发现在每百公升啤酒中加入酒花的上限量是35kg。

本书第10章中包含了许多例子。

8.1.4 停留时间和添加量

火石行者啤酒厂的联合杰克IPA获得了2008和2009年度大美国啤酒节的金奖，俄罗斯河啤酒厂的“盲猪”IPA在2007、2008和2009年也获得了大奖。火石行者啤酒厂的酿酒师马特·布吕尼尔松喜欢在短时间内进行酒花干投，酒花与酒接触时间不长于三天；奇卢尔佐酿造“盲猪”时干投酒花与酒接触的时间为8~10天。这2款啤酒每次都能从100多款啤酒中脱颖而出，和2008、2009年评奖嘉宾喜欢“联合杰克”相比，这2款酒引起的讨论更有价值。

这2款酒都干投2次。布吕尼尔松在酿造“联合杰克”时先干投3天，从发酵罐的底部排走酒花和酵母，然后再干投3天；奇卢尔佐在倒罐前5天第二次向“盲猪”中加入酒花，他干投酿造一次俄罗斯河IPA需要5~6天，酿造老普林尼（一款IPA）需要12~14天，也是在倒罐前二次添加酒花。

“我在制作老普林尼IPA（一款酒）时采用了两次干投，”奇卢尔佐说，“这不是用来研究，我们只是尝试一下，看会发生什么。”

他将干投用的酒花分成2份。“你可以闻到一股强烈的清新气味，”他说，“我认为你过早地闻到了干投酒花的效果，我相信苦味很重要，苦味持续时间久了会给予你更多干涩的味觉。”

俄勒冈州立大学的第一轮研究就从侧面证实了上述实验，虽然还需要更多的实验验证。然而，事实证据支持了以上的假设。比如，虽然新比利时啤酒厂干投时的温度比许多酿酒厂要低，提取较慢，但它需要2天时间；拉古尼塔斯酒厂的马歇尔注意到“在24小时后气味会突显出来，在72小时到96小时后味道就没有那么活跃了……当然，你问10个不同的啤酒厂会得到10个不同答案。”

拉古尼塔斯啤酒厂仅干投酒花一次，“我和干投两次的酿酒师开玩笑，”他说，“为什么？因为我懒，我是幸运的，干投一次看起来对我们来说好像就挺管用。”

8.1.5 发酵罐的几何形状

2012年，贝尔在密歇根新开了一家酿酒车间，他改变了之前的许多东西。其中包含酿造“双心爱尔”（two-hearted ale）的干投方式。“我更像一个工程学怪人，”酿酒师约翰·马莱说，“但是我不能打破重力。”

贝尔酿酒车间的酿酒师从罐顶端的一个人孔干投颗粒酒花。“这里有保持连续性的关键设计特性。”马莱说。发酵罐是矮的，因为用的是整酒花，所以可以扩大表面区域以加大啤酒和酒花的接触面积。

“我认为所有的东西都可以随着罐体改变而改变，包括发酵、陈贮以及干投酒花，”他说，“2012年之后在美国和德国进行的研究可能会根据干投酒花的特点给出更好的发酵罐结构的改进建议。”

8.1.6 酵母

大多数啤酒厂在干投酒花之前会将酵母除去，尤其是新繁殖的酵母。德莱斯勒说内华达山脉啤酒厂在酿造时保持酵母活性，不只是为了消耗酒花袋内的氧气，也因发酵过程中会产生其他成分（通过酒花和酵母的相互作用）。“如果在低温条件下，采用锥形罐系统并且没有酵母存在时（后面会描述），我们不会在啤酒中得到许多植物性酯香的物质。”他说。

为了说明酵母的作用，作为酿酒商和美国酿酒商协会的拥有者——史蒂芬·帕克斯让他的学生做了两个实验。一个是含酵母的啤酒，另一个是不含酵母的啤酒，“投入卡斯卡特酒花，”他说，“我应该在过滤前投入还是过滤后投入呢？结果是不一样的，这种实验很容易实现。”

8.1.7 品种

毫无疑问，许多酿酒师都想保持住新投入酒花的气味，比如通过在加热条件下在发酵后期添加或者采用干投酒花的方式，比较常用的酒花有：亚麻黄、西楚和银河。许多美国酒花的气味非常有名，包括所谓的“C”酒花。在2012年春天慕尼黑的一个节日上，6个德国酿酒师用美国的酒花酿造了美国风格的IPA。对于干投酒花的品种选择，应考虑总酒花油成分，尤其是月桂烯和香叶醇的比例。

内华达山脉啤酒厂用新鲜酒花酿造的鱼雷上等IPA的盛行，很快加深了人们对西楚酒花的认知，但是德莱斯勒告诫，“要防止煮沸过度。”酿造的工艺为：在煮沸最初添加马格努姆酒花，之后在煮沸结束前10min再添加马格努姆和西楚，每一个锥形罐里都有马格努姆、西楚和少量干投的西楚。

8.2 悬液法

新比利时啤酒厂的许多发酵罐都很高，只有一部分室内的发酵罐较低。酿酒师需要从门外爬楼梯和梯子，从罐的顶端加酒花，安全是一个棘手的问题。除了悬液制作方法之外，啤酒酿造实验的其他操作步骤与其他不同规模的啤酒厂类似。

新比利时啤酒厂有一个特殊建造的3000升（约25桶）的混合罐，它有一个搅拌桨和一个混合泵，酿酒师在发酵结束后把啤酒冷却到12℃，使其有一个双乙酰休止期，之后离心，并且连接混合罐，他们将20℃的除去空气的酒液和酒花混合，悬液的整个制作时间大约为1小时，然后将其转移到啤酒中。

他们每12小时排一次酒花，48小时后转移啤酒，离心除去酒花，之后冷却到–1℃。

巨石啤酒厂在2011年添置了一个约30桶容量的混合罐，也是密苏里的保罗米勒公司制作的。在这之后，这个混合罐就成了主要的悬液罐，但是老式的3~4桶容量的窄悬液罐也还在酒窖中使用。

“我不知道这些年轻人制作了这么多的干投啤酒。”斯蒂尔说，他2006年进入巨石啤酒厂工作，巨石啤酒厂2007年酿造了69000桶啤酒，2011年酿造了150000桶，大约60%是采用干投酿造的。

“这是一个不错的方法，对于这样的结果我们比较满意，”斯蒂尔说，“但是，随着工作的继续进行，我们觉得这可能不是最好的酿造方式，因为需要付出太多的劳动，每天进行干投是不合理的。”

酿酒师设计一个循环的圆形管路，酒液经400桶容量的发酵罐（有效容积360桶）的按压舱门，流入窄悬液罐，之后从窄悬液罐的底部流出返回到发酵罐的底部，这样酿酒师就可以将一个漏斗放在窄悬液罐的顶部添加酒花，添加量为100~400磅（45.4~181.6kg）。采用这种操作来干投酒花酿造“湮灭”（一款双料IPA）仅需花费半天时间。

同新比利时酒厂一样，巨石啤酒厂中很多新的系统已经投入运营，虽然其他方面（酒花投放、温度和持续时间）都不相同。但是酒花都是一次添加到30

桶的罐中，形成悬液，转移到发酵罐中。它操作简单，花费时间少，而且在封闭系统中进行，可以减少微生物污染并防止氧化。

密苏里的奥法伦啤酒厂在更小规模上使用更简单的悬液方法。首席酿酒师布莱恩·欧文斯添加颗粒酒花和温水到桶的二分之一处，即酵母边缘处，大约加1lb（0.454kg）的酒花和一加仑（3.785L）水。他把混合物通过管体式水塔倒入并分散到发酵罐中。他添加11lb（4.99kg）的酒花到一个15桶的罐内（有效容积为14桶），加22lb（9.99kg）酒花到一个30桶的罐内。奥法伦酒厂酿造的“5天”IPA用5天时间在20℃下进行干投。

8.3 酒花炮

有一种气动装置，可用于分散不同的酒花到以酒花为核心的啤酒中，这个装置被称为“酒花炮”（图8-3）。角鲨头啤酒厂称之为“Me So Hoppy”，俄罗斯河啤酒厂和火石行者啤酒厂都在使用这种装置。马歇尔在芝加哥的精酿啤酒会议小组会议上提供了关于该套装置的制作和操作的完整说明。

酒花炮入门

罐的考虑

• 接收罐必须至少有一个 2 英寸（5.08cm）的开口或者喷出口把酒花喷入。

• 90° 长弯头比标准的 90° 短弯头要好。

• 用口径大的出口管更有优势。

• 可以通过清洗球管排气。

生产和操作

• 容器完成合适的配置，进行压力测试。

• 对容器进行冲洗、钝化和 CIP 处理。

• 充入 CO_2，直到 100% 干燥（水分是充气方法的大敌）。

• 在 CO_2 气体保护下，倒入酒花。

• 密封，然后净化罐体。

• 连接软导管到罐的出口，使气体通过管路流出。罐体在投酒花的时候必须一直处于关闭状态。

• 慢慢打开底部的排放口，以排出颗粒酒花。

• 随着漏斗中的液体变得越来越少，底部排放口可以慢慢开大。

• 首先最好利用大量的小酒花炮，随着操作越来越成熟，慢慢换成大的酒花炮。

• 拉古尼塔斯用 7~8 个酒花炮能输送 88lb（39.95kg）的酒花，压力为 80psi（1psi=6.89kPa）。

• 在 3s 内能输送 10~12.5lb（4.54~5.68kg）的酒花。

• 每次输送都有悦耳动听的声音。

• 大多数时间都用在等待罐的重新加压上。

• 一个有经验的操作者可以在 30min 内输送 88lb（39.95kg）的酒花。

罐的贮藏

• 最好贮存于干投酒花啤酒罐内，并用 CO_2 背压，它可以防止酒花油的氧化和微生物的污染。

• 罐体必须定期清洗干净。

以上材料由拉古尼塔斯啤酒厂马歇尔友情提供。

在观看了利用充气装置将谷物输送到粮仓的输送方法后，拉古尼塔斯决定尝试这种方法。酒花炮不大，它包含两个44lb（19.98kg）的颗粒酒花盒子，所以一定要重新组装和净化多次才能放进大的罐中使用。它是可以扩展的，拉古尼塔斯利用酒花炮将酒花干投到500桶的发酵罐中，产量从2009年的72000桶增加到了2010年的106000桶和2011年的165000桶。拉古尼塔斯用干投的方法制作了90%的啤酒。

“我们以后会用到越来越大的罐，”马歇尔说，“这是一个喷射的过程，酒花会散开而且涌到顶部，从300到500桶的罐，我们会得到相同的性状。如果有什么不同的话，那就是会有更多的香气、更多的提取物。在这个过程中，颗粒酒花会大量沉降，酒体的相对密度也会发生改变。”

马歇尔列出了该系统的几个优点：安全、操作舒适、干净卫生、空间需求较小，并且可以提高啤酒的稳定性（和其他方面一样重要）。拉古尼塔斯测定了啤酒中的溶解氧含量为20~30μg/L以上，甚至当酒花从顶部投入时，有时会有CO_2泡盖形成。用酒花炮，溶解氧含量降低到了4~5μg/L。

俄罗斯河啤酒公司的酒花炮见图8.3。

酒花炮的缺点：只适用于颗粒酒花，或者更小的颗粒酒花。装配酒花炮需要资金投入，并且要用到大量的CO_2，并且需要进行操作培训。

图8.3　俄罗斯河啤酒厂的酒花炮（图片由俄罗斯河啤酒厂友情提供）

尽管这个名字很好听，但布吕尼尔松指出，酒花炮不需要高压来输送，因为这样会有潜在的危险，“它是流动的，没有压力。”他说。

8.4　酒花鱼雷

内华达山脉啤酒厂用两种不同的方法利用整酒花进行干投酿造。一种是用8lb（3.63kg）的酒花袋，当它接触啤酒后重量会比原来重4倍多，把它在罐的另一侧吊住。“庆祝”牌啤酒、“大脚”牌啤酒和其他销量较低的啤酒需要浸泡2周，之后将它们转移到其他罐中，“开始需要在设备上扎紧酒花袋，尤其当我们想制作一款干投一年时间的干投啤酒时。”德莱斯勒说。

20世纪90年代中期，内华达山脉啤酒厂创始人格罗斯曼说，他开始思考研发一个促使啤酒穿过大量酒花，然后再返回的系统，这就成了10年后内华达山脉啤酒厂所说的酒花鱼雷，它看起来就像一边开口的鱼雷。很短时间内，啤酒厂就需要超过12个酒花鱼雷来满足“鱼雷上等IPA”的生产和更新，甚至用800桶的罐和连在一起的酒花鱼雷共同工作。

一个酒花鱼雷可以容纳80lb（36.32kg）的酒花，德莱斯勒说他不喜欢将酒花塞满。用CO_2来充满罐，之后啤酒从整酒花的底部循环到酒花鱼雷的底部，通过酒花鱼雷然后返回罐内。含大量酒花油的啤酒通过一个套管（称为潜望镜），从更高的地方返回罐内。否则，罐底部的啤酒可能变得饱和而且不会存住酒花油。

这个想法出色而简单，虽然执行有点复杂。德莱斯勒说效果会由于温度和流速不同而不同。将“鱼雷上等IPA”循环5天，从20℃开始，在低温条件下结束，相比较酒花袋系统，这种方法更快地提取了所想要的全部酒花油。

在2008年的精酿啤酒会议上，尼尔森强调了饱和度和酒花油层的作用。随着罐内啤酒的排出，干投的酒花袋逐渐外露，袋内充满酒花油的啤酒慢慢滴在啤酒的泡盖上，最终导致最后排出的2%~3%啤酒含有原来两倍多的酒花油，这是由于袋内酒花油滴在泡沫上积累的原因。他笑着建议说，最后2%的啤酒应该被当作一款收藏酒来卖。

瓶内干投

萨姆·卡拉卓尼来自角鲨头精酿啤酒厂，他说，他曾见过的一个称为 Randall the Enamel Animal 的装置（以下简称“兰德尔装置”），这让他产生了“实时干投”的灵感，这是一个可以实现酒花与啤酒全过程接触的装置，也被称为酒花感官传感组件。具体的构造为：在酒桶和酒瓶间设置了一个充满整酒花的过滤器，让啤酒经过过滤器，新鲜酒花的风味便浸到了啤酒里。

在 2004 年华盛顿特区举办的“酒花蛇麻素大满贯”比赛上，卡拉卓尼首先将这个装置公布于众。来自美国东西部海岸的酿酒师开展啤酒竞赛，让消费者投票选出他们最喜欢的一款啤酒，最终角鲨头啤酒厂通过兰德尔装置酿制的“120min”IPA 赢得了比赛。

随后几年里，角鲨头啤酒厂给许多别的啤酒厂建造了数百个“兰德尔装置”，这也促使后来啤酒厂在其网站上发布了要做领域龙头的宏伟计划。2012 年，角鲨头啤酒厂又推出了一种小型的不需要酒头的兰德尔装置，很快被一抢而空，说明书上建议饮用者需要自备一个茶壶或者“法压壶”。

事实上，布尔 & 布什酒吧和丹佛的啤酒厂在角鲨头啤酒厂推出小型兰德尔装置几个月前就已经开始使用相似的东西了。消费者仅仅开始在家酿啤酒中使用，他们从 5 个酒花品种里面选择了一个在科罗拉多种植的酒花，服务员把压碎的整酒花加到称为“酒花煽动者 3000”的法压壶中，使用起来非常灵活。

在布尔瓦德啤酒厂中，工人们开心不起来，这个啤酒厂每年都会用新鲜的奇努克酒花进行干投，酿造季节性的“胡桃夹子”爱尔啤酒。因为啤酒厂连续几年满负荷运转，期间酒罐周转得很快。当一批酒出罐送去包装时，工人们就需要立刻清空酒罐和酒花袋，并把酒花晾干。

这都是因为增加产能带来的变化。在2011年酿造了“胡桃夹子”之后不久，鲍威尔说：“大约6年前我来到这里的时候，看见大家都还端着酒杯，互相兴奋地交谈着，发出‘天哪，太好喝了’的赞叹。”他们尝出了从酒花袋中滴出来的啤酒是什么样的味道，结果就酿造出了“坚果袋子”这款酒，它是留给特殊活动饮用的，偶尔作为啤酒厂品评用酒。

“这样酿出来的啤酒每年都有所不同，”鲍威尔说，“老实说，有些年酿出的啤酒并不是很好，草的味道太重，这跟酒花的质量有关，每年都不稳定。”

参考文献

[1] E.Hughcs，*A Treatise on the Brewing of Beer*（Uxbridge，England：E. Hughes，1976），30–31.

[2] William Chadwick，*A Practical Treatise on brewing*（London：Whitaker & co，1835），56.

[3] Gregg Glaser，“The Late，Great Ballantine，” *Modern Brewery Age*，March 2000.

[4] W.Sykes，A.Ling，*The Principles and Practice of Brewing*（London，Charles Griffin & Co.，1907），522–523.

[5] In an effort to homogenize hop flavor/aroma intensity within a tank，some breweries use CO_2 to keep hops in，or push them back into，suspension.

[6] T.Shellhammer，D.Sharp，and P.Wolfe，“Oregon State University Hop Research Projects” presentation at Craft Brewers Conference，San Diego，2012.

[7] The ROLEC DryHOPNIK is basically a slurry system，using a shear

pump to wet mill hops, which are added to a dosing tank that feeds the milling chamber.It is a closed system and portable, designed to pump more than 500 pounds of hops in an hour.

9

第9章

啤酒中好的味道、差的味道以及臭鼬味

对酒花质量负责

波士顿啤酒公司进行了一项试验，他们将巴伐利亚一家农场的哈拉道酒花干投进拉格啤酒形成了悬浮液，完成了4000英里（6436km）的冷链运输。这件事引起了酿酒协会副会长大卫·格林内尔的注意，他表示酒花在这里受到了“礼遇”。

想要最大化地开发利用酒花必须要有大量的投资，波士顿啤酒公司正是有着雄厚的财力才能做到对酒花的充分利用的，而大多数啤酒公司只能望其项背。拉里·西多尔坦言，这些啤酒厂大都对酒花管理不善。因此，他们应充分了解本书中详细阐述的有关酒花潜在的负面效应的内容，重视对酒花的管理。

波士顿啤酒公司创始人吉姆·库奇表示，目前公司经营的酒花规模非常合适。一方面可以支持工人们尝试更复杂的操作工艺，这对啤酒酿造来说非常重要；另一方面规模不至于太小，可以确保对酒花各方面的工作留有创意的空间。格林内尔进一步解释了这句话的意义：如果公司的酒花规模比现在要小，即使对酒花保持足够的热情，也无法产生现在这样的影响力。

波士顿啤酒公司资助了一项研究，用晚收的酒花进行干投，来探究对啤酒风味稳定性有什么影响。实验所购买的酒花比公认的理想采收日期晚采收了7天，但是这些酒花却含有更高的α–酸含量，高出0.5%~1.5%，酒花油含量也相应更高。

研究发现，用晚收的酒花进行干投可以获得更强烈的香气，将这些酒花与正常采收的酒花混合，客观上提升了全部酒花的α–酸和酒花油含量，这会使酒花酿造价值增加约20%。

干燥也是重要的控制环节。一般来说，造成α–酸和酒花油含量偏低大多是由于烘干操作不当所致的。

科赫说："20世纪80年代的时候，大多数酒花种植户没有温度计来控制温度，我们就与当地的经销商合作，让他们把我们的标准和要求传达给种植户。"

种植户在酒花采收之后将酒花冷藏、打捆、统一造粒，造粒之后继续冷藏。格林内尔说："2000年时，我们能在农场里看到冷藏了好几个月的酒花，有的酒花甚至会冷藏到第二年春季。"

塞缪尔·亚当斯啤酒公司的造粒工人来自德国，他们使用特定工艺，在45型颗粒酒花生产线上生产90型颗粒酒花，酒花粉末和那些微量的植源性物质在45型颗粒酒花中浓缩富集得更好，但这些植源性物质在90型颗粒酒花中的绝对含量更高。生产45型颗粒酒花时，首先在约–35℃的超低温条件下做速冷处理，然后将颗粒酒花粉碎，尽量多地保留住酒花原料，这个过程使大部分完整的蛇麻腺得以保留，去除了一些粗物质并形成了更细的颗粒，可以更好地分散在干投酒花悬浮液中，离心时也更容易分离。

45型颗粒酒花所占存储空间更小，蛇麻腺释放时更加高效。这些浓缩的蛇麻腺对实际生产的意义重大，但45型颗粒酒花并不能包含酒花中的全部蛇麻腺。格林内尔说，我们要做的是致力于利用全部的蛇麻腺，让酒花发挥更大的价值。

颗粒酒花在运输前保持冷藏，运输过程中采用低温集装箱，抵达美国后继续冷藏。

波士顿拉格啤酒经历主发酵后，进入后发酵阶段，此时使用酒花悬浮液进行干投，制作酒花悬浮液时需要在冰冷的、脱气后的水中轻轻地将其混合均匀，格林内尔强调在灌瓶之前务必隔绝氧气。波士顿啤酒最初的干投工艺是简单地向发酵罐中加入颗粒酒花，酒花悬浮液最初也尝试过使用温水来泡制，但是效果都不好。

"在最初采用这种干投工艺时，我们在啤酒中发现了一种令人非常不悦的气味，”格林内尔说，“但是在现在的操作下，我们闻到的是新鲜酒花的特征香气。”

格林内尔表示，只有从实际操作的各个细节上进行优化，才能提高香气效果，并估计干投操作能使啤酒的酒花香气强度提高15%~20%，这样可以用更少的酒花达到相同的香气强度或者更好的效果。

格林内尔和科赫一起采选酒花已经20多年了，每年酒花收获季，仅在德国他们就会评估500多个酒花种植地，通过一系列指标来对酒花进行打分，包括酒花的物理性质、香气的品质和强度等。他们发现，香气强度和晚收时间之间有很强的线性关系。

这些晚收的酒花外观虽然不是最好的，但却得到了波士顿啤酒公司的青睐，在他们资助开展的一项研究中也确实验证了格林内尔和科赫嗅闻的效果。格林内尔和科赫与酒花种植者进行交流，并向他们解释了为什么要延迟采收酒花，你会看到那些种植户听完之后对我们的提议非常赞同。格林内尔说，种植户逐渐认识到一旦他们采纳了这种做法，第二年酒花会生长得更好。

酿酒商除了支持研究之外，还应该承担更多责任。格林内尔说：“比如必须清楚认识到德国和美国酒花种植结构之间的差异，慎重选择种植的酒花品种，督促种植户更专业地进行酒花的栽培。”

弗兰茨·沃尔哈夫（Franz Wöllhaf）在泰特昂当地的农业部门工作，2011年酒花收获前几天他走访了当地的酒花研究站，主要谈到他的专业领域——农业经济和植物保护方面的问题。他表示，在不同的日期采收酒花这个想法让人眼前一亮，带来的益处也是显而易见的。泰特昂的几个种植户在前一天晚上还与波士顿啤酒公司的人员进行了洽谈，可以看出他们对香气的重视程度。

格林内尔说：“我们采选酒花的指标主要还是酒花油，我们必须设法保持酒花油含量的稳定，即在运到目的地之后仍保持和在农场时一样的水平。”

近年来，供应酒花的农场大多数位于德国和英国（英国种植户将酒花打捆包装，船运到德国，采用统一的工艺为波士顿啤酒公司生产颗粒酒花），因为塞缪尔·亚当斯啤酒几乎没有使用过美国酒花。科赫对酒花的不愉快风味非常敏感，他表示：“美国酒花行业发展的速度比我想象得要快，与此同时，我们也一直在对一些之前不太重视的经典酒花进行开发，育种工作者不遗余力地研究如何提高酒花α-酸含量、增加贵族酒花香气的强度。我们对贵族酒花兴趣浓厚，并不在乎出多高的价格。”

塞缪尔·亚当斯公司的纬度48 IPA啤酒包含了5种生长在同一纬度的酒花：

哈拉道中早熟、东肯特哥尔丁、西姆科、阿塔纳姆和宙斯，后三款酒花具备典型的美国酒花风格。2011年，啤酒酿造商设计了一组实验，将包含5种酒花的啤酒分装成12小瓶，其中2瓶由5种酒花共同酿制，由5种酒花分别酿制的啤酒各2瓶。评鉴人员很容易品鉴出由西姆科、哈拉道中早熟品种2种酒花酿制的啤酒风格迥异，阿塔纳姆和哥尔丁2种酒花酿制的啤酒风格差异较小。巧的是，由德国经典的哈拉道中早熟品种单一酒花酿制的IPA在当年“美国啤酒节”的英式IPA小类中还获得了金奖。

2011年，在酒花收获季几个月之后，格林内尔表示已经为美国以及南半球地区种植的酒花做好了准备，他将在几个月后去这些地区采选酒花，包括许多啤酒爱好者热衷的外来酒花品种。他强调，重要的是这些酒花的香气辨识度，酒花的形状无关紧要。

“我们还是应该回到现实问题上，怎样才能做到品质的一致性？其实外来酒花对品质的影响并不大。”格林内尔说。

9.1　酒花质量团队：一个学习的过程

波士顿啤酒公司是优质酒花联盟（Hop Quality Group，HQG）的12个成员之一，这个组织由各地的啤酒厂组成。在2010年成立之初，他们认识到美国精酿啤酒厂需要和酒花种植者进行有效沟通，并承担起控制酒花香气质量的责任。HQG徽标上的标语是“精油比苦味更重要”，成员们在谈论到这个问题时往往会更通俗地说“香气比苦味更重要”。

马特·布吕尼尔松（Matt Brynildson）作为美国酒花种植户的代表，在世界各地的酒花生产基地参观调研，发现世界市场对美国酒花中“特殊”香气的兴趣日渐浓厚。他表示，“关于美国酒花，我们对需要知道的知识知之甚少，甚至可以说，对如何生产出高质量的酒花一无所知”。

在2010年美国酿酒大师协会年会上，正式开展了关于组建酒花质量联盟的讨论。皮科克在1989—2008年一直在安海斯-布希公司担任酒花技术经理，他退休后，酒花品控部门与公司之间产生了一些沟通交流上的问题，同年安海斯-布希公司和英博公司合并，新公司叫停了1987年制定的实地规划项目。在这个项目停止后，酿造商随即意识到原先的项目对保持酒花的香气质量大有益处。

贝尔啤酒厂的约翰·马里特（John Mallett，后来担任HQG联盟主席）对皮科克评价非常高，称他是最富经验的酒花从业者。联盟的创始成员做的第一件事就是让皮科克继续担任技术顾问。

联盟成员在筹建会议上提出了机构的几项首要目标：

（1）与酒花种植户沟通交流，明确啤酒酿造商对酒花的具体要求，而不只是简单地说不关心α–酸。

（2）重点资助关于提高酒花风味和香气品质的研究。第一个资助项目就是，在2010年酒花收获之后，主要研究干燥工艺和降低烘焙温度对酒花油含量和品质的影响（澳大利亚酒花制品公司的研究表明，降低干燥温度、延迟采收时间，有利于酒花香气的保持）。

（3）为种植者拟定最佳操作指南。正如干燥过程研究的一样，联盟计划将研究成果提供给所有酒花种植户和啤酒酿造的同行。

（4）向所有农场传递一种信号——酒花是一种食品。

（5）参观农场和酒花加工厂。

（6）赞助“卡斯卡特杯”比赛，每年种出最好卡斯卡特酒花的种植户将收获殊荣（在其他种植酒花的国家，如英格兰和德国，每年都会进行酒花评比，把奖项颁发给种植酒花最好的种植户，美国直到20世纪60年代中期才第一次获得该奖项）。

“我从中受到很大启发，”皮科克说，“我一直在关注那些大的啤酒酿造商，而忽略了众多的小型酿酒商，他们的需求会有所不同。”例如，在酒花干投时，酒花接近原始形式，没有经过煮沸杀菌，因此卫生问题对这些啤酒厂来说是个棘手的问题。

俄勒冈州种植户盖尔·高石也为这个联盟的成立和皮科克的到来感到非常兴奋，他说，重新归来的皮科克也一定正踌躇满志，他支持并期待着皮科克落实他所有关于酒花的好想法。

9.2 颗粒酒花：易贮存也易变质

美国西部加利福尼亚州奇科市的内华达山脉啤酒厂为分布在美国东西部的酒厂建有酒花贮藏间，这些贮藏间虽然空间足够大，但是也只用于即存即用。大部分酒花仍然还是被保存在各家啤酒厂的地下室里，这些地下室储量巨大，设置温度较低，一般为冷冻温度。一些较为易碎的品种，如水晶酒花和西楚酒花，被保存在更小的聚脂薄膜包装内，低温冷藏。

一年贮存期间平均α–酸损失见表9.1。

表 9.1　　一年贮存期间平均 α– 酸损失（20℃）

产品	损失
整酒花	最大到 100%
颗粒酒花	10%~20%
CO_2 提取物	2%~4%

大多数啤酒厂都将酒花加工成颗粒的形式，这样占用的空间更小，方便长时间贮存，但是仍然需要加倍小心。造粒工艺破坏了蛇麻腺，颗粒酒花中的苦味和芳香化合物的氧化速度比完整全花中快3~5倍，因此加工工人将它们包装在密封袋（通常是铝箔包装）中，包括充N_2/CO_2的软包装和真空硬包装。

皮科克在2010年酿酒师大会上做了一次报告，简要地给酿酒师们提出了几点操作规则：

（1）包装完好的颗粒酒花在–3℃冷冻5年或者在4.4℃下冷藏2~3年可以保存大部分的α–酸，香气变化比α–酸的变化更快，但在–3℃时香气相对稳定。

（2）未包装的颗粒酒花贮存效果比全花差得多，因此开袋后，用铝箔包装的颗粒酒花要尽快用完。卡斯卡特颗粒酒花在10℃下可以保存两周，在–3℃下可保存5周，如果温度更低，保存时间会更长。拆分后重新密封比原始包装对酒花的保护效果会差，但对酒花香气仍有一定的保护效果。

皮科克提醒酿酒师在运输过程中酒花品质可能发生劣变，他引用了阿德里安·福斯特（Adrian Forster）2002年在《酿造世界国际版》（*Brauwelt International*）上发表的文章，下面是一些要点：

（1）在低温贮存期间，挥发性弱的香气成分可能增加，导致产生溶剂气味，在较高温度下溶剂气味更加明显。贮存期间气体的形成会导致包装胀气，气体过多会胀破包装；即使包装不破裂，内容物也可能被损坏。

（2）避免酒花贮藏在25~30℃的温度环境下。

（3）德国的研究还关注了远程运输中的问题，卡车在太阳照射下（或停留了一个周末后）温度会很快从35℃上升到50℃。研究确定，如果持续时间不到5天，25~30℃的温度是可以接受的；持续时间不到两天，30~35℃相对安全；而35~40℃的温度对酒花来说会造成较大的影响；高于40℃则不可接受。

（4）酿酒师可以轻易发现箔片破裂或胀袋，但是酒花包装在低温存放的时候漏气一般不明显，在使用时检查每个包装至关重要。变质的颗粒通常会变得更鲜亮，像新鲜的绿色蔬菜，并且闻起来有溶剂味或草木味。

9.3 多酚和酚类化合物

多酚和酚类化合物在啤酒风味和稳定性方面的作用很复杂，多酚的存在会同时产生积极和消极的影响。啤酒中的多酚约70%来自麦芽，酒花的α–酸越低，多酚的含量可能会越高。例如，低α–酸含量的海斯布鲁克酒花与高α–酸含量的马格努姆酒花相比，均能够向麦汁中提供足够的α–酸，但是海斯布鲁克酒花比马格努姆酒花的多酚多了近11倍。多酚含量的差异取决于α–酸含量和酒花品种。

酒花多酚具有抗氧化性，可增强啤酒的风味稳定性，抑制那些与老化相关的不良化合物的形成。酿酒师在实际工作中也发现，酒花多酚会引起啤酒的非生物浑浊。美国部分地区的啤酒消费者认为，他们对轻微浑浊的干投酒花啤酒是可以接受的。然而，在美国的其他地方或其他国家，胶状浑浊被认为是酿酒中的“事故”，一般会选择使用聚乙烯吡咯烷酮（PVPP）来澄清，但是这样就失去了多酚带来的益处。

由于在啤酒酿造中引入了酒花提取物及异构化产物，全球大部分啤酒中保留的多酚含量在过去50年里大幅减少，同时酒花中α–酸含量增加，苦味降低。

福斯特在第一届国际啤酒酿酒师研讨会上发表了一篇论文，其中解释了酒花中风味和香气物质对啤酒的影响。当酿酒师欲将啤酒的苦味从20~25IBU降低到18IBU，他们将α–酸的添加量从100mg/L减少到60mg/L，有趣的是，多酚的含量从50mg/L降到了4mg/L。他表示在许多啤酒中，酒花多酚的性质已经丧失，在大多数情况下，这种情况也许并不是刻意造成的。

他认为这与食品行业的发展趋势背道而驰。他说：“葡萄酒良好的口碑与所含的健康多酚密切相关，可惜的是，消费者对啤酒的定位比葡萄酒要低。事实上，除多酚之外，啤酒中的异α–酸和异黄腐酚也表现出潜在的健康益处，低苦味值啤酒的流行趋势与酒花的潜在健康益处相矛盾。”

在以上的讨论中，酿酒师使用哪种形式的酒花并不是主要问题。在设计啤酒配方时，酿酒师们需要考虑使用酒花还是酒花制品，后者的多酚含量更低，在某些情况下，酿酒师们正需要这一特点。

9.4 “臭鼬味”及进口啤酒的氧化味均是缺陷

许多啤酒饮用者将“日光臭”与进口啤酒联系起来，并且认为它是一个“正面”特征，而啤酒酿造者则认为这种受光影响而产生的味道与预期的香气和风味相冲突，带来的是负面的影响。德国化学家卡尔·林特纳（Carl Lintner）在1875年第一次描述了这种气味，将其命名为“日光臭味”。20世纪60年代，日本的Kuroiwa和他的同事验证了这种味道主要来自异戊烯基硫醇（MBT）。MBT在光敏剂核黄素存在下，会挥发出类似于臭鼬喷出的液体的味道，MBT是异葎草酮类物质光分解的产物，检测阈值极低，在阳光直射下生成速度非常快。如果在阳光明媚的下午你在户外饮酒，到最后你可能会闻到这种味道。

Kuroiwa的工作表明，可见光中的蓝光能最有效地促进产生轻微的日光臭味，因此在实际中通常用棕色瓶来盛装MBT，透明的瓶子没有保护效果，绿色瓶子保护效果有限。大部分啤酒厂通常想要将部分品牌的啤酒包装在透明或绿色玻璃瓶中，结合使用高端的酒花产品来抑制MBT的形成。但是最近的研究又发现了2种由异α-酸经光照后生成的日光臭味化合物，并且在由高级酒花酿造的啤酒中也发现了这些物质，这使得光稳定酒花产品的概念变得不严谨。

以传统方式使用酒花的酿酒者认为，异α-酸经光照后会产生日光臭味。小桶和易拉罐包装能很好地避光，棕色瓶子避光效果最好，尤其在远离光源时抑制效果更好。

9.5 有人喜欢稍微老化的酒花，有人喜欢老化很久的酒花

酒花的氧化始于酒花全花，此时的酒花往往还和酒花茎秆连在一起，这些氧化的化合物有助于形成理想的酒花香气，包括那些被称为高贵酒花香的啤酒香气。一般来说，捆包完好的酒花在转移到冷库或加工成另一种形式之前会在农场的环境温度下放置至少6~12周，经历一个陈化的过程。许多啤酒厂一直

青睐这种适度老化的酒花，这就和宗教信仰一样，皮科克说，这样，酒花中的苦味物质会发生不同程度的老化，有些酿酒师对由此产生的香气化合物很感兴趣。他把这些与烟草加工的过程进行类比，也就是说酒花本身并不存在这种化合物，这些物质是由后期老化过程产生的。

比利时的酿酒师们在拉比克啤酒中使用这种老化酒花的历史更长，他们使用的酒花闻起来有点像是乳酪或者甜品的味道。日本的研究证实，晚收的酒花不仅减少了α-酸含量，而且给啤酒带来额外的柑橘和果香特征。岸本英太郎在他的博士论文概述中写道，在发酵过程中，酯的合成是由短链的酸作为底物合成的，而这些酸由葎草酮或蛇麻酮的氧化降解产生。

日本研究人员酿造了4款啤酒，使用了2种不同的酒花，其中2款啤酒采用了晚收的酒花，这些酒花在40℃下贮藏了30天，另外2款啤酒采用常规酒花（4℃下贮存）。具体操作为：煮沸开始时分别添加新鲜酒花和延迟采收的酒花进行煮沸；在麦汁冷却后，再分别采用这2种酒花进行干投，以增加香味。

研究发现，在采用老化酒花酿造的啤酒中，很多水果型酯类化合物的浓度得到了强化，特别是2-甲基丁酸乙酯（柑橘苹果香）、3-甲基丁酸乙酯（柑橘-甜苹果香）和4-羟基苯基-2-丁酮（柑橘-覆盆子香）的强度。但是青草味、酒花味、树脂味（如月桂烯）的强度却都降低了。岸本英太郎发现，采用晚收酒花酿造的啤酒整体化合物的平衡发生了改变，啤酒更凸显了柑橘香气的特征。

虽然氧化通常对酒花的香气没有多少益处，但对特定酯类感兴趣的酿酒师以及那些酿造传统的拉比克啤酒的啤酒厂却可能通过调控氧化程度得到他们想要的香气。

9.6 干投酒花和风味稳定性

酒花提供啤酒中的香气和风味，并保护这些特征直至消散。酒花干投或其他任何在后发酵过程中的添加都使整个反应变得更加复杂。酿酒师在木桶中干投酒花或者酒馆老板销售啤酒，他们与这些啤酒接触的时间都很短，不需要考虑运输或者长期贮藏对啤酒风味稳定性造成的影响。

New Glarus酿造公司的丹·凯里（Dan Carey）表示，令人愉悦的酒花香气就像运动员的腿，会首当其冲。他觉得，当使用了大量干投酒花的啤酒老化后会发生两种情况，要么开始产生令人不悦的风味，要么这种愉快的气味大量挥发消散。

在第二种情况下，所得到的啤酒风味可能仍是令人愉快的，但是已经完全失去了啤酒原始的特征，第一种情况酒体已被完全破坏。Carey认为，他个人完全不能接受卡斯卡特酒花氧化后的味道出现在啤酒中。

波士顿啤酒公司和巴特–哈斯集团资助了一项研究，是关于采收时间对干投啤酒的风味稳定性的影响。比利时针对延后添加酒花对啤酒风味稳定性的影响也进行了深入的分析，探究了拉格啤酒中酒花香气掩盖由氧化反应引起的“老化风味”的作用。

德国的研究评估了哈拉道中早熟酒花品种在哈拉道地区4家农场的生长情况，研究为期3周，在5个不同的时间点进行了试验评估。试验发现，最后一个时间点采收的酒花酿造的啤酒风味稳定性略好一些，但随着贮存时间和温度的升高，45天后各组啤酒之间的差异变小。啤酒的香气和风味与酒花生长地息息相关，稳定性也是一样。苦味强度随着贮存时间的延长和温度的增加没有显著降低，研究者们提出啤酒的香气可能使人们对苦味的感知产生了一定的变化。

比利时的研究者发现，常规颗粒酒花和高级酒花产品延迟采收后，都降低了老化醛类化合物的含量。作者写道：“这一发现表明酒花香味可以掩盖老化的味道。”（前文提到晚投酒花酿造的新鲜啤酒中的挥发性香气很多）。

比利时最近的研究发现，风味的稳定性可能是由多种因素造成的，某些品种用来干投效果更好，而其他品种的酒花适合在煮沸后期加入。来自Proef啤酒厂和“酶与发酵酿造技术实验室”的工作人员评估了在Proef酿造的6款只使用单一酒花的啤酒。其中3款在煮沸后期添加酒花（记为后投），另外3款采用干投酒花，分别在1个月、3个月和6个月后分析和评估这些啤酒的品质。

干投啤酒中，月桂烯的含量要高得多，并且随着啤酒的老化而下降，而在后投酒花的啤酒中，月桂烯的含量保持相当稳定；葎草烯和石竹烯含量变化规律也是一样的；干投酒花的啤酒中蛇麻烯环氧化合物的总量略高，且在老化过程中没有显著变化；一般来说，这些啤酒中里哪醇的含量会有所增加。

6个月后，有2种干投酒花啤酒中的史垂克醛（水果味、甜味和蜜饯味）和糠醛（杏仁味）含量要高得多，将这2款酒记为干投A和干投B，醛含量较低的记为干投C，这2种醛类物质被认为与啤酒风味老化相关；同样与此对应的，后投酒花的啤酒也被记为后投A、后投B和后投C。试验发现，与干投A和干投B相比，后投A和后投B中的溶解氧和瓶颈氧含量较低，而后投C的溶解氧与干投啤酒差别不大，瓶颈氧高于对应的干投啤酒。专业的品评小组成员发现，贮藏1个月的啤酒均没有发生明显的老化，而在6个月之后老化差异显现出来。与后投A、B相比，专家小组成员对干投A和B的老化程度打分更高（品质更差），但是后投C比干投C的分数高得多。毫无疑问，所有小组成员表示均偏爱老化分数较低的啤酒。

研究人员得出结论，增加的酒花干投步骤对单一酒花酿造的啤酒风味稳定性的影响与酒花品种密切相关。另一方面，异α-酸的降解产物与酒花油衍生物之间的反应以及与老化相关的醛类物质的相互作用都是一个非常复杂的问题。在啤酒老化时表现出的分析变化和感官变化中，氧的含量是否起着重要作用尚不清楚，但无论如何，与其他干投啤酒相比，干投C显示出明显增强的感官风味稳定性。需要进一步研究才能确认这些观察结果，并阐明这些有趣结果潜在的生物化学原因。

Proef的伊凡·博伊曼斯（Yvan Borremans）通过电子邮件解释说，他们暂不打算透露研究的酒花品种，因为他们想尽快地发布更详细的结果，迄今为止这个结果只是通过使用单一酒花干投获得的。因此，在确认所观察到的现象之前，他们更倾向于谨慎地分享更多的详细信息。

风味稳定性实际上表现为两个方面，即随着时间的推移，一方面，理想风味的下降，另一方面，不愉快风味的增加。在所涉及的每对风味活性化合物之间可以形成各种协同和拮抗（掩蔽）效应。显然，鉴于啤酒中发现的大量化合物，对这些影响的评估是非常复杂的。溶解氧的确对于异α-酸和脂质的氧化降解有着重要的意义，可以有助于形成稳定的香味。但是，溶解氧不能解释所有的问题，正如干投和后投啤酒中糠醛的变化一样，不能给出有力的解释。我们希望把这些机理研究清楚，但现在进行详细描述还是不现实的。

本书没有描述到的大部分包装也可能会对香气产生影响。“衬垫也会消除香气，”内华达山脉啤酒厂的汤姆·尼尔森表示，“当我打开啤酒时，我做的第一件事就是闻一下瓶盖内的衬垫的味道。”内华达山啤酒厂发现酒瓶的衬垫会消除啤酒中大量的香气化合物，因此与别的公司合作对盖内的衬垫做了一些改进。

啤酒在装瓶后的头3天中，产生花香、辛辣味和木质香气的化合物会显著下降，因为它们从酒体中迁移到了顶部空间，进一步被瓶盖的衬垫吸收，最终可能进入大气。比如在装瓶3天后，均一酿制的IPA可能含有相同水平的月桂烯，成为淡色的爱尔啤酒。在接下来的几个星期里，香气消退的速度取决于许多因素，包括贮存温度和啤酒在运输中晃动的程度。

“衬垫在这里起到了明显作用，”尼尔森说，“但是这样肯定会损失一些香气。”如果在包装中调控溶解氧含量，就会挑选一种主动清除氧气的衬垫，但这也意味着失去更多理想的酒花香气。

4-巯基-4-甲基-2-戊酮（4MMP）是“美国风格”啤酒花香的主要来源，但是特别容易挥发，有的饮酒者把这种气味称为猫一般的风味（在啤酒氧化的早期阶段发现的一种香气），当饮用新鲜啤酒时这种气味是令人愉悦的香气。

美国火石行者啤酒厂酿酒师马特·布吕尼尔松以奇努克酒花为例，解释氧化是如何改变原始酒花的香气的。“这就是葡萄柚新鲜时的辛辣味，我非常喜欢，但是打开包装放在冰箱后，即使在低温下，这种香气也只需很短的时间就可以变成一种类似猫的气味，就像一个肮脏的垃圾箱。”啤酒老化时味道和香气会发生什么样的变化呢？“描述香气是个难题，如果你很懂啤酒，就能很明显地察觉出变化。”布吕尼尔松说。

最好的情况就是，鲜明的酒花香会逐渐消失，或失去主体香气。啤酒中酒花香越突出，啤酒的货架期越短，30天后啤酒的差异就会显现出来，布吕尼尔松非常了解他自己酿造的啤酒，他表示大多数啤酒都需要一直在低温下贮藏。

参考文献

[1] Adrian Forster，“What Happens to Hop Pellets During Unexpected Warn Plaases?” *Brauwelt International* 2003/1，43–46.

[2] Thomas Shellharmmer，ed.，*Hop Flaver and Aroma*：*Proceedings of the 1st International Brewers Symposium*（St.Paul，Minn：Master Brewers Association of the Americas and American Society of Brewing Chemists，2009），123.

[3] Christina Schönbergar and T.Kostelecky，“125th Annicrersary Review：The Role of Hops in Brewing.” *Journal of the Institute of Brewing* 117，no.3（2011），265.

[4] Toru Kishimoto，“Hop–Derived Odorants Contributing to the Aroma Characteristics of Beer，” doctoral dissertation，Kyoto University，2008，72–75.

[5] G.Drexler, B.Bailey, C.Schönberger, A.Gahr, R.Newman, M.Pöschl, and E.Geiger, "The Influence of Harvest Date on Dry-hopped Beers", *Master Brewers Association of America Technical Quarterly* 47, no.1 (2010), doi: 10.1094/TQ-47-1-0319-01, 4.

[6] F.Van Opstaele, G.De Rouck, J.De Clippeleer, G.Aerbs, and L.Cooman, "Analytical and Sensory Assessment of Hoppy Aroma and Bitterness of Conventionally Hopped and Advance Hopped Pilsner Beers," *Institute of Brewing & Distilling 116*, no.4 (2010), 456.

[7] Y.Borremans, F.Van Opstaele, A.Van Holle, J.Van Nieuwenhove, B.Jaskula-Goiris, J.De Clippeleer, D.Naudts, D.De Keukeleire, L.De Cooman, and G.Aerts, "Analytical and Sensory of the Flavour Stability Impact of Dry-hopping in Single-hop Beers," Poster presented at Tenth Trends in Brewing, Chent, Belgium, 2012.

10

第10章 什么在起作用

撇开理论不谈，重要的是杯子里的东西

汉斯-彼得·德雷克斯勒的德国酿酒教育主要关注于下面发酵啤酒，其风格代表是突出酒花风味的德国比尔森啤酒（*Pils*）。他知道巴伐利亚的小麦啤酒酿酒师被称之为怪人，他们把一袋袋的酒花放到煮沸锅旁边，但是却不投进去。此后不久，他去了私营小麦啤酒厂施耐德父子公司（G. Schneider & Sohn）工作，这家最大的啤酒厂仍在沿用严格的传统方法酿造小麦啤酒。

施耐德原味小麦啤酒（*Schneider Weisse Original*）平衡了酯类的水果香和酚类的辛香，苦味值为14IBU，采用了哈拉道地区生长的酒花。正确使用酒花并不困难，但却非常重要，其中一件事是考虑单一酒花的化合物，另一件事情是将几种酒花混合，并与麦芽搭配使用，然后加入酵母。为了广泛地探索不同种类酒花的作用，他们使用了另外大量的篇幅来续写这些内容，这也是这些酒花出现在他们自己书中的原因。相反，接下来的配方说明了一些酿酒师是如何在我们真正关心的啤酒中加入酒花的。

2012年年初，我们有幸使用两种实验性的德国酒花品种进行啤酒酿造，而酿酒大师理查德·诺格罗夫（Richard Norgrove）开始以一种最基本的小麦啤酒为基础。诺格罗夫添加了相当多的酒花，在啤酒酿造结束后含有70~75个IBU（计算值），他将巴伐利亚橘香酒花和北极星酒花以60：40或40：60的比例混合，这两种混合比例取决于不同的添加方法，一种是煮沸初期第一次添加酒花煮沸90min，第二次添加酒花煮沸60min，第三次添加酒花煮沸40min；另外一种方法是将这两种酒花混合物进行干投（在发酵阶段添加）。

他说："我喜欢做多种混合，也许无意间能够改变酒花油的使用。"他所说的是在抽象艺术和肖像艺术的方面，这可能缘于他自己画水彩画，他说："可以用水来稀释或增强水彩画的色彩表现力。"

由于每年的酒花生长年限和酒花生长地区的不同，即使是一种成熟的啤酒配方也需要定期进行调整，比如非常流行的赛车5号印度浅色爱尔啤酒（*Racer 5 India Pale Ale*）。他说："在我的院子里生长的世纪酒花与在房子后面和房子前面生长的世纪酒花完全不同。那么，当酒花发生变化时，我如何让赛车5号印度浅色爱尔啤酒尝起来与原先的啤酒一样呢？"这就是精酿的奥秘所在。

他列出了从2005年就沿用的酒花配方，每批酿造17桶，配方显示了在煮沸90min之间或煮沸90min之后添加的酒花品种和数量。

煮沸90min（初沸时添加）：奇努克酒花和卡斯卡特酒花各 2.5lb（1.14kg）。

煮沸60min（初沸30min后添加）：卡斯卡特酒花和世纪酒花各2.5lb（1.14kg）。

在回旋沉淀槽添加：5lb（2.27kg）卡斯卡特酒花和1lb（0.45kg）亚麻黄酒花。

在前发酵干投酒花：4lb（1.82kg）卡斯卡特酒花和4lb（1.82kg）哥伦布酒花、战斧酒花和宙斯酒花（CTZ）。

在"酒花宝贝"中添加（最后加入后贮罐）：卡斯卡特酒花、世纪酒花和CTZ酒花各1lb（0.45kg）。"酒花宝贝"是干投酒花的容器，熊共和国啤酒厂用8个30桶的酒花宝贝进行酒花干投，每个"酒花宝贝"对应着容积为300桶的罐。

诺格罗夫说："这里有多种方法可以改变口腔中的味觉，从整个过程开始到结束，我的目标就是把所有酒花味觉捕捉到啤酒中，我如何从开始到结束一直对味觉保持兴奋呢？"

赛车5号印度浅色爱尔啤酒包含了许多种类的酒花。拉塞尔（Russell Schehrer）在丹佛的温库谱啤酒厂工作，在他工作的第一年就开始了啤酒酿造的工作。拉塞尔是一个具有开创性的酿酒师，由于他的贡献，美国酿酒师协会授予其年度创新奖。但不到20年前，酒吧酿酒师的数量还很有限。在他和约翰·希肯卢珀（John Hickenlooper）于1988年在温库谱啤酒厂工作的12个月里，他只使用了卡斯卡特酒花、哈拉道酒花（可能是中早熟品种）、泰特昂（可能是美国的）酒花、威廉麦特酒花和纯金酒花。

为了酿造一款印度浅色爱尔啤酒，他在90min的煮沸过程开始时加入了纯金酒花，在剩下的30min里加入更多的纯金酒花，在煮沸结束前5min里加入威廉麦特酒花和卡斯卡特酒花，最后在发酵罐中又干投了卡斯卡特颗粒酒花和卡斯卡特酒花球果，并加入了法国橡木片。

温库谱啤酒厂的酿酒大师安迪·布朗（Andy Brown）在2012年登记了一份含12个酒花品种的清单，他打算定期使用其他实验性的酒花品种，他看了看这些酒花的新名字，坦承自己不太确定将会发生什么。

俄罗斯河啤酒厂的维尼·奇卢尔佐说："实际上，你必须使用酒花酿造啤酒，其目的是通过酒花来分清它们。"当俄罗斯河啤酒厂仍坐落于加利福尼亚的盖尔南维尔时，他开始用一个配方来达到他的目标，并将啤酒命名为*Hop 2 It*。

他说："因为酿酒的配方相同，必须采用相同的麦芽数量和酒花添加量，在那里唯一可以改变的事情就是实际使用的酒花品种和首次的酒花添加量，改变这些只是为了使每批啤酒的苦味值都相同。我开始酿造啤酒的时候使用了大量的老式品种，如英雄交响乐（Eroica）酒花、纯金酒花、布莱姆岭十字酒花和酿金酒花等。然后我使用了更加普通的酒花，如卡斯卡特酒花、世纪酒花、奇努克酒花和CTZ酒花等，在那里我找到了新的品种，足够幸运的是，我可以使用几种酒花来酿造啤酒，这几种酒花正处于实验阶段，且现在还在贸易之中，这包括了后来的芭乐西酒花和西姆科酒花。"

当然，西姆科酒花成为了老普林尼啤酒（*Pliny the Elder*）中必不可少的一部分，该啤酒由俄罗斯河啤酒厂出品，老普林尼啤酒使得西姆科酒花成为了一个受欢迎的品种。当酒花种植者和农民们恳求维尼·奇卢尔佐测试实验品种时或啤酒厂使用新品时，他都使用西姆科酒花。

他说："使用单一酒花酿造啤酒是很罕见的，啤酒的配方可以不断改进，配方的改进能教会你哪些是酒花的有效成分，哪些是酒花的无效成分。例如，我记得用亚麻黄酿造*Hop 2 It*啤酒时，它的苦味非常可怕，但是其风味和香味都是非常棒的，从那以后，我再也没有用亚麻黄酒花来增加啤酒苦味了。"

单一酒花的酿造研发过程

原麦汁浓度：12.9~13.8 °P（1.052~1.056）。

最终麦汁浓度：2.6~3.1 °P（1.010~1.012）。

国际苦味单位（IBU）：30~40。

酒精含量（ABV）：5.5%~5.8%。

谷物清单：

74%二棱麦芽（美国）。

13%玛丽斯·奥特麦芽（英国）。

10%色度为20的结晶麦芽（美国）。

3%的酸化麦芽（德国）。

糖化：

68℃投料，单醪糖化。

酒花：

第一次添加酒花，煮沸90min（5~10IBU）。

第二次添加酒花，煮沸30min（20IBU）。

第三次添加酒花，煮沸0 min（10IBU）。

在发酵罐干投酒花，温度控制在20℃，保持一周，这是可变因素。

煮沸时间：90min。

酵母：加利福尼亚爱尔酵母。

发酵：20℃。

包装：2.5体积的CO_2（5g/L）。

说明：每次使用相同的麦芽数量，每次的干投酒花量、煮沸结束的酒花添加量、煮沸中期的酒花添加量都相同。每一批次唯一的变量是酒花的品种和首次添加的酒花量，这基于计算，以达到IBU的目标值。因此，在同样的90min煮沸时间内，低α-酸含量的酒花添加量就多一些，反之，高α-酸含量的酒花添加量就要少一些。

10.1 关于配方

法律免责声明：接下来的配方只用于教学。我试着用一种简单的方式去展示酿酒师是如何在啤酒厂进行工作的，这也能够清楚地知道他们最初在啤酒厂是如何使用配方的，同时也能反映出设计者的意图，这就是为什么麦汁浓度经常被首选为帕拉图（°P），因为这是大多数商业啤酒厂所采用的方法，但换算成相对密度并不总是准确。

事实上，英国明太啤酒厂的配方中首次酒花的添加量将会增加12IBU，但是配方中对应的是5kg包装的酒花，因为这种酒花包装很常见。如此数量也可以轻易地转化为每桶添加1.5oz（45.53g）酒花，这对一家酿酒厂（如明太啤酒厂）来说是非常方便的，他们期望煮沸75min后酒花的利用率能达到35%。

考虑到偏差的影响，胜利啤酒厂的罗恩·巴契特只是简要说明了每次添加酒花的苦味目标，而把计算酒花的准确用量留给酿酒师去完成，“试图给出酒花的实际用量是不切实际的，因为每家啤酒厂都会有不同的结果，其主要依赖于水化学、麦汁pH、煮沸方法和酒花成分分析。”

正如那些使用公制的人们所指出的那样，当他们不混合使用桶、加仑和盎司单位时，换算更加简单。关键在于要记住100g/100L（1g/L）等于85g/桶，相当于3oz，而1lb/桶等于3.85g/L。

在商业啤酒厂中，配方一直都在变化。约翰说，伦敦的富勒啤酒厂将会根据品尝小组的意见在酿造啤酒的一年中做出调整。他说：“所有的数字都是对的，但可能并不是所要的味道。品评小组将会注意到过多的苦味，我们将会减弱苦味。”

在内华达山脉啤酒厂酿造浅色爱尔啤酒时，并不是一直使用相同的酒花品种来增加啤酒的苦味，这与美国精酿啤酒一样具有象征性的意义。酿酒大师史蒂夫·德莱斯德解释道：“我有多个酒花品种的合同，所以我可以采摘和选择出不同品质的酒花，我有珍珠酒花的合同，也有纯银（斯特林）酒花的合同。我们与经销商合作，因此我们可以使用质量最好的酒花。”

10.2 啤酒配方

10.2.1 塞纳河啤酒厂

地点：比利时，布鲁塞尔

伊万·德·贝茨（Yvan de Baets）避开了“啤酒风格”这个词，但是当被询问到大多数酿酒师回避而他喜欢的问题时，他总是能迅速回答。他喜欢来自大不列颠的令人兴奋的苦味啤酒，且欣赏啤酒苦味本身，这并不让人吃惊，这是塞纳河啤酒厂生产的啤酒具有的一种显著特点。

在伦敦的大不列颠啤酒节上，他举起杯子，放在唇边，说：“这才是我想要的艺术品。”

他喜欢用一些新品种酒花酿造而成的啤酒，但是他有充分的理由认为这个配方是“旧世界的颂歌（*Old World's Mantra*）”。他说：“在整个欧洲，使用新品种酒花似乎是一种流行趋势，但当每个人都做同样的事情时，就会变得有点无聊，特殊也会变得不那么特别。”

他赞赏英国优质水源所做出的贡献，也喜欢他们的酒花。他说：“它们散发着如此细腻和微妙的香气。”

他不怕使用旧世界的文字，如“平衡”和“可饮性”，他说：“如果这个配方能赋予啤酒一种酒花香，那啤酒是处于平衡的。对于我来说，一杯啤酒能比一杯水更提神，这样会使我有一点情绪上的波动，但是我又不想情绪波动太大。”

他笑了，可能是在思考有关啤酒的苦味。

旧世界的颂歌

原麦汁浓度：12 °P（1.048）。

最终麦汁浓度：3 °P（1.012）。

国际苦味值：~50IBU。

酒精含量：5.2%。

谷物清单：

82% 的比尔森麦芽。

12% 的慕尼黑麦芽（25 EBC）。

6% 的结晶麦芽（120 EBC）。

糖化：

首先在50℃的条件下糖化15min；

其次在63℃的条件下糖化45min；

然后在72℃的条件下糖化20min；

最后在78℃的条件下糖化 5min。

酒花：

首先，在煮沸开始时，投入300 g/hL（hL，百升）的挑战者酒花。

其次，在煮沸结束前10min，投入150g/hL的斯洛文尼亚斯帝润-哥尔丁酒花。

最后，在回旋沉淀槽或酒花回收罐中投入100g/hL 的斯洛文尼亚斯特润-哥尔丁酒花。

水质：硬水。

煮沸：硬水煮沸75min。

酵母：中性；高发酵度；絮凝良好。

发酵：主发酵时，最高发酵温度是26℃；啤酒后贮，在10℃的条件下贮存4周。

包装：瓶内二次发酵，2.5体积的CO_2（5g/L）。

10.2.2 美国角鲨头精酿啤酒厂

地点：特拉华州，米尔顿

创始人萨姆·卡拉卓尼将这一印度棕色爱尔（*Indian Brown Ale*）啤酒的配方称之为“家酿师所认同的”版本，这与角鲨头精酿啤酒厂的商业版本几乎是一样的。

1996年，当卡拉卓尼开始灌装瓶装啤酒时，他包装了庇护所浅色爱尔（*Shelter Pale Ale*）啤酒、菊苣世涛（*Chicory Stout*）啤酒和天神爱尔（*Immort Ale*）啤酒。消费者想寻求一种与众不同的酒花啤酒。卡拉卓尼说：“我想找到一种脱离常规的方式来酿造这款啤酒，我决定通过改变酒花品种、添加时间和添加数量来弥补深色麦芽所带来的苦涩感。”

他称其为印度棕色爱尔啤酒，并表示印度棕色爱尔啤酒也拥有印度浅色爱尔啤酒的酒花特征，他说：“我们添加了少量的玉米片，以避免身体发胖。”

“当我们在1997年供应这款啤酒时，如果存在‘黑色IPA’术语的话，我猜测这款印度棕色爱尔将会纳入这一范畴，它就是黑色IPA的原型。”他爽朗地笑着说。

印度棕色爱尔啤酒

原麦汁浓度：18°P（1.074）。

最终麦汁浓度：5.1°P（1.020）。

国际苦味值（IBU）：50。

酒精含量（ABV）：7%。

谷物清单：

71.3% 的二棱麦芽。

6.4% 的琥珀色麦芽。

6.9% 色度为120的结晶麦芽。

7% 的薄片状玉米。

3.5% 的咖啡豆。

1% 的焙烤大麦。

3.9% 的红糖。

酒花：

添加勇士酒花，煮沸60min（33IBU）。

加热结束时或在回旋沉淀槽添加西姆科酒花（17IBU）。

糖化：

当你想要酿造具有英国伯顿风格的IPA时，需要进行水处理。调整水温至69℃，先投入二棱麦芽，然后投入剩余的其他谷物；如果能升温，可以将玉米在45℃进行蛋白质休止，并维持30min；在76℃进行洗糟，由于添加了玉米和特种麦芽，洗糟速度要尽可能慢。

煮沸：60 min。

酵母：加利福尼亚爱尔酵母，或其他产酯低的酵母。

发酵：麦汁冷却温度控制在15.5℃，或者更低，最高发酵温度控制在19℃。当发酵完成后，进行二次发酵，干投酒花，保持21天。

干投酒花：添加0.225kg/桶的先锋酒花，保持21天。

包装：2.6~2.7体积的 CO_2（5.2~5.4g/L）。

10.2.3 史诗（Epic）啤酒厂和善良乔治（Good George）啤酒厂

地点：新西兰

新西兰没有本土培育的酒花，在那里生长的酒花皆是从北美、英国和欧洲大陆进口而来的。新西兰的酒花主要生长在赤道附近，南纬41°~42°，此地区属温带海洋性气候，一些农场离海洋只有几公里的距离，而北半球最大的酒花生长地区却不是在赤道附近。洛格斯登农舍爱尔（Logsdon Farmhouse Ales）啤酒厂坐落于俄勒冈州的威廉麦特山谷北部，戴夫·洛格斯登（Dave Logsdon）在这家啤酒厂应用了几款新西兰酒花，他说："新西兰酒花产区庞大，这也是为什么生长在新西兰的酒花和其他地区生长的酒花味道完全不同的原因。"

卢克·尼古拉斯（Luke Nicholas，来自史诗啤酒厂）和凯利·赖安（Kelly Ryan，来自善良乔治啤酒厂）比那些正在使用他们酒花的大多数新西兰酿酒师有更好的想法，因为在2011年初，他们花了17天的时间在新西兰旅行了4500千米。其他国家的酿酒师称使用新西兰酒花所酿造而成的啤酒为"新西兰浅色爱尔啤酒"，但是在其本土，却没有人意识到它已经成为了一种独特的风格。

赖安说："我的解释是，虽然啤酒不具有特别出色的麦芽香，但是它们拥有很好的焦糖香气、色泽和饱满的酒体，较好地平衡了新西兰酒花所赋予的大量青草味和满嘴的苦味。我认为，少量的余香有助于保持啤酒口味平衡，尤其是一些新西兰酒花能够给你带来一种挥之不去的后苦味。新西兰浅色爱尔啤酒含有水果味，如百香果味、醋栗味、荔枝味、芒果味，还有那些令人愉快的青草气息。当你闭上眼睛时，会想起森林和田野。"

新西兰并不属于世界上最大的12个酒花种植地区，但是出于对酒花特殊香气的需求，2012年新西兰酒花协会制定了一个"五年计划"，这将使新西兰酒花的产量增加近30%。除了增加土地数，农民们已经开始种植尼尔森苏文酒花、莫图伊卡酒花和瓦卡图酒花等特殊品种来取代高含量的α-酸酒花了。

在短期内，一些酒花品种很难找到。例如，新西兰酒花计划基本上将利瓦卡酒花从出口名单上删除了。道格·唐兰的发言人在一封电子邮件中解释说："利瓦卡是一个需要大量酒花的城市，但就目前而言，其本土产量有限。我们需要合理分配酒花，以确保当前用户在扩大种植面积时不会处于劣势。对于利瓦卡而言，美国只是一个很小的市场，目前只有一位酿酒师使用该品种用量较多。利瓦卡将继续为现有用户提供酒花，只是暂时限制了利瓦卡的酒花出口。"

新西兰浅色爱尔啤酒

原麦汁浓度：13.6°P（1.055）。

最终麦汁浓度：3°P（1.012）。

国际苦味值（IBU）：40。

酒精含量（ABV）：5.6%。

谷物清单（百分数）：

75% 的浅色麦芽[乐斐（Gladfield）麦芽或玛丽斯·奥特麦芽]。

10% 的慕尼黑麦芽（1~15EBC）。

8% 的意大利麦芽。

5% 的焙烤小麦。

2% 的浅色结晶麦芽。

糖化：在67~68℃投料，采用单醪浸出糖化法。

酒花：

添加太平洋翡翠（Pacific Jade）酒花，煮沸60min（7~8IBU）。

添加太平洋翡翠酒花，煮沸30 min（7IBU）。

添加莫图伊卡酒花，煮沸30 min（3IBU）。

在回旋沉淀槽，添加“等候铁树”（Wait–ti）酒花（11IBU）。

在回旋沉淀槽，添加莫图伊卡酒花（7IBU）。

在回旋沉淀槽，添加太平洋翡翠酒花（4IBU）。

注：太平洋翡翠酒花是由捷克酒花萨兹和科拉斯特酒花杂交而成的，含有12%~14% 的α–酸。“等候铁树”酒花是一种新型的、低α–酸/高酒花油的品种，供应量很少。

煮沸：60 min

酵母：Wyeast 1272

发酵：在温度为17℃的条件下接种酵母；发酵温度为19℃，且确保发酵温度不会超过21℃，主发酵需4~7天，在发酵第5~6天时，需将温度降为4℃；在此温度下，第二次干投酒花，超过7天后不要干投酒花。

干投酒花：将“等候铁树”酒花、莫图伊卡酒花和太平洋翡翠酒花等量混合，干投数量为5g/L。当啤酒接近目标浓度时，加入一半的酒花混合物，然后分离掉啤酒中的酵母，向后贮罐中添加另一半的酒花混合物。

包装：2.5体积的CO_2（5g/L）。

10.2.4 火石行者啤酒厂

地点：加利福尼亚，帕索罗布尔斯

当酿酒大师马特·布吕尼尔松于2006年开始设计IPA啤酒配方时，他设想可能会使用到英格兰麦芽，就像许多其他火石行者啤酒一样，他们会使用啤酒厂独一无二的联合系统，并在橡木桶中陈贮。

但他错了。

火石行者啤酒厂的酿酒师花费大半年的时间酿造了一批试验啤酒。布吕尼尔松说："第一批啤酒麦芽味突出、非常甜，但这并不是我们想要的。"要进行的第一件事是调整英国麦芽，他说："我们不会试图将自己酿造的IPA变为一种特殊版本的IPA，我们在将来想要尽可能酿造出最好的IPA。"

火石行者啤酒厂的联合系统从英国古典的伯顿联合系统中吸取了灵感。伯顿小镇坐落于特伦托河之上，小镇中的马斯顿啤酒厂拥有伯顿联合系统，这家啤酒厂使用美国橡木桶，且定期更换新鲜的橡木桶，因此啤酒中增加了橡木桶香气。

基于此系统，火石行者啤酒厂在不锈钢发酵罐中酿造出了31号浅色（*Pale 31*）啤酒和双桶（*Double Barrel*）啤酒。在第一天发酵之后，大约有20%的啤酒（基于许多因素）被输送到联合系统中，然后在橡木桶中陈贮7天。经橡木桶陈贮的啤酒与原来发酵罐中的啤酒混合形成了双桶爱尔啤酒。然后，再将15%的双桶啤酒与未经橡木桶陈贮的浅色爱尔啤酒混合就形成了31号浅色啤酒。

布吕尼尔松说："我们曾经尝试将15%的双桶爱尔啤酒与经橡木桶陈贮的IPA啤酒混合，但最后放弃了。"

相反，他们创造了一款啤酒，这款啤酒很快成为了"美国西海岸美式IPA"的基准。在2008年的世界啤酒杯上，米字旗（*Union Jack*）啤酒获得了银奖，不久之后这款啤酒就开始发售了，紧接着在同年的"美国啤酒节"上获得了金奖（同时也在第二年获得了此项冠军），在"欧洲啤酒之星"评选中也获得了金奖。

米字旗IPA

原麦汁浓度：16.5°P（1.068）。

最终麦汁浓度：3.0°P（1.012）。

酒精含量（ABV）：7.5%。

国际苦味值（IBU）：75。

原材料和酿造过程可以通过布吕尼尔松所说的话去理解。

谷物清单：

88% 美国或加拿大的溶解良好的二棱麦芽（我们使用的是美国拉赫尔制

麦公司的产品）。

6% 的慕尼黑麦芽（我将所有浅色爱尔麦芽进行了混合，英国浅色爱尔麦芽的比例可以达到15%）。

3% 的Briess公司焦香比尔森麦芽。

3% 的辛普森30/40麦芽。

水处理：

根据需要添加石膏，使钙离子的总含量超过百万分之100（我们使用少量的$CaCl_2$来增加最终的钙离子含量）。我不太喜欢过度伯顿化的水，开始使用反渗透技术来处理水，并且使用磷酸或乳酸将糖化醪酸化至pH5.4。

糖化：

在低温63℃的条件下投料，保持45~60min，然后升温至68℃，以完成淀粉的转化。如果需要，可以添加葡萄糖（最多5%）来提高麦汁的浓度，或提高发酵度。此法可以淡薄酒体，但无法隐藏酒花的特点，有助于突出酒花的作用。

酒花、酵母、发酵和干投酒花：

我们尝试在剧烈煮沸时添加马格努姆酒花，但当酿造IPA或者双料IPA时，人们不会过度关注酒花品种带来的苦味。我们通过计算得知：啤酒中承载了50个IBU时，其α-酸的含量为15%。如果啤酒很难达到75个IBU时，我们会向煮沸锅中加入酒花浸膏（纯化的异葎草酮）。不过，这也不是必需的。

酿造IPA时，我喜欢在煮沸中段添加酒花。在煮沸30min时加入卡斯卡特酒花，同样，在煮沸30min时加入亚麻黄酒花也有很好的功效。此时，啤酒的苦味值为14个IBU，α-酸含量为6%。

在煮沸结束前15min，又添加了世纪酒花，添加量与卡斯卡特酒花相同。这时你可能会注意到，在理论上，啤酒的苦味值已经达到75IBU，但是利用率是很低的。此时，麦汁中都是酒花风味。

我们在回旋沉淀槽中投入了等量的卡斯卡特酒花和世纪酒花。理论上，苦味值有40IBU。但是，像这样的酿造过程，α-酸的利用率都是很低的。

我们使用自家的爱尔酵母发酵米字旗IPA啤酒，麦汁冷却温度为17℃，发酵温度为19℃。我们自家的爱尔酵母菌株最接近于伦敦爱尔酵母或其他英式（水果味/柔和的）酵母。当麦汁浓度达到6°P（1.024）时，将发酵温度提高至21℃，以还原双乙酰，准备干投酒花。

我们分两次向啤酒中干投大约1lb/桶（0.45kg/桶）的酒花。第一次是在发酵结束之前（大约5天），即麦汁浓度为0.5~1°P（0.002~0.004）的时候；第二次是在结束之后的3天，即在啤酒还是温热的时候（在啤酒降温之前）。每次干投酒花时，我们会使用世纪酒花和卡斯卡特酒花的混合物，同时会使用少量的西姆科酒花和亚麻黄酒花。我坚信，酒花与啤酒的接触时间应是短暂的，不要超过3天。在每次干投酒花的时候，应该移出沉淀在发酵罐底部的酵母和酒花。

包装：CO_2含量为2.55 体积（5.1g/L）。

10.2.5 富勒、史密斯和特纳（Fuller，Smith & Turner）啤酒厂

地点：英国伦敦

为了纪念富勒、史密斯和特纳合作经营150周年，富勒在奇西克（Chiswick）的格里芬（Griffin）啤酒厂首次酿造了这款名为1845的啤酒。最近，这家啤酒厂推出了“过去的大师”系列啤酒，均采用了19世纪的配方。站在已退役多年糖化锅旁边的酿造主管约翰·基林说：“尽管设备不同了，但我们有信心（配方可以追溯到1845年）和能力在原先酿造的相同地点酿出这款啤酒。”

在酿造完首批啤酒之后，酿酒师做了微小调整。基林说：“这是一种经验学习方案，我们稍微降低了酒花的添加量，因为现代的哥尔丁酒花拥有更多的苦味和高含量的α-酸。”随着酿酒条件的改善，如今的酒花比19世纪的酒花更加新鲜。

1976年，富勒啤酒厂用颗粒酒花取代了酒花锥形球果，自然地也就抛弃了酒花回收罐。基林再次指了指手动操作糖化锅，接着走开了，他说：“这里的一切设施都需要推倒重建。”1999年，福勒公司又投资了4000万英镑用于翻修，1981—2011年，啤酒产量增加了三倍。

1974年，当基林来富勒啤酒厂工作时，啤酒的发酵是在敞口罐和密闭锥形罐中进行的。基林询问了一位曾在富勒啤酒厂工作时间最长的酿酒师，他说：“那位酿酒师曾对我说，实际上使用敞口罐所酿造的啤酒是最棒的啤酒，但同时也是最糟糕的啤酒，总体而言啤酒质量较差。”

基林说：“啤酒的稳定来源于啤酒的整个酿造过程，良好的啤酒基于原料、酿造原理和质量标准，所有人都应逐条记住。”

富勒1845啤酒

原麦汁浓度：16°P（1064.5）。

最终麦汁浓度：4.1°P（1015.5）。

国际苦味值（IBU）：~52。

酒精含量（ABV）：~6.3。

谷物清单：

78% 最好的浅色爱尔麦芽。

19% 的琥珀麦芽。

2% 的结晶麦芽。

1% 的巧克力麦芽。

水处理：

主要参数：将较高的碳酸盐含量降低到80mg/L之下；通过添加硫酸盐将其含量提升至200mg/L之上；钙的含量应大于200mg/L 。

浸出糖化法：

糖化用水和洗糟用水要成比例，麦汁浓度要符合销售要求，本次酿造并没有完全匹配。

酒花：

在煮沸开始时，添加哥尔丁酒花，大约0.45kg/桶，以达到成品啤酒的IBU；

在煮沸结束时，添加哥尔丁酒花，平均0.11kg/桶。

煮沸：煮沸时间60min，要剧烈沸腾，且蒸发率最低为7%。

酵母：富勒啤酒厂自己的爱尔酵母菌株。

酵母接种率：大约1.8kg/桶，最终酵母数超过1500万个/mL。

发酵：在17℃接种酵母，升温至20℃进行发酵。

包装：瓶内二次发酵，起初CO_2体积为2.3（4.6g/L），二次发酵后CO_2体积为2.6（5.2g/L）。

10.2.6 Kissmeyer 啤酒厂

地点：丹麦

安德斯（Anders Kissmeyer）在国际啤酒巨头嘉士伯啤酒公司工作了16年，他于2001年开始在丹麦精酿啤酒厂Nørrebro Bryghus工作，2010年离开Nørrebro啤酒厂以后，他周游了世界各地，并在不同的地方酿造了Kissmeyer啤酒，且与许多国家的朋友们一起合作研发特种啤酒，他也参与写作、教书和咨询等工作。

当他决定酿造啤酒时，他有了一个计划。他说："作为一名酿酒师，经典的啤酒风格已根植于我的DNA中，我尝试给它们一些独特的和个性化的改变。"

他在一封电子邮件中写道：“我喜欢优质的帝国IPA，但是我不得不说，当我饮用这款啤酒时，我常常感到失望。对我来说，大多数啤酒是甜到发腻的，这种腻味甚至超过了原先的麦芽香，更不用提那些涩味和强烈的苦味了，它们就像链锯一样穿过你的喉咙。”

他在斯德哥尔摩郊外的Sigtuna Brygghus啤酒厂首次酿造了斯德哥尔摩生活方式（*Stockholm Syndrom*）啤酒，以至于使他迷恋上帝国IPA的水果味道。他将其描述成了一种含有大量柑橘味、桃子味、菠萝味和百香果味的啤酒，并写道：“这就好像喝了一款同时含有酒花香、口感顺滑、柑橘味和异国水果风味的啤酒。”

他知道选择一种富含水果味的酒花仅仅是第一步，他设计了一种配方来展示它们：（1）麦芽风味中性；（2）加糖，以提高发酵度；（3）彻底糖化，以使发酵能力最大化；（4）挑选一种具有中性风味的酵母，最大化利用麦汁中的糖分。他写道：“从本质上说，这种新鲜的味道是一种顺滑和令人愉快的酒花苦味的组合，啤酒要尽可能干爽。”

克什米尔·斯道克豪姆·森召姆（Kissmeyer Stockholm Syndrom）帝国IPA

原麦汁浓度：20°P（1.083）

最终麦汁浓度：2.5°P（1.010）。

国际苦味值（IBU）：100。

酒精含量（BV）：9.5。

谷物清单：

55% 的拉格麦芽（二棱基础麦芽）。

25% 的浅色爱尔麦芽（最好选择英国的浅色爱尔麦芽）。

13% 的焦香比尔森麦芽或类似产品（如果没有可使用的麦芽，也可以使用拉格麦芽替代）。

3% 的浅色小麦麦芽。

3% 的浅色结晶麦芽（~125EBC）。

1% 的黑色结晶麦芽（~350EBC）。

10% 的中性能全部发酵的糖类（葡萄糖或相似的糖）。

糖化：

①分步浸出糖化

50℃投料，保持20min，此时糖化醪的pH在5.3~5.5，如果需要，可以加酸调整糖化醪的pH。

在15min内，以1℃/min的速度将糖化醪加热至64℃。

在64℃的条件下糖化45min。

在15min内，以1℃/min的速度将糖化醪加热至70℃。

在70℃的条件下糖化15min，维持此温度，直至碘检正常，不呈现蓝色。

在10min内，以1℃/min的速度将糖化醪加热至78℃。

在78℃的条件下，保持15min，糖化结束。

②单醪恒温浸出糖化

68℃投料，糖化醪pH在5.2~5.4。

在65℃的条件下，糖化60min。

酒花：

在糖化醪中加入哥伦布酒花（10IBU）。

在糖化醪中加入绿子弹酒花（10IBU）。

加入哥伦布酒花，煮沸60min（30IBU）。

加入绿子弹酒花，煮沸60min（30IBU）。

以下酒花添加量为30g/100L：

加入西姆科酒花，煮沸50min。

加入绿子弹酒花，煮沸40min。

加入太平洋宝石酒花，煮沸30min；

加入亚麻黄酒花，煮沸20min。

在回旋沉淀槽中，加入西姆科酒花。

在回旋沉淀槽中，加入太平洋宝石酒花。

在回旋沉淀槽中，加入亚麻黄酒花。

在回旋沉淀槽中，加入尼尔森苏文酒花。

（太平洋宝石酒花含有13%~15%的α-酸，生长于新西兰，是科拉斯特酒花和富格尔酒花杂交而成的三倍体酒花）

煮沸：60min

酵母：美国爱尔酵母，细胞浓度为1500万个/mL

发酵：22℃

干投酒花：

回收酵母之后，尽快干投酒花，温度为14~16℃。基于个人的喜好，决定干投酒花与酒液的接触时间长短。

以下酒花的添加量为50g/mL：

西姆科酒花；

尼尔森苏文酒花；

太平洋宝石酒花；

先锋酒花。

后发酵：

干投酒花之后，将发酵液冷却至8℃，保持5~7天，然后降温至0℃（最好是降至-1.5℃）。冷却速度并不重要，但是啤酒必须贮藏于低温下，直到其澄清度和风味令人满意为止。

包装：不需要过滤，CO_2含量为2.5体积（5g/L）。

10.2.7 大理石啤酒厂（Marble Brewery）

地点：美国新墨西哥州，阿尔伯克基

在2008年开业的时候，大理石酿酒公司有一个好消息，那就是大理石印度浅色爱尔啤酒（*Marble India Pale Ale*）一举成功，并且阿尔伯克基啤酒厂在其开业年份里销售了近5000桶，坏消息则是酒花在2008年比2007年贵得多，因此未来的合同变得尤其重要。

酿酒主管特德·赖斯（Ted Rice）很快发现：与签合同相比，自己想要的是得到更多的酒花。他比大多数人对产生大蒜味、洋葱味和石油味的硫化合物更敏感，他说："我知道，他们的酒花并不是同一质量，我不想签署一份大合同，我不喜欢那些酒花。"

他认识到，即使是最稳定的酒花品种也不会每年都是一样的。"啤酒是一种农产品，也会有不稳定期，但也不应该变成葡萄酒的思维方式：这一批酒不错，就像你无法控制的那样。"这时，应当毫不犹豫地改变酒花添加方式，以使啤酒质量始终如一。

正如配方所示，保持一致的口味并不意味着要避免使用新的酒花品种。他说："你可以通过与行业保持联系来学习，例如研磨酒花、喝别人酿造的啤酒等。"

与大理石红色爱尔啤酒（*Marble Red Ale*）相比，大理石印度浅色爱尔啤酒有明显的不同，其酒体细腻，且酒体置身于那些丰富的、水果味的酒花之外。赖斯说，当他在大理石啤酒厂品酒室品尝啤酒时，考虑到甜的风味成分可以抵消大量的酒花苦味时，他写下了红色爱尔啤酒的配方。他选择大量的焦香麦芽，他说："将结晶麦芽与那些富含水果味的酒花组合在一起，所酿造出的啤酒会具有全新的风味。”

红色爱尔

原麦汁浓度：14.5~16.5 °P（1.059~1.067）。

最终麦汁浓度：3.0~4.0 °P（1.012~1.016）。

国际苦味值（IBU）：55~65。

酒精含量（ABV）：6.0%~6.5%。

谷物清单：

75% 北美洲的二棱基础麦芽。

10% 德国维也纳麦芽。

10% 70~80°L 的苏格兰结晶麦芽。

5% 120°L 的英国结晶麦芽。

糖化：

向糖化水中加入$CaSO_4$ 3.0oz/桶（85.1g/桶）、$CaCl_2$ 2.0oz/桶（56.7g/桶）。

在65.5℃的条件下，采用浸出糖化法。

用73℃的热水洗糟。

酒花：

1. 加入CTZ酒花，煮沸75min（40IBU）。

2. 加入0.13lb/桶（0.059kg/桶）的西楚酒花，煮沸10 min。

3. 加入0.13lb/桶（0.059kg/桶）的西姆科酒花，煮沸10 min。

4. 加入0.25lb/桶（0.114kg/桶）的卡斯卡特酒花，煮沸0 min（煮沸结束）。

5. 加入0.5lb/桶（0.227kg/桶）的卡斯卡特酒花，煮沸0 min（煮沸结束）。

煮沸：90min

酵母：美国爱尔酵母，酵母数为75万个/（mL・°P）。

发酵：发酵温度为20℃，当三分之二的啤酒发酵完成时，再将温度调至23℃。

干投酒花：

卡斯卡特酒花1lb/桶（0.45kg/桶）；

西姆科酒花0.15lb/桶（0.07kg/桶）；

西楚酒花0.15lb/桶（0.07kg/桶）；

在18℃的条件下干投酒花，维持两天，第三天开始降温，然后倒罐。

包装：CO_2含量为2.5 体积（5g/L）。

10.2.8 明太啤酒厂

地点：英国伦敦

明太啤酒厂的创始人阿拉斯泰尔·胡克（Alastair Hook）成长于格林威治（Greenwich），居住于格林威治，他在格林威治经营一家啤酒厂。胡克说："我是伦敦人，你不能将伦敦人带离伦敦，如果你一直是一名查尔顿足球俱乐部的球迷，那你最终的梦想就是回去为俱乐部效力。"

大约90%的伦敦贮藏啤酒（*London Lager*）销售于伦敦东部地区，其所有的原材料、酵母都来自于啤酒厂方圆100英里（161km）内。酒花是哥尔丁酒花和富格尔酒花，这些品种通常大多数与水果味的爱尔啤酒相关。在改变伦敦贮藏啤酒配方之前，从美国移居过来的主酿酒师史蒂夫·施密特（Steve Schmidt）谈起了添加不同哥尔丁酒花的酿造试验，这些哥尔丁酒花在生长，但又不容易被找到。

胡克说："英国酒花是如此之好，但没有各尽其才，它们的风味微妙而精细，但并不适合每一款啤酒。"

明太啤酒厂有一套名为ROLEC HOPNIK的酒花干投系统，使用它的目的是将其作为酒花回收罐，从而在后期添加酒花。当施密特使用ROLEC HOPNIK第一次添加酒花时，麦汁会在酒花中循环10min，然后再将酒花回收罐中的麦汁泵入煮沸锅中，完成剩余的煮沸过程。煮沸75min后，明太啤酒厂的酒花利用率为35%；在回旋沉淀槽中投入酒花，酒花的利用率为14%；在麦汁冷却的过程中投入酒花（实际来说，是在冷却麦汁到发酵罐的酒花回收罐中才添加酒花的），酒花的利用率为12%。

胡克比较了酒花回收罐与干投酒花的利弊，他说："使用酒花回收罐所酿造出来的啤酒拥有较完美的酒花香气，而干投酒花所带来的酒花香气更加突出，会令你神采飞扬。"

英国贮藏啤酒

原麦汁浓度：10.7°P（1.040）。

最终麦汁浓度：2.5°P（1.010）。

国际苦味值（IBU）：30。

酒精含量（ABV）：4.5%。

谷物清单：

69% 由Muntons加工厂所提供的比尔森麦芽。

31% 由Muntons Flagon加工厂所提供的浅色爱尔麦芽。

糖化：

在66℃的条件下进行糖化。

酒花：

（所有的酒花都带完整的叶子）

加入5 kg/100hL的哥尔丁酒花（α–酸含量为6.6%），煮沸75min（12IBU）；

在回旋沉淀槽中，加入5kg的哥尔丁酒花（α–酸含量为6.6%，5IBU）。

在回旋沉淀槽中，加入5kg富格尔酒花（α–酸含量为6.1%，5IBU）。

在冷却降温时，使用酒花回收罐添加5kg哥尔丁酒花（α–酸含量为6.6%，4IBU）。

在冷却降温时，使用酒花回收罐添加5kg富格尔酒花（α–酸含量为6.1%，4IBU）。

酵母和发酵：在12℃接种34/70酵母，发酵10~14天。酵母自然升温到15℃，麦汁最终糖度为1.5 °P。取样，保持较高温度，以确保双乙酰含量下降。在5℃的条件下，后熟5天，冷却到–1℃，贮藏2周。

包装：CO_2含量为2.3~2.5体积（4.6~5g/L）。

10.2.9 森林角落啤酒厂

地点：捷克

埃文（Evan Rail）是《捷克共和国和布拉格的优秀啤酒指南》（*Good Beer Guide Prague and the Czech Republic*）的作者。捷克2月的气温接近–40℃，他走进捷克的乡村去收集这个啤酒的配方，接着他写了一份报告，以下是他的原话：

“在森林角落啤酒厂关闭36年后的2006年，啤酒厂重新开张了。作为优秀的啤酒商，在啤酒厂开张的同时他们很快就为自己赢得了一个品牌名称，即10°P金色贮藏啤酒和12°P金色贮藏啤酒。该两款啤酒在这个发明并深爱比尔森型500mL啤酒的国度被评为最好的啤酒。除了这两款浅色啤酒外，森林角落啤酒厂也酿造了两款黑啤。这两款黑啤令人惊艳、突出了明显的酒花特性：14°P黑啤比捷克黑暗（*tmavé*）啤酒或“深色啤酒（dark beer）”的口味要强烈，上述两款啤酒的原麦汁浓度通常在10~13°P；而“角落18°P”啤酒是一款最能呈现出波罗的海波特啤酒风格的一款啤酒。”

酿酒大师Bohuslav Hlavsa在他所有的啤酒中只使用捷克酒花。只有真正的Žatecký poloraný červeňák酒花才能命名为ŽPČ，只有命名为ŽPČ的酒花才来源于捷克的原始酒花种植区扎泰茨，萨兹酒花就是其中的典范。

在啤酒厂开业期间，萨兹酒花非常短缺，酿酒大师Hlavsa最初也尝试了其他的酒花品种。

他说："早期，我们尝试用其他的酒花进行酿造，其中一款有着较好的酒花特性和香气，并且我们尝试了像斯拉德克酒花这样的新型捷克品种，但是它的味道并不好。"

不久萨兹酒花短缺状况得到缓解，因为许多大型啤酒厂都在使用其他品种的酒花来增加啤酒的苦味，这导致剩余大量萨兹酒花可被使用。

他说："现在市场上有太多的ŽPČ酒花，这些种植酒花的农民们正在扯下酒花藤蔓，他们要'清除'这些酒花。"他用了一个在捷克语中特别质朴而含蓄的词。

森林角落啤酒厂使用了90型颗粒酒花，他们每三、四个月就会购买酒花，并且会根据其α-酸的含量来调整配方。Hlavsa说："每年颗粒酒花的α-酸含量都是不同的，即3%~3.8%不等，有时颗粒酒花α-酸含量为4%，甚至是4.2%。"

尽管角落啤酒拥有强烈的酒花特征，但是酿酒大师Hlavsa还是将大量的时间投入水质检测和苦味测量的过程中。角落啤酒是一款真正的波西米亚比尔森啤酒，原麦汁浓度为12°P，苦味值接近44.2IBU。

Hlavsa说："捷克啤酒的真正味道来自于煮出糖化的过程，酒花仅仅只是调味品，就好像汤里的香料一样。"啤酒厂的水源来自于古老Šumava森林中的一口井，它已经被测试并被评价为"kojeneck voda"，也就是"养育婴儿的水"，水中溶解的矿物质较少。

Hlavsa说："使用硬水酿造捷克啤酒是不适宜的。"

关于配方，酿酒大师Hlavsa有几点建议：

"当啤酒的原麦汁浓度较高时，如14°P或18°P，发酵就不那么完全了，而且酿出的啤酒会更甜，因此我们需要添加更多的酒花来中和这种甜味。许多酿酒师喜欢酿造一款仅仅含甜味的黑啤酒，但是我们喜欢制造又甜又苦的啤酒。"

什么是黑啤酒呢？

"它应该是一款真正意义上的黑啤酒，大约80EBC，但是你也可以一眼看穿它，它应该是清澈透明的。就酒花香气而言，你可以闻到真正的ŽPČ酒花的香气，且应该有明显的焦糖香味。"

那么捷克的黑啤酒和德国黑啤酒（*schwarzbier* 或*dunkel*）的区别是什么呢？

Hlavsa说：“我从来没有尝过德国黑啤酒，无论是黑啤酒*schwarzbier*，还是深色啤酒*dunkel*。”

14°P深色特种啤酒

原麦汁浓度：14°P。

最终麦汁浓度：5°P。

国际苦味值（IBU）：34。

酒精含量（ABV）：5.8%。

谷物清单：

77% 的维耶曼比尔森麦芽。

10% 的维耶曼慕尼黑Ⅱ型麦芽。

10% 的维耶曼焦香慕尼黑Ⅱ型麦芽。

3% 的维耶曼卡拉菲特种3号麦芽。

糖化：采用非常好的软水和二次煮出糖化法进行糖化。

酒花：使用萨兹颗粒酒花，煮沸时间为90min。Hlavsa说：“在煮沸开始时，加入三分之一的酒花，煮沸30min后，再加入三分之一的酒花，并且在接下来的30min内，加入最后三分之一的酒花。”煮沸结束后，在冷却至发酵温度之前，让麦汁在回旋沉淀槽静置30min。

酵母和发酵：角落啤酒厂使用从捷克百威（Budweiser Budvar）啤酒厂购买来的H型酵母菌株，Hlavsa 说：“我们在8℃的条件下接种酵母，但是发酵温度会上升至10.5~11℃。当发酵完成60%时，我们就把它们转移至后贮罐，后熟60~90天，有时近四个月。”后贮温度是2℃。

Hlavsa 说：“最好在夜晚酿造黑啤酒，因为这样黑暗会融入啤酒中。”

10.2.10 德国私营邵恩拉姆陆地啤酒厂

地点：德国邵恩拉姆/柏亭

埃里克·托夫特（Eric Toft）是德国Bier-Quer-Denker小组的成员之一，该小组的德国酿酒师致力于推广自己国家的啤酒文化，他们从其他国家的文化和风格中汲取灵感。可以粗略地将“Bier-Quer-Denker”翻译为“啤酒思想家”。施耐德父子啤酒厂的汉斯-彼得·德雷克斯勒也是该小组成员。

托夫特是美国怀俄明州人，使用美国酒花酿造了一款IPA（大部分海运发往了意大利），他同时也是德国酒花种植者协会的发言人。他建议扩大种植传统酒花，而不是放弃种植传统酒花。自1998年接任德国私营邵恩拉姆陆地啤酒厂的酿酒师后，他逐渐创作出了属于自己的酿酒配方，也逐渐提升了酒花的使用率，从10%的酒花使用率增加到15%的酒花使用率，但这与德国啤酒工业的发展趋势背道而驰。啤酒厂的销量已经翻倍，这再一次打破了全国的发展态势。

自始至终，邵恩拉姆比尔森（*Schönramer Pils*）啤酒都是使用低α–酸含量的酒花来产生啤酒香气的。在2009年、2010年和2011年的欧洲啤酒之星比赛及2012年的美国世界啤酒杯上，这款啤酒都获得了奖牌。2012年，邵恩拉姆浅色（*Schönramer Hell*）啤酒占总销量的一半，并获得了欧洲啤酒之星的金牌。这里的配方并不像他自己的那么有力，但与那些在慕尼黑附近酿造出来的啤酒相比，使用此配方酿造出来的啤酒更有味道。

2012年春季，在慕尼黑的一次节日中，好多家小型的巴伐利亚啤酒厂推出了美国风格的IPA，他们反驳了关于德国啤酒工业停滞不前的误解。权威人士将责任归咎于德国《啤酒纯酿法》（纯酿法中限制了啤酒中可使用的原材料）。托夫特不同意这一观点，他曾为一家德国酿酒杂志写过一篇文章，以阐述他的观点。

他说："虽然并不是所有的酿酒师对纯酿法的误解而感到内疚。纯酿法也可以称为统一法（*Einheitsgebot*），这意味着所有的啤酒都必须是一样的，或者所有的品牌都是可以互换的。多年来，啤酒厂的工艺和技术也变得非常相似。我对纯酿法的看法恰恰相反，因为我们被迫在这些狭隘的界限中工作，我们应该把它看作是创造力和机会，把我们的品牌与其他品牌区分开来，我们可以从选择原料开始，并将特色贯穿于整个酿造过程中。"

巴伐利亚浅色啤酒

原麦汁浓度：11.8°P（1.047）。

最终麦汁浓度：2.3°P（1.009）。

国际苦味值（IBU）：19。

酒精含量（ABV）：5%。

谷物清单：

98.4%的比尔森麦芽。

1.6% 的酸麦芽。

糖化：

采用煮出糖化法（详情请查阅胜利啤酒厂）。

酒花：

加入6% α–酸含量的哈拉道传统酒花，煮沸75min（15IBU）。

加入3% α–酸含量的海斯布鲁克酒花，煮沸15min（3IBU）。

加入5% α–酸含量的司派尔特精选酒花，煮沸15min（2IBU）。

煮沸：90min。

酵母：慕尼黑工大酵母34/70。

发酵：在9~10℃的条件下完成发酵，通常7~8天。在3~4℃的条件下贮藏2~3周，然后逐渐地降温至–1℃，维持此温度5天。总贮存时间为5~6周。

包装：CO_2含量为2.5体积（5g/L）。

10.2.11 施耐德父子啤酒厂

地点：德国凯尔海姆（Kelheim，Germany）

酿酒大师汉斯–彼得·德雷克斯勒称“我的尼尔森苏文（*Mein Nelson Sauvin*）”啤酒是施耐德公司在2011年发售的一款啤酒，这是10多年来酿造革新的扛鼎之作。

他说：“2000年，我第一次去美国的时候拥有一次重要的经历。我发现浅色爱尔啤酒和IPA一样散发着令人耳目一新的柑橘味和柚子味。”美国酿酒师解释道：卡斯卡特酒花提供了这些香气和风味，不久之后，德雷克斯勒便开始使用进口的卡斯卡特酒花和施耐德的酵母进行实验。

他记得一个故事：啤酒厂的老板乔治·施耐德六世（Georg Schneider VI）（他和他的祖先一样，是一名硕士酿酒师）讲述了一种在十月啤酒节里特有的小麦啤酒，这款小麦啤酒是在1920—1930年期间在施耐德小麦啤酒厂酿造而成的。故事是这样的，他们在4月或5月的末尾酿造了这款啤酒，此时正是酿造小麦啤酒的季节。为了保持啤酒的良好状态并保证啤酒的安全性，他们使用了酒窖中所有的酒花，这款啤酒称为翠草名贵小麦（*Wiesen Edel Weisse*）。

在实验室中，翠草名贵小麦啤酒是德雷克斯勒使用卡斯卡特酒花所酿造的一款顶尖啤酒，这是20世纪20年代小麦啤酒的新版本，原麦汁浓度为14°P，酒精含量为6.2%，IBU为25~30。他将其描述为“小麦啤酒市场上的一场小创新”，因为它的苦味值是其他任何小麦啤酒的两倍。

他说：“灵感的第二步来源于几年之后的2007年，来自布鲁克林啤酒厂的加勒特·奥利弗（Garrett Oliver）和我一起酿造了富含酒花的小麦（*Hopfenweisse*）啤酒。我确定在德国，这是一款IBU为40~50，且肯定是首次采用干投酒花技术所酿造的小麦啤酒。”他们当时使用了全新品种蓝宝石酒花进行了干投。

接下来，德雷克斯勒对施耐德啤酒厂配方中的两项标准进行了调整。他说：“我们的想法是让这些啤酒变得更新鲜，更具可饮用性，它们尝起来应该是时尚的和平衡的，这不仅仅是酒花所发挥的作用，麦芽的特点和酒花的辛香或水果味也赋予了啤酒平衡感和时尚性。”

在酿造金色小麦啤酒（*Blonde Weisse*）时，他用蓝宝石酒花完全替代了哈拉道传统酒花和马格努姆酒花，在酿造水晶小麦啤酒（*Kristall*）时投入了一点卡斯卡特酒花（后期投入）。他说：“结果令人惊艳。”

这为我酿造尼尔森苏文啤酒做好了前期准备。他说：“我们的想法是将传统小麦啤酒特点与葡萄酒香气嫁接在一起，（在这方面）我发现来自新西兰的尼尔森苏文酒花、来自比利时的酵母与来自德国的小麦芽/大麦芽可以融合在一起。”这是施耐德公司首次没有使用自己的酵母。

考虑到比利时啤酒厂的传统，德雷克斯勒并没有说出酵母的名字。然而，其他“啤酒思想家”小组成员使用的是从西麦尔特拉配斯特（Westmalle Trappist）啤酒厂收集而来的酵母。

德雷克斯勒说：“在德国，我们有一句谚语：传统并不意味着保留灰烬，而是要继续燃烧。从这个意义上说，酒花可以帮助延续巴伐利亚酿造小麦啤酒的传统。”

尼尔森苏文啤酒

原麦汁浓度：16.8°P（1.069）。

最终麦汁浓度：3.3°P（1.013）。

国际苦味值（IBU）：29。

酒精含量（ABV）：7.3%。

谷物清单：

60% 的当地Hermann小麦麦芽品种（6 EBC）。

20% 的当地Marthe大麦麦芽品种（6 EBC）。

20% 的Urmalz大麦麦芽（慕尼黑风格，25 EBC）。

糖化：

一次煮出糖化法，其目的是较高的发酵度。

酒花：

加入哈拉道传统酒花，煮沸50min，（8IBU）。

加入尼尔森苏文酒花，煮沸15min（15IBU）。

煮沸结束时，加入尼尔森苏文酒花（6IBU）。

煮沸：60min。

酵母：添加扩培的施耐德酵母3L/（h·L），添加比利时酵母0.5L/（h·L）。

发酵：发酵7天，发酵起始温度是16℃，随后升温至22℃，最后降温至12℃。

装瓶：在瓶中进行二次发酵，添加二次发酵浸出物（未经发酵的麦汁），CO_2含量为3.3体积（6.5g/L）。

10.2.12 内华达山脉啤酒厂

地点：加利福尼亚州，奇科

史蒂夫·德莱斯勒（Steve Dresler）在内华达山脉啤酒厂首次使用湿酒花酿造了一款啤酒，他添加的湿酒花重量是该酒花干重的5~6倍。很快，他把添加的湿酒花重量提高到该酒花干重的7~8倍。简单的解释是，湿酒花含有80%的水分，而干燥的锥形球果含有10%左右的水分。

为了酿造酒花收获时刻爱尔（*HopTime Harvest Ale*）啤酒，维尼·奇卢尔佐在俄罗斯河啤酒厂分别在煮沸开始时、煮沸30min时和煮沸结束时分三次投入酒花，整个煮沸时间为90min。当煮沸至30min时，所检测的麦汁糖度与最终目标匹配时，他就会知道煮沸结束时啤酒能达到的目标糖度了，因为最后两次添加的酒花含有大量的水分，但这些水分也会在30min内蒸发殆尽。他还记得，首次酿造酒花时刻（*HopTime*）啤酒之前，德莱斯勒建议他，“不要被你所添加的酒花数量所吓倒，这些酒花数量看起来似乎很多，也确实是很多，但到煮沸最后，苦味值可能还不够。”

德莱斯勒认为，湿投酒花是一个不错的方案。他说：“你要确定你没有太过火，这是一个不断学习的过程。你一年只有一次机会，而且有很长的路要走。”实际上，他一年也就有两次机会，一次是他用雅基玛山谷的湿酒花酿造了北半球收获爱尔（*Northern Hemisphere Harvest Ale*）啤酒，另一次是使用生长在啤酒厂的有机酒花酿造的园区土生土长酒花爱尔（*Estate Homegrown Ale*）啤酒。

德莱斯勒说：“其中的一个挑战是将它们融入液体中，这是一个把麦汁融入酒花油的问题，反之亦然。”

这就是为什么奇卢尔佐警告酿酒师不要把湿酒花装进拉紧的酒花袋子里，

因为这可能减少酒花与麦汁的接触，他还建议酿酒师可以明智地缩短煮沸时间。坦白地说，当煮沸锅有正常数量的麦汁后，不要再添加酒花。

北半球收获爱尔啤酒

原麦汁浓度：16.6°P（1.069）。

最终麦汁浓度：4°P（1.016）。

国际苦味值（IBU）：65IBU。

酒精含量（ABV）：6.7%。

谷物清单：

88% 的二棱浅色麦芽。

12%的英国焦香麦芽（65°L）。

糖化：

钙含量150mg/L；硫酸盐含量300mg/L；氯化物含量30mg/L。68℃进行糖化。

酒花：

（均为湿重，湿重是干重的8倍）

添加新鲜采摘的湿卡斯卡特酒花，2lb/桶（0.91kg/桶），煮沸100min；

添加新鲜采摘的湿世纪酒花，3lb/桶（1.36kg/桶），煮沸100min；

添加新鲜采摘的湿卡斯卡特酒花，10oz/桶（283.5g/桶），煮沸20min；

添加新鲜采摘的湿世纪酒花，10oz/桶（283.5g/桶），煮沸20min；

煮沸结束时，添加新鲜采摘的湿卡斯卡特酒花，1lb/桶（0.45kg/桶）；

煮沸结束时，添加新鲜采摘的湿世纪酒花，1lb/桶（0.45kg/桶）。

煮沸：100min

酵母：加利福尼亚爱尔酵母

发酵：17℃接种酵母，随后升温至20℃，并维持此温度7天。转至后发酵罐，温度维持在20℃，保持5天。在发酵的第14天时（前发酵7天，后发酵7天），缓慢降温至3℃。

包装：灌装时，在瓶中添加新鲜的加利福尼亚爱尔酵母，以使CO_2 含量达到2.5 体积（5g/L）。在18~20℃条件下，瓶内后贮10天。

10.2.13 都市栗子啤酒厂

地点：密苏里州，圣路易斯

都市栗子啤酒厂描述其啤酒是“致敬系列”或“革新系列”的成员，啤酒厂赋予饮酒者一条新思路，既可以遵循传统，也可以打破常规。联合创始人、酿酒大师Florian Kuplent使用德国麦芽和哈拉道酒花酿造了富含酒花（*Hopfen*）的啤酒。他用慕尼黑工大酵母34/70来发酵，这是一种在巴伐利亚地区广泛使用的、发酵强劲的拉格酵母，在酵母列表中属于革新类。他用德国酒花和美国人的热情干投酒花，并进行高温发酵制成此类啤酒。啤酒评价网站将其归类为美式IPA，但更准确地说，它不属于任何风格分类的啤酒。

在《世界啤酒图集》（*The World Atlas of Beer*）一书中，史蒂芬·比蒙特（Stephen Beamont）写道："以德国哈拉道酒花干投酿造的IPA赋予了啤酒一种独特的、迷人的花香，能让人想起略带水果味的浅色爱尔啤酒与芬芳的雷司令（Riesling）白葡萄酒相结合的一种风味"。

2011年，在都市栗子啤酒厂开张后不久，这家啤酒厂举办了它的第一个节日，突出了酒花特色的啤酒全部采用哈拉道地区的酒花来酿造，特邀嘉宾包括一些刚刚参加了一场啤酒酿造会议返程回家的德国酒花种植者和2011年哈拉道酒花女王克丽丝蒂娜，她看见饮酒者有的在品尝干投酒花的啤酒，有的则在饮用没有干投酒花的啤酒。她说："我喜欢酿酒师大量使用我们的酒花。"她还说："我非常喜欢突出酒花香的啤酒，但这种强烈啤酒更适合晚上饮用，现在（下午）喝一杯常规啤酒会更好。"

在接下来的几个月里，酿酒大师Kuplent也酿造了几款IPA，这几款IPA是美国人公认的啤酒。他使用了几种新型酒花品种，如海中女神酒花和美丽再续酒花。大多数情况下，这些IPA比突出酒花香的啤酒销售得更快，Kuplent说："它们是如此地遥远。"他说的是生长在海洋另一尽头的酒花，"它能够产生这些香气，你不可能从欧洲的酒花品种中获得这些香气。"

如果德国希尔酒花研究中心的安东·卢茨做出改变，研发出新的酒花品种，那么Kuplent将会选用这些酒花。

突出酒花香的啤酒

原麦汁浓度：14.3°P（1.058）。

最终麦汁浓度：3.6°P（1.014）。

国际苦味值（IBU）：55。

酒精含量（ABV）：6.2%。

谷物清单：

85% 的进口比尔森麦芽。

15% 的进口慕尼黑麦芽。

糖化：

55℃投料。

升温至62℃，保温45min。

升温至72℃，保温45min。

升温至78℃。

倒醪至过滤槽。

洗糟三次，每次洗糟水数量均等。

酒花：

添加哈拉道地区高α-酸含量的酒花品种（道如斯、哈拉道默克尔或马格努姆），煮沸90min（25IBU）。

添加哈拉道传统酒花，煮沸60min（15IBU）。

添加哈拉道中早熟酒花，煮沸15min（15IBU）。

煮沸：90min。

酵母：采用慕尼黑工大 34/70 拉格酵母，酵母细胞接种量1500万个/mL。

发酵：在15℃的条件下，进行发酵直至发酵完全，通常发酵时间为5~6天，冷却至-1℃，后熟3周。

干投酒花：

哈拉道中早熟酒花：1lb/桶（0.45kg/桶）；

哈拉道传统酒花：1lb/桶（0.45kg/桶）；

在发酵温度为15℃时，干投酒花，保持3~5天，然后给啤酒降温。

包装：CO_2含量为2.5体积（5g/L）。

10.2.14 胜利啤酒厂

地点：宾夕法尼亚州，当宁镇

在2012年早期，胜利啤酒厂进一步证明，生长在不同地区的看似“相同的”酒花，其特性也有很大区别。由于胜利啤酒厂种植了泰特昂酒花，他们对其也充满了期待，酿酒大师罗恩·巴契特（Ron Barchet）也从众多农场精选了酒花。在2011年酒花收获之后，他使用了5种单一酒花酿造了比尔森啤酒，除了泰特昂酒花外，其余品种都相同，它们来自4个不同的农场。一位农场主在几个不同的日期收获酒花，罗恩·巴契特从他那里取了两批酒花。

胜利啤酒厂策划了一个“泰特昂风情”活动，供应5种单一酒花酿造比尔森啤酒的混合品和普通啤酒，然后在啤酒厂餐厅里让饮酒者去品尝这些啤酒的区别。

罗恩·巴契特所提供的酒窖比尔森（*Kellerpils*）啤酒配方说明了一个道理，即一个看似微小的变化可能会对口味产生巨大的影响。

罗恩·巴契特说："酒窖比尔森啤酒与其对应的过滤版本相比吸附了更多酒花，酒花苦味物质会附着在残余酵母的细胞壁上，因此，酒窖比尔森啤酒比其过滤版本具有较多的苦味。在有酵母悬浮的嫩啤酒中，该酒窖比尔森啤酒苦味值明显较高。相反地，随着酒窖比尔森啤酒贮藏时间的增加，只出现较少的酵母细胞悬浮液面，与过滤版本的酒窖比尔森啤酒相比，苦味值略高。酒窖比尔森啤酒的风味与香气也有一定程度的提高。"

酒窖比尔森啤酒

原麦汁浓度：11~12°P（1.044~1.048）。

最终麦汁浓度：1.6~2.2°P（1.006~1.009）。

国际苦味值（IBU）：35~45。

酒精含量（ABV）：4.8%~5.2%。

谷物清单：

97%~100%德国二棱比尔森麦芽，中度溶解。

0~3%酸麦芽，如果需要，调节糖化醪pH在5.2~5.3。

糖化：

一次煮出糖化法。

50℃投料，稀醪糖化。

立即升温至62℃。

如果你有一个单独的煮沸锅，将25%的糖化醪导入煮沸锅中。

保温10min，然后以2℃/min的速度加热至沸。

煮沸1~3min，然后将煮沸好的糖化醪重新倒回糖化锅，此时糖化醪液的温度应为70~72℃。

在70~72℃保持15min，然后升温至77℃。

如果你没有单独的煮沸锅，可以将糖化醪液转移至过滤槽中。

将超过75%的糖化醪液转移至过滤槽，过滤槽应当预先铺上热水。

在糖化锅中，将剩下25%的糖化醪液继续糖化10min，然后以2℃/min的速度加热至沸。

煮沸1~3 min，然后将过滤槽中75%的糖化醪液再泵回糖化锅。

此时糖化醪液温度应该在70~72℃，至少需要保持15min，直至碘检正常。

升温至77℃结束糖化，然后将所有的糖化醪液倒入过滤槽，进行过滤。

酒花：

添加萨兹酒花，煮沸60min（5IBU）。

添加哈拉道中早熟酒花，煮沸60min（5IBU）。

添加泰特昂酒花，煮沸30min（10IBU）。

添加司派尔特酒花，煮沸20min（10IBU）。

添加萨兹酒花，煮沸5min（5IBU）。

添加斯拉德克酒花，煮沸5min（5IBU）。

以上添加的酒花是采用的整酒花；如果添加酒花颗粒，可以在煮沸后期添加，结果是类似的。

煮沸：煮沸时间要尽可能长，以减少DMS二甲基硫前驱体，但煮沸时间不宜太长。根据煮沸的剧烈程度和减少DMS前驱体的能力，煮沸时间通常在65~90min。若煮沸时间过长，则会增加酒体颜色，降低其风味稳定性。

酵母：在10℃的条件下，接种慕尼黑工大34/70酵母，酵母细胞接种浓度为1500万个/mL，氧含量为8mg/L 。

发酵：在10℃的条件下进行发酵，直到最终麦汁浓度为5°P（1.020），然后以1℃/d的速率缓慢降温至4℃。保持此温度，直至发酵结束，当双乙酰风味不再明显即可。降温至0℃，保持此温度2~3天。将啤酒打入后贮罐中进行后发酵，以提高成品啤酒的口味和澄清度。

包装：CO_2含量为2~2.4 体积（4~4.8g/L）。从一定意义上来讲，酒窖比尔森啤酒又可以称为“不饱和二氧化碳（*ungespundet*）”的啤酒，这在德国意味着“不突出杀口力”，由此产生了低浓度的二氧化碳含量，使得酒窖比尔森啤酒泡沫呈现奶油状，口味也更加柔和。

10.2.15 瓦娅巴赫啤酒厂

地点：宾夕法尼亚州，伊斯顿

1998年，宾夕法尼亚州的瓦娅巴赫啤酒厂介绍了一款使用7种酒花混合酿成的啤酒，当时这款啤酒有着令人震惊的芳香和苦味。12年之后，创始人丹（Dan Weirback）坦率地谈到了酒花浸渍印度浅色爱尔（*Hops Infusion India Pale Ale*）啤酒的配方。他说：“我的嗅觉有问题。在一些生啤酒中，我无法知道是使用了哪几种酒花，在我们酿造的啤酒中，我真的不能识别出大部分酒花的不同，这就是为什么在酿造‘酒花浸渍印度浅色爱尔啤酒’时添加了这么多酒花的原因之一。”

2006年，他和首席酿酒师克里斯·威尔逊（Chris Wilson）重新阐述了啤酒配方。丹说：“我们需要赶超其他企业，尽管它们同属一类啤酒，但我们产品的酒花香还是较低的。”因此，他们开始寻找新的酒花品种，西姆科酒花由于其较低的合葎草酮和高含量的酒花油而引起他的注意。最终，西姆科酒花成为双料西姆科IPA啤酒的核心酒花，双料西姆科IPA啤酒是一款酒精含量为9%的啤酒，在它不像今天这样受欢迎的时候，它把人们的注意力引向了酒花。这款啤酒也是瓦娅巴赫啤酒厂排名第三的畅销货，超越了来自比利时灵感的三料啤酒和大麦酒。

“禁售（德语*Verboten*）”啤酒是一款完全不同的啤酒，这是威尔逊首次酿造的一系列名叫“Alpha”的啤酒中的一款，该计划是通过北大西洋公约组织（NATO，简称北约）公司（Alphabeta）做的。威尔逊说：“我们感到很惊讶，公司规模越来越大，啤酒并不强烈，但它们确实有很多风味，有些风味也是我们的顾客在寻找的。”

最初，瓦娅巴赫啤酒厂将“禁售”啤酒命名为*Zotten*（荷兰语，傻瓜之意）啤酒，并将其作为季节啤酒推出。但由于啤酒名字类似，比利时一家啤酒厂投诉，这时瓦娅巴赫啤酒厂才将它命名为“禁售”啤酒。

自从2006年 Achouffe啤酒厂发售了酒花双料IPA三料（*Houblon Dobbelen IPA Tripel*）啤酒以来，以比利时酵母与美国酒花品种酿造的啤酒大受欢迎，啤酒中含有大量的美国酒花。然而，并不是所有的酿酒师或饮酒者都认为这是一个很好的组合。“禁售”啤酒平衡了酵母的水果酯香和些许的辛香酚味，并带有多汁的柑橘味香气和风味，且平衡得很好，这很难让人认为这种组合应该被禁止。

禁售啤酒

原麦汁浓度：15 °P（1.061）。

最终麦汁浓度：4.0 °P（1.016）。

国际苦味值（IBU）：45。

酒精含量（ABV）：5.9%。

谷物清单：

75% Muntons 浅色麦芽。

15%小麦麦芽。

10% 浅色焦香麦芽（或者使用其他的浅色结晶麦芽）。

糖化：

65℃的条件下，糖化 60min。

酒花：

添加世纪酒花，煮沸60min（45IBU）。

在回旋沉淀槽，添加卡斯卡特颗粒酒花，0.5lb/桶（0.23kg/桶），煮沸0min。

在酒花回收罐，添加卡斯卡特整枚酒花，0.5lb/桶（0.23kg/桶），煮沸0min。

煮沸：60min。

酵母：Wyeast 1214。

发酵：在22℃条件下发酵6天。在48h内，先从14.5℃降温至9℃，然后再在48h内，从9℃降温至0℃，在0℃保持6天。

包装：再添加接种酵母，进行瓶内后贮。CO_2 含量为2.9 体积（5.8g/L）。

后　记

未来已经到达，那么未来会怎么样呢

拉尔夫·奥尔森（Ralph Olson）站在雅基玛山谷外围突出的后院平台上，雅基玛山谷一览无余，左边能遥望到莫科斯，右边是卡斯卡特山脉。他心中则另有所想，于是谈到了在多沙的土壤中种植的酒花α-酸含量较高的事，同时也评价了农场主的相关收获技巧。

2011年，拉尔夫·奥尔森在销售酒花行业工作了35年之后，他辞去了联合酒花公司首席执行官一职，但在酒花收获季节，他仍然会继续从事销售酒花的工作，每年春天他和妻子会继续邮寄酒花根茎。2000年，美国酿酒师协会给拉尔夫·奥尔森和拉尔夫·伍德尔（Ralph woodall）所在的联合酒花公司颁发年度表彰奖，毫不奇怪的是，许多业内人士称他们为“拉尔夫兄弟”。如今，雅基玛山谷的所有酒花商都与小型啤酒厂和家酿者建立了紧密的联系，但在20世纪80年代初，情况却并非如此。

伍德尔说：“我们主要和安海斯-布希公司、康胜啤酒厂、施特罗啤酒厂（Stroh’s）、米勒啤酒厂、帕布斯特（Pabst，蓝带）啤酒有限公司、奥林匹亚（Olympia）和雷尼尔啤酒厂

（Rainier）有贸易往来”。在2010年的精酿酿酒师会议上，他站在大部分来自小型啤酒厂的酿酒师们旁边，人们聚集在联合酒花公司展台周围，一些人问出最基本的问题，另一些人则问有关于新品种的非常复杂的问题。

2011年，随着收获接近尾声，奥尔森手握加入酒花的啤酒，坐在庭院中。每一个酒花品种都至少有一个故事，而其中一则故事阐明了最近“特别的”香气是如何变得与众不同的。

1974年，通过杂交产生了一株名为W415-90的幼苗。到了20世纪80年代中期，这株酒花在酒花研究委员会的田间进行了试验。奥尔森说：“我们正在与酒花种植者进行会谈，讨论是否应该增加W415-90的种植面积，但是没有大型啤酒厂对这个品种表现出兴趣。那时我站起来说，不希望看到我们就此放弃它，但又有一些精酿啤酒师对这个品种感兴趣，另一个经销商问，是否我们要支付整个项目的费用?”

种植者投票决定中止W415-90酒花品种的试验。奥尔森说：“我去找种植W415-90酒花品种的农场主，告诉他我们会更改酒花品种的名字，然后继续种植，”奥尔森给这个品种起了个新名字CFJ- 90，并以这个名字继续销售。奥尔森说：“我开始紧张起来，因为这个酒花品种越来越受欢迎，我们的种植已达到10英亩（$0.04km^2$）的种植面积，我不得不去普罗瑟（Prosser，美国农业部在华盛顿的酒花研究站），并向他们坦白CFJ- 90型酒花的现状，我曾经告诉他们［特别是史蒂夫·肯尼（Steve Kenny）］，我不知道该怎么办，史蒂夫·肯尼笑着说：“让我们给这个‘混蛋’取一个名字吧。”

1989年，华盛顿州庆祝建州100周年，因此他们将该酒花命名为世纪酒花。在最近的2005年，农场主仍然种植了100英亩（$0.4km^2$）的世纪酒花，这一需求反映了IPA销量的增长（大多数饮用者喜欢使用“印度浅色爱尔”的首字母缩写IPA来称呼它们，不喜欢使用“印度浅色爱尔”啤酒的全称）。捷克共和国酒花种植者联合会的经理兹德涅克·罗萨（Zdeněk Rosa）坦白地说：“这种香气独一无二，到目前为止，我们认为这种风味酒花的风味并不适合酿造，对我们而言，这种味道是异味。”

如今，世纪酒花在这类快速增长的啤酒类型中担任着重要角色，这类快速增长的啤酒包括：拉格尼塔斯印度浅色爱尔（*Lagunitas IPA*）、贝尔双心鱼爱尔（*Bell's Two-Hearted Ale*）和大熊共和国赛车5号印度浅色爱尔（*Racer 5 IPA*）。2010—2011年，华盛顿的农场主大部分都在种植世纪酒花，种植面积从357英亩（$1.44km^2$）到641英亩（$2.6km^2$），产量从2010年的639400lb（2.9×10^2t）

增加到899400lb（4.1×10^2t），增长了将近40%的产量，这几乎完美地反映了2011年IPA的销量比2010年增长了41%。

没有人预测这种增长，也没有人有信心说这种增长会持续多久。就在2008年年初，浅色爱尔啤酒是超市里最畅销的精酿啤酒，其次是琥珀爱尔啤酒、琥珀拉格啤酒、小麦啤酒，然后是IPA。在2007年年底至2011年年底的4年间，IPA销量增长了260%，成为精酿啤酒中的第一名。一些出现在《美国酒花文化》（*Culture in the United States*）的评论，明显出自于英国人之口，从数据推断出来的结果可能是自欺欺人的。

作者写到："酿酒行业受到了时尚行业的影响，在时尚流行的不同时期，对啤酒类型和描述的调查报告显示，时尚与我们的贸易有一定的关系。"他描述了啤酒的变化要追溯到酒花成为一种基本原料之前，并考虑了下一步在英国会发生什么变化。"我们不会进一步提及引入贮藏啤酒对这个国家（英国）的威胁，时尚也不需要一些奇怪的思维，对酿酒师而言，只需要对各种要发生的事情做好预判[1]。"

实际上，在有利可图的小型市场中，这些新奇的酒花仍然是流行的，但是在一个足够大的大型市场中，这些新型酒花或许已经不再那么流行了。数据显示，2011年，尽管美国精酿啤酒的产量增加了130万桶，但是美国啤酒总产量减少了约460万桶。一项美国酿酒师协会成员的调查显示，2011年，每桶啤酒大约使用了1lb（0.45kg）的酒花，所以他们至少需要额外的130万lb（5.9×10^5kg）的酒花，可能更多的是考虑使用干投酒花酿造IPA。实际上，所有不属于精酿啤酒的啤酒，其产量下降了590万桶。如果酿造者在每桶啤酒中使用2oz（56.7g）酒花，据理推测，将不会达到75万lb（3.4×10^5kg）的酒花。尽管美国啤酒生产总量在下降，但是美国酒花的使用量却在增加。

就在五年前，酒花供应链看起来还大不相同。在2007年，全球范围的酒花短缺导致酒花价格飞涨，这是30多年来第一次戏剧性的增长。当时，欧洲的酒花种植区域被疾病所侵袭，这也是发布卡斯卡特酒花的原因之一。第二年，国际酿酒巨头安海斯-布希和英博合并为百威英博（A-B Inbev），之后百威英博取消或减少了许多远期合同。

百威英博向农场主提供了大量资金，其目的主要是在合同的基础上，希望农场主们不要随意增加或减少酒花的数量。德国农场主在一年内将哈拉道中早熟酒花产量削减了一半，而在俄勒冈州和华盛顿州，威廉麦特酒花的种植面积从2008年的7257英亩（$29.4km^2$）下降到2012年的1256英亩（$5.08km^2$）。

用单一酒花酿造，还是用 2012 种酒花酿造？

含单一酒花的啤酒不再难以寻找。

在英国，马斯顿斯啤酒厂酿造了一系列单一酒花啤酒。在 2012 年这一年里，平均每个月酿造出一款啤酒，采用来自 9 个不同国家的酒花，不仅包括作为地方品种生长的萨兹酒花，也包括最近刚推向市场的新西兰等候铁树酒花。

2011 年，丹麦美奇乐——“吉普赛”啤酒厂推出了 19 款单一酒花啤酒，每一款啤酒都使用了相同数量的酒花，采用低 α- 酸酒花（如哈拉道中早熟）酿造出的啤酒具有柔和的口味，采用高 α- 酸的酒花品种酿出的啤酒不但有一定苦味，也有一定的芳香味。

对于当地啤酒厂和啤酒吧的饮用者来说，这个名单还在继续扩大。

与上述名单相反，英国大约克郡啤酒厂使用了 2012 种酒花酿造了一款名为“Top of the Hops 2012”的啤酒，这些酒花都是 Wye 学院酒花有限公司试验失败的品种。啤酒厂主任乔安妮 · 泰勒（Joanne Taylor）说，啤酒厂想支持彼得 · 达尔比的研究，说：“我们不能捐钱，但我们认为可以合作的一个很好的方式就是从他那里买酒花，酿造一种有特色的啤酒。”这些混合的酒花包括：低架杆酒花、抗蚜虫类酒花、含俄罗斯和南非血统的酒花、富格尔酒花以及其他英国品种衍生出来的酒花。

在雅基玛县东部边缘的西格尔牧场上，约翰 · 西格尔（John Segal）说：“我们太墨守成规了。”他已故的父亲，也叫约翰，在为百威英博保留一块试验田之前，已为他们种植了30年酒花，他买断了这块土地，并让威廉麦特酒花处于休眠状态。当他参加2009年精酿啤酒会议时，他只知道铁锚酿造有限公司，不知道其他的精酿啤酒厂，因为在1974年，他父亲第一次把卡斯卡特酒花卖给了这家啤酒厂，尽管如此，他还致力于寻找其他精酿啤酒厂的客户。

约翰 · 西格尔所言与精酿啤酒师说的差不多，西格尔牧场牌子背面写着一句话，所有的酒花质量都很好，其中一些酒花的质量更好。在酒花质量团队向其他农场主发放相应标语之前，镶有“请记住酒花是一种食物”的标语已在西格尔牧场悬挂很长时间了。约翰 · 西格尔强调要让员工关注干燥酒花和酒花油含量的问题，他说：“这最终取决于对酒花摩擦时散发的香味。”西格尔在2009

年种植了83英亩（0.34km^2）的酒花、2010年种植了190英亩（0.77km^2）、2011年种植了290英亩（1.17km^2）、2012年种植了390英亩（1.58km^2）酒花，他已将自己全部的财产都投入到酒花种植上去了。

2012年，我们经历了从富含α-酸酒花到重点突出香气酒花的快速转变，这种转变速度甚至比阿莱克斯·巴斯（Alex Barth）在年初时预测的还要快，美国酿酒师通常在煮沸后期和后发酵时添加酒花（例如西姆科酒花和奇努克酒花），这种酒花的种植面积从2011年的32%增长到2012年的40%，其中还包括一些需求量较高、具有专利权的特色香型酒花（例如世纪酒花和奇努克），二者的种植面积分别增长了93%和73%。

种植者知道酿酒师想要比几年前更好的酒花品种，一方面是因为更多的酿酒公司了解到未来合同的重要性，另一方面应该是加强了彼此的沟通。2007年和2008年的酒花短缺是由各种环境因素共同造成的，包括自然灾害和行业快速整合导致的全球库存管理不善，这种短缺的出现也是因为许多啤酒厂并没有按照他们的需要来预订酒花，而是选择在市场进行现货交易。由于酒花价格降低，农场主减少了种植面积，酒花的剩余量在减少，因此不需要太多的时间就能引发酒花短缺。对于那些没有和酒花农场签订合同的啤酒厂或个人来说，酒花的价格实在是太昂贵了，不足为奇的是，啤酒厂以承包未来酒花交货的方式做出了回应，但要签订合同并不那么简单，还有一些关键因素：（1）很容易迅速增加想要酒花品种的种植面积；（2）合同不能保证最低价格；（3）合同确实可以确保交货，很少有不交货的情况发生。

新西兰的酒花代理人道格·多兰（Doug Donelan）指出，新西兰尼尔森苏文酒花就是一个例子。他在一封电子邮件中写道："我们种植了90吨（不到20万镑，在2011年的产量不到西楚酒花产量的一半），所有这些都是提前售出的。酿酒商应该重新考虑他们的购买方式，因为之前他们都是在现货市场通过现买的方式来购买他们所需要的大量酒花。在过去的几年里，新西兰尼尔森苏文酒花一直在扩大种植面积，并将在可预见的未来继续扩大种植面积，酒花不是你打开水龙头就能得到的东西。"为了让农场主提前做种植计划，酿酒商也必须提前做计划。

伦敦富勒啤酒厂酿造主任约翰·基林说："如果你坚持旧的做事方式，世界将会超越你，1947年的饮酒者与现在的饮酒者是不同的。"富勒啤酒厂的酒花添加量已经超过了英国传统酒花的添加比例，尤其是哥尔丁酒花。2011年他还酿造了一种加有西楚酒花和新西兰尼尔森苏文酒花的啤酒，只在自己的酒吧里小批量销售，很快就抢售一空。2012年，该厂使用了大量的美国自由酒花、威廉麦特酒花、卡斯卡特酒花和奇努克酒花酿造了一款名为“狂野之河（Wild River）”的浅色爱尔啤酒，这款啤酒采用干投酒花技术酿造而成。

基林说：“酒花也要适应市场，因为不同的场合要喝不同的啤酒。啤酒已经不仅仅是去酒吧喝三品脱的啤酒了，你不可能只用哥尔丁酒花酿造啤酒。”

选择的酒花不一定是非常出名的品种。富勒啤酒厂将哈拉道中早熟酒花的后代自由酒花和萨兹酒花添加到以小麦麦芽和大麦麦芽制备的麦汁中，基林说：“研究发现，酒花反映了精酿啤酒的发展，由麦芽所产生的差别可以忽略不计，这有区别吗？有人能看出区别吗？对饮酒者而言，很容易辨别出哥尔丁酒花和卡斯卡特酒花的区别。”

波西米亚酒花公司的董事长罗萨（Rosa）说：“从遗传角度来看，种植在捷克的萨兹酒花和其他种类的酒花具有紧密的关联，这些酒花的区别也同样明显，这些品种也容易受到环境、地方土壤、日照长度等的影响。”

新格拉鲁斯酿造有限公司的丹·凯里用非常简洁的语言描述了地方品种，如萨兹酒花和哈拉道中早熟酒花。他说：“它们尝起来像啤酒，当你在啤酒中添加它们时，尝起来更像啤酒。”

萨兹酒花的产量占捷克总酒花产量的83%，2011年捷克种植“香型”酒花的面积比整个美国种植的还要多。罗萨说：“萨兹酒花已经有大约1000年的历史了，现在仍然活跃在如今的酿酒界。”丹·凯里举起左手，手心向上，举到与肩平齐，好像手里举着一个球果，他没有一丝傲慢地说道：“我们有一些完美的酒花品种。”

尽管如此，在一个不断变化的世界里，捷克人也在改变，他们发布新的酒花品种，并与英国的皮特·达尔比合作，开发适合低架杆生长的酒花品种，他们使用分子标记的方法确定了基因在染色体中的位置，并发现了可以作为遗传资源的野生型酒花。与各地的酒花科学家一样，他们也专注于发现酒花的非酿造用途。

20年前，70%的捷克酒花以整酒花售出，而现在整酒花的售出量只有4%。一半是90型颗粒酒花，另一半是45型颗粒酒花，只有少量的阿格纳斯酒花被送到德国制作酒花浸膏或酒花油。现在大约只有135名农场主，其中101人是种植者联盟的成员，其中一半的人只有很小的农场，另一半人有150~750英亩（0.61~3km^2）不等的农场。

罗萨的父亲种植了酒花，他的爷爷不仅种植了酒花，还参与了研究。年轻时，罗萨在收获期间负责酒花干燥炉，他记得有数百名外来人员会出现在他的村子里，他说道："我知道家族企业的方方面面，包括把酒花采摘器倒置等，今天你注意到了拖拉机，但你没有注意到新来的人。"

2011年夏天，整个扎泰茨显得异常潮湿，以至于推迟了其他农作物的收割，当酒花采摘完毕之后，那些种植了很多作物的农场主才离开。在这个特殊的早晨，罗萨一直在和农场主们交谈，告诉他们需要进入不太泥泞的酒花田。植物保护主管约瑟夫解释说，这些酒花的α-酸含量较高，但是霜霉病将很快就是一个威胁。

不管科学家们发现多少种酒花分析方法，它仍然是一种农产品。只有一小部分的啤酒爱好者会注意酒花，然而，它们可能只是啤酒厂的几株装饰性蔓生植物。但那些每天与酒花打交道的人，其中包括酿酒师和农场主，在谈论到"被酒花划伤"时都非常严肃，这里有三个例子：

（1）在新墨西哥州的阿比丘（Abiquiu）沙漠的北部有一家基督教修道院，修道院庭院中种植有酒花，但不清楚是什么品种。其中有些品种来自Embudo附近的托德县，它们是由托德贝茨酒花的根茎繁衍而来，应该是美国的野生酒花。修道士与附近一家啤酒厂签订合约酿造修道士爱尔啤酒（Monks' Ale）、修道士白啤酒（Monks' Wit）和修道士三料啤酒（Monks' Tripel），并在几个州销售。只有修道士三料啤酒是用修道院的酒花酿造而成的，修道士花钱建造了一个小型的太阳能啤酒厂，修道院种植的酒花最终在这里被酿成啤酒。

阿博特·菲利普（Abbot Philip）和布拉泽·克里斯蒂（Brother Christian）在俄勒冈州的天使山开始了他们的修道院生活，阿博特·菲利普是修道院院长，而布拉泽·克里斯蒂时常在公共场合代表啤酒厂出席一系列活动，他们深情地谈论着在修道院里能够俯瞰到田地里打包好的成捆酒花。阿博特·菲利普在一封电子邮件中分享了他的想法：

"1964年8月我进入修道院，1965年的夏天第一次接触到酒花，我是在酒花收获后加工酒花的修道士之一，我们的年轻修道士都希望在那里工作。那时候我不知道酒花是什么，但我知道酒花为修道院带来了很好的收入，能帮助我们受到教育，因此种植酒花被我们视为神圣的职业。"

"第二年，在1966年，我成为了酒花团队的主管，因为我能够组织年轻的修道士相互配合，并且很擅长打包酒花，这是一个很累的工作，需要消耗大量的体能。我们工作速度越快，我们就能越早完成工作。”

“我们当时有最先进的打包机，两个修道士在楼上工作，用一大块胶合板把酒花推到打包机里，我们每天都要估算出200lb（90.8kg）重的包装需要多少酒花，这是因为酒花的湿度在每天都是不一样的。”

“直到1973年，我一直都是酒花打包的部门主管，我喜欢这种类型的工作，因为需要消耗很多的体能。”

“在这一季酒花打包快要结束时，我们这些打包酒花的人都非常累，但是却很开心，因为我们做了个好工作。我们的衣服都坏掉了不能再穿了，所以当一季酒花打包的工作结束后我们就会把衣服扔掉。”

“作为一个年轻的修道士，这对我来说是一个很好的工作，这也是我早期修道院生活的美好回忆之一。”

（2）2012年春天，凯文（Kevin）、奎恩（Meghann Quinn）和奎恩的弟弟凯文·史密斯（Kevin Smith）在莫科斯洛夫斯特大型农场的第41号田地里拆下了酒花架杆，为他们的拆包机公司腾出空间。奎恩咧嘴笑着，轻轻拍了拍另一个兄弟现任洛夫斯特大型农场副总裁的帕特里克·史密斯（Patrick Smith）的肩膀，说道：“他们已经告诉了我们，所以我们不会在酒花上做任何特别的交易。”

他们的父亲，迈克·史密斯（Mike Smith）是第三代酒花农场主。奎恩说：“大约八年前，那时我和丈夫刚刚在约会，我把我的想法告诉了爸爸，”他却说，“这是我听过的最糟糕的主意。”时代和机会改变了，雅基玛山谷里有许多葡萄园和品酒室，被酒花田包围的啤酒厂也相得益彰。

当洛夫斯特大型农场与百威英博合同到期后，农场为酿酒师们种植了更多的酒花，帕特里克·史密斯说：“我们种植的酒花，其中80%用来酿造精酿啤酒，这是一个冒险的策略吗？我们已经和这个行业联系在一起了。”甚至在酒花质量团队制定研究某项课题之前，史密斯也进行了自己的实验，并邀请酿酒师对结果进行了评估，而这个课题名称就是：降低酒花干燥温度会带来怎样的影响？

（3）在泰特昂周边的本特尔农场，格奥尔格·本特尔（Bentele）和他的家族种植了约55英亩（0.22km^2）的酒花，其中70%是泰特昂酒花。本特尔的儿子利用其1200L（约10美国桶）的酿酒间酿造啤酒，本特尔的女儿，曾经是泰特昂的酒花女王，也是第一位酿酒师。

在他们的餐馆和名为Schöre客栈啤酒厂的啤酒花园里，本特尔所提供的牛肉和猪肉都是他们自己养殖的，他们蒸馏了八种口味的烈性酒，有一些还加入了自己种的苹果。有3种未过滤的拉格啤酒（还有1种是白啤酒），但至少陈贮了两个月，大部分都陈贮了三个月，倒入杯中时，泡沫丰富，色泽明亮。当然，酒花是来自周围的酒花田。

1906年，本特尔的祖父第一次种植了一公顷的酒花，把酒花直接卖给了酿酒商，其中大多数卖给了宾夕法尼亚州的胜利啤酒厂。2008年，他种植了三英亩（$0.012km^2$）的佩勒酒花，他说这是一个错误。他解释道，他认为泰特昂的农场主只种植那些特别好的香型酒花，因为这样可以使该地区变得特殊，当然在本特尔的农场中，也种植了一些哈拉道中早熟酒花。

泰特昂酒花公司的总经理于尔根·魏什博（Jurgen Weishaupt）说："我们喜欢说我们与酒花生活在一起，"他与皇冠啤酒厂的弗里茨·陶舍尔（Fritz Tauscher）一样，参加了2011年的美国精酿啤酒师会议，对所有酒花品种的特点感到惊讶，他说道："美国的酿酒师都是酒花狂热分子。"

2010年的哈拉道酒花女王克里斯蒂娜对此印象深刻，她说："酿酒师品尝和嗅闻啤酒，嗯，啤酒中有这种酒花的味道，然后饮酒者还会谈论一些其他事，评价这种啤酒好还是不好。"

波士顿啤酒公司的大卫·格林内尔喜欢偷听那些对话。他说："这是积极的人在谈论酒花，有些人已经把他们的生命献给了酒花，我已经因经常错失良机出名了。人们会问'酒花包括什么?'我没有这个故事的简短版本。"

没有人会这么做，一个不断出现的词就是协同作用，酒花对啤酒的作用是巨大的，同时酒花所发挥的功效也是极其复杂的，协同作用也就印证了这种复杂性，这也包括了如何添加酒花以及为什么要如此添加。

圣路易斯啤酒厂的詹姆斯（James Ottolini）说："你不能只看一小部分，这就像不能试图通过听一个音符而想了解整个管弦乐队的声音一样。"

约翰·莱维斯克（John Levesque）在1836年总结酒花品质时，并没有完全理解这些品质。他写道："酒花有辛辣味、酒花有刺激性、酒花有洁净作用、酒花口味略涩、酒花助消化、酒花易被人体吸收、酒花利尿、酒花助食欲、酒花促使人体发汗。的确，酒花确实可以让人产生兴奋的感觉[2]。"

同意，酒花或许会带来兴奋的感觉，但要明白她、理解她，嗯……我们确信还没达到这一步。

参考文献

[1] Ezra Meeker, *Hop Culture in the United States* (Puyallup, Washington Territory: E. Meeker & Co., 1883), 145.

[2] John Levesque, *The Art of Brewing and Fermenting* (London: Thomas Hurst. 1836), 145–146.

参考书目

Arnold, John P. *Origin and History of Beer and Brewing From Prehistoric Times to the Beginning of Brewing Science and Technology.* Chicago: Alumni Association of the Wahl–Henius Institute of Fermen– tology, 1911. Reprint, *BeerBooks.com,* 2005.

Bailey, B., C. Schönberger, G. Drexler, A. Gahr, R. Newman, M. Pöschl, and E. Geiger. "The Influence of Hop Harvest Date on Hop Aroma in Dry–hopped Beers," *Master Brewers Association of the Americas Technical Quarterly* 46, no. 2 (2009), doi:10.1094 /TQ–46–2–0409–01.

Bamforth, Charles, ed. *Brewing: New Technologies.* Cambridge, England: Woodhead Publishing Limited, 2006.

Barth, H.J., C. Klinke, and C. Schmidt. *The Hop Atlas: The History and Geography of the Cultivated Plant.* Nuremberg, Germany: Joh. Barth & Sohn, 1994.

Beatson, R., and T. Inglis. "Development of Aroma Hop Cultivars in New Zealand," *Journal of the Institute of Brewing* 105, no. 5 (1999), 382–385.

Bennett, Judith M. *Ale, Beer, and Brewsters in England.* New York: Oxford University Press, 1996.

Bickerdyke, John. *The Curiosities of Ale Beer.* London: Swan Sonnen- schein & Co., 1889. Reprint, *BeerBooks.com,* 2005.

Borremans, Y., F. Van Opstaele, A. Van Holle, J. Van Nieuwenhove,

B. Jaskula-Goiris, J. De Clippeleer, D. Naudts, D. De Keukeleire, L. De Cooman, and G. Aerts. "Analytical and Sensory Assessment of the Flavour Stability Impact of Dry-hopping in Single-hop Beers." Poster presented at Tenth Trends in Brewing, Ghent, Belgium, 2012.

Buck, Linda. "Unraveling the Sense of Smell (Nobel lecture)." *Ange- wandte Chemie* (international edition) 44 (2005), 6128–6140.

Buhner, Stephen Harrod. *Sacred and Herbal Healing Beers.* Boulder, Colo.: Brewers Publications, 1998.

Burr, Chandler. *The Emperor of Scent.* New York: Random House, 2002. Chadwick, William. *A Practical Treatise on Brewing.* London: Whitaker & Co., 1835.

Chapman, Alfred. *The Hop and Its Constituents.* London: The Brewing Trade Review, 1905.

Clinch, George. *English Hops.* London: McCorquodale & Co., 1919.

Cook, Kim. "Who Produced Fuggle's Hops?" *Brewery History* 130 (2009).

Coppinger, Joseph. *The American Practical Brewer and Tanner.* New York: Van Winkle and Wiley, 1815. Reprint, *BeerBooks.com,* 2007.

Cornell, Martyn. *Amber, Gold, and Black: The History of Britain's Great Beers.* London: The History Press, 2010.

____. *Beer: The Story of the Pint.* London: Headline Book Publishing, 2003.

Corran, H.S. *A History of Brewing*. London: David & Charles, 1975.

Culpeper, Nicholas. *The English Physician*. Cornil, England: Peter Cole, 1652.

Darby, Peter. "The History of Hop Breeding and Development." *Brewery History* 121 (2005), 94–112.

___. "Hop Growing in England in the Twenty–First Century," *Jour- nal of the Royal Agricultural Society of England* 165 (2004). Available at *www.rase.org.uk/what-we-do/publications/journal/2004/08-67228849.pdf*.

___. "The UK Hop Breeding Programme: A New Site and New Ob– jectives." Proceedings of the Scientific Commission, International Hop Growers' Convention, Tettnang, Germany, 2008, 10–14.

Darwin, Charles. *The Movements and Habits of Climbing Plants*. Lon– don: John Murray, 1906.

Dick, Ross. "Blatz to Offer a New Beer," *Milwaukee Journal,* Aug. 15, 1955, 10.

De Keukeleire, Denis. "Fundamentals of Beer and Hop Chemistry." *Quimica Nova* 23, vol. 1 (2000), 108–112.

Deneire, Bertin. "The Hoppiest Days of My Life." Oral history, 2011, kept at the HopMuseum in Poperinge, Belgium. Available at *www.hop- museum.be/images/filelib/hopstory.pdf*.

Drexler, G., B. Bailey, C. Schönberger, A. Gahr, R. Newman, M. Pöschl, and E. Geiger. "The Influence of Harvest Date on Dry–hopped Beers," *Master Brewers Association of the Americas Technical Quarterly* 47, no. 1 (2010), doi:10.1094 /TQ–47–1–0219–01.

Ellison, Sarah. "After Making Beer Ever Lighter, Anheuser Faces a New Palate," *Wall Street Journal*, April 26, 2006.

Fink, Henry. "The Gastronomic Value of Odours," *The Contemporary Review* 50, November 1886.

Fisher, Joe and Dennis. *The Homebrewer's Garden.* Pownal, Vt.: Storey Communications, 1998.

Fleischer, R., C. Horemann, A. Schwekendiek, C. Kling, and G. Weber. "AFLP Fingerprint in Hop: Analysis of the Genetic Variability of the Tettnang Variety," *Genetic Resources and Crop Evolution* 51 (2004), 211–220.

Flint, Daniel. *Hop Culture in California.* Farmers' Bulletin No. 115. Washington, D.C: U.S. Department of Agriculture, 1900.

Forster, A., M. Bedl, B. Engelhard, A. Gahr, A. Lutz, W. Mitter, R. Schmidt, C. Schönberger. *Hopfen—vom Anbau bis zum Bier.* Nuremberg, Germany: Hans Carl, 2012.

Forster, Adrian. "What Happens to Hop Pellets During Unexpected Warm Phases?" *Brauwelt International* 2003/1, 43–46.

____. "The Quality Chain From Hops to Hop Products." Presentation at the 48th International Hop Growers Convention Congress, Canterbury, England, 2001.

Fritsch, Annette, "Hop Bittering Compounds and Their Impact on Peak Bitterness on Lager Beer." Master's thesis. Oregon State University, 2007.

Gent, D., J. Barbour, A. Dreves, D. James, R. Parker, and D. Walsh, eds. *Field Guide for Integrated Pest Management in Hops.* 2nd edition, 2010. Available at *hops.wsu.edu.*

Gilbert, Avery. *What the Nose Knows: The Science of Scent in Everyday Life.* New York: Crown Publishing, 2008.

Gimble, L., R. Romanko, B. Schwartz, and H. Eisman. *Steiner's Guide to American Hops.* Printed in United States: S.S. Steiner, 1973.

Glaser, Gregg. "The Late, Great Ballantine," *Modern Brewery Age,*

March 2000.

Grant, Bert, with Robert Spector. *The Ale Master.* Seattle: Sasquatch Books, 1998.

Green, Colin. " Comparison of Tettnanger, Saaz, Hallertau, and Fuggle Hops Grown in the USA, Australia, and Europe," *Journal of the Insti- tute of Brewing* 103, no. 4 (1997), 239–243.

Gros, J., S. Nizet, and S. Collin. "Occurrence of Odorant Polyfunc– tional Thiols in the Super Alpha Tomahawk Hop Cultivar. Comparison With the Thiol–rich Nelson Sauvin Bitter Variety," *Journal of Agricul- tural and Food Chemistry* 59, issue 16 (2011), 8853–8865.

Hall, Michael. "What' s Your IBU?" *Zymurgy,* Special 1997, 54–67.

Hanke, Stefan. " Linalool—A Key Contributor to Hop Aroma," *Master Brewers Association of the Americas—Global Emerging Issues,* November 2009.

Haseleu, G., A. Lagermann, A. Stephan, D. Intelmann, A. Dunkel, and T. Hofmann. "Quantitative Sensomics Profiling of Hop–Derived Bitter Compounds Throughout a Full–Scale Beer Manufacturing Process," *Journal of Agricultural and Food Chemistry* 58, issue 13 (2010), 7930–7939.

Haunold, Al, and G.B. Nickerson, " Development of a Hop With European Aroma Characteristics," *Journal of the American Society of Brewing Chemists* 45(1987) 146–151.

Havig, Van. " Maximizing Hop Aroma and Flavor Through Process Variables," *Master Brewers Association of the Americas Technical Quarterly* 47, no. 2 (2009), doi:10.1094/TQ–47–2–0623–01.

Hayes, J., M. Wallace, V. Knopik, D. Herbstman, L. Bartoshuk, and V. Duffy. " Allelic Variation in TAS2R Bitter Receptor Genes Associ– ates with Variation in Sensations From and Ingestive Behaviors To– ward Common Bitter Beverages in Adults," *Chemical Senses* 36, vol. 3 (2011),

311–319.

Henning, John. "USDA–ARS Hop Breeding and Genetics Program." Presentation at Winter Hops Conference, Stowe, Vt., 2011. Hertford– shire Federation of Women's Institutes. *Hertfordshire Within Living Memory.* Newbury, Berkshire, England: Countryside Books, 1993.

Herz, Rachel. *The Scent of Desire: Discovering Our Enigmatic Sense of Smell.* New York: Harper Perennial, 2008.

Hofmann, T. "The (In)stability of the Beer's Bitter Taste." Presentation at the 32nd EBC Congress, Hamburg, Germany, 2009.

Hornsey, Ian. *A History of Beer and Brewing.* Cambridge, England: Royal Society of Chemistry,2003.

Hughes, E. *A Treatise on the Brewing of Beer.* Uxbridge, England: E. Hughes, 1796.

Intelmann, D., C. Batram, C. Kuhn, G. Haseleu, W. Meyerhof, and T. Hofmann. "Three TAS2R Bitter Taste Receptors Mediate the Psycho–physical Responses to Bitter Compounds of Hops (*Humulus lupulus* L.) and Beer," *Chemical Perception* 2 (2009), 118–132.

Jackson, Michael. "The Glass of '93 Blossoms Early," *The Beer Hunter*, Oct. 1, 1997. Available at *www.beerhunter.com/documents/19133-000114.html.*

Joh. Barth & Sohn. *The Barth Report.* Nuremberg, Germany: Joh. Barth & Sohn. Issues accessed from 1911 to current. *www.barthhaasgroup.com/index.php?option=com_content&task=view&id=28&Itemid=30*

___. *The Hop Aroma Compendium,* vol. 1. Nuremberg, Germany: Joh. Barth & Sohn. 2012.

Kajiura, H., B.J. Cowart, and G.K. Beauchamp. "Early Developmental Change in Bitter Taste Responses in Human Infants," *Developmental Psychobiology* 25, issue 5 (1992), 375–386.

Kaneda, H., H. Kojima, and J. Watari. "Novel Psychological and Neuro- physical Significance of Beer Aroma, Part I: Measurement of Changes in Human Emotions During the Smelling of Hop and Ester Aromas Using a Measurement System for Brainwaves," *Journal of the American Society of Brewing Chemists* 69, no. 2 (2011), 67–74.

Kaneda, H., H. Kojima, and J. Watari. "Novel Psychological and Neu- rophysical Significance of Beer Aroma, Part II: Effects of Beer Aromas on Brainwaves Related to Changes in Human Emotions," *Journal of the American Society of Brewing Chemists* 69 no. 2 (2011), 75–80.

Keller, A., and L.B. Vosshall. "Human Olfactory Psychophysics," *Cur- rent Biology* 14, no. 20 (2004), 875–878.

Keese, G. Pomeroy. "A Glass of Beer," *Harper's New Monthly Magazine* 425 (October 1885),666-683.

Kishimoto, Toru. "Hop–Derived Odorants Contributing to the Aroma Characteristics of Beer." Doctoral dissertation. Kyoto University, 2008.

Kiyoshi, T., Y. Itoga, K. Koie, T. Kosugi, M. Shimase, Y. Katayama, Y. Na– kayama, and J. Watari. "The Contribution of Geraniol to the Citrus Flavor of Beer: Synergy of Geraniol and ß–Citronellol Under Coexistence with Excess Linalool," *Journal of the Institute of Brewing* 116, no. 3 (2010), 251–260.

Kiyoshi, T., M. Degueil, S. Shinkaruk, C. Thibon, K. Maeda, K. Ito, B. Bennetau, D. Dubourdieu, and T. Tominaga. "Identification and Characteristics of New Volatile Thiols Derived From the Hop (*Humulus lupulus* L.) Cultivar Nelson Sauvin," *Journal of Agricultural and Food Chemistry* 57, issue 6 (2009), 2493–2502.

Kollmannsberger, H., M. Biendl, and S. Nitz. "Occurrence of Glyco– sidically Bound Flavor Compounds in Hops, Hop Products, and Beer," *Brewing Science* 59 (2006), 83–89.

Krofta, K., A. Mikyška, and D. Haškov á. "Antioxidant Characteristics of Hops and Hop Products," *Journal of the Institute of Brewing* 114, no. 2 (2008), 160–166.

Laws, D.R.J. "A View on Aroma Hops," 1976 Annual Report of the Department of Hop Research, Wye College, 1977.

Lemmens, Gerard. "The Breeding and Parentage of Hop Varieties." 1998. Available at *www.brewerssupplygroup.com/FileCabinet/TheBreed- ing_Varieties.pdf.*

Levesque, John. *The Art of Brewing and Fermenting.* London: Thomas Hurst. 1836.

Lutz, A., K. Kammhuber, and E. Seigner. " New Trend in Hop Breeding at the Hop Research Center H ü ll," *Brewing Science* 65, 2012.

Lutz, Henry. *Viticulture and Brewing in the Ancient Orient.* Leipzig, Germany: J.C. Hinkrichs' sche Buchhandlung, 1922. Reprint, Apple– wood Books, 2011.

McGorrin, Robert. "Character–impact Flavor Compounds," *Sensory-Directed Flavor Analysis*. Boca Raton, Fla.: CRC Press, 2007.

McPhee, John. *Oranges*. New York: Farrar Straus and Giroux, 1967.

Marshall, William. *The Rural Economy of the Southern Counties*. London: G. Nichol, J. Robinson, and J. Debrett, 1798.

Mathias, Peter. *The Brewing Industry in England, 1700-1830.* Cam–bridge, England: Cambridge University Press, 1959. Reprint, Gregg Revivals, 1993.

Meeker, Ezra. *The Busy Life of Eighty-Five Years of Ezra Meeker.* Seattle: Ezra Meeker, 1916.

___. *Hop Culture in the United States.* Puyallup, Washington Terri– tory: E. Meeker & Co., 1883.

Morimoto, M., T. Kishimoto, M. Kobayashi, N. Yako, A. Iida, A. Wani– kawa, and Y. Kitagawa. " Effects of Bordeaux Mixture (Copper Sulfate) Treatment on Black Currant/Muscatlike Odors in Hops and

Beer," *Journal of the American Society of Brewing Chemists* 68 (2010), 30–33.

Murakami, A., P. Darby, B. Javornik, M.S.S. Pais, E. Seigner, A. Lutz, and P. Svoboda. " Molecular Phylogeny of Wild Hops, *Humulus lupulus* L," *Heredity* 97 (2006), 66–74.

Myrick, Herbert. *The Hop: Its Culture and Cure, Marketing and Manu- facture*. Springfield, Mass: Orange Judd Co., 1899.

Neve, R.A. *Hops*. London: Chapman and Hall, 1991.

Nickerson, G.B., and E.L. Van Engel. "Hop Aroma Profile and the Aroma Unit," *Journal of the American Society of Brewing Chemists* 50 (1992), 77–81.

Nielsen, Tom. "Dissecting Hop Aroma in Beer." Presentation at the Craft Brewers Conference, San Diego, 2008.

Ockert, Karl, ed. *MBAA Practical Handbook for the Specialty Brewer.* Vol. 1: *Raw Materials and Brewhouse Operations.* St. Paul, Minn.: Mas– ter Brewers Association of the Americas, 2006.

One Hundred Years of Brewing. Chicago, New York: H.S. Rich & Co., 1903. Reprint, Arno Press, 1974.

" 100–year Birth Anniversary of Doc. dr. ing. Karel Osvald (*sic*)." *www. beer.cz/chmelar/international/a-stolet.html.*

Orwell, George. "Hop–picking," *New Statesman and Nation*, Oct. 17, 1931.

Osborne, Lawrence. *Accidental Connoisseur*. New York: North Point Press, 2004.

Patzak, J., V. Nesvadba, A. Henychova, and K. Krofta. "Assessment of the Genetic Diversity of Wild Hops (*Humulus lupulus* L.) in Europe Using Chemical and Molecular Markers," *Biochemical Systematics and Ecology* 38 (2010), 136–145.

Patzak, J., V. Nesvadba, K. Krofta, A. Henychova, A. Marzoen, and K. Richards. "Evaluation of Genetic Variability of Wild Hops (*Humulus lupulus* L.) in Canada and the Caucasus Region by Chemical and Molecular Methods," *Genome* 53 (2010), 545–557.

Peacock, V., and M.L. Deinzer. "Chemistry of Hop Aroma in Beer," *Journal of the American Society of Brewing Chemists* 39 (1981), 136–141.

Peacock, Val. "Hop Chemistry 201." Presentation at the Craft Brewers Conference, Austin, Texas, 2007.

____. "Percent Cohumolone in Hops: Effect on Bitterness, Utilization Rate, Foam Enhancement, and Rate of Beer Staling." Presentation at Master Brewers Association of the Americas Conference, Minneapo- lis, 2011.

____. "Proper Handling, Shipping, and Storage of Hop Pellets." Presentation at Craft Brewers Conference, Chicago, 2010.

____. "The Value of Linalool in Modeling Hop Aroma in Beer," *Master Brewers Association of the Americas Technical Quarterly* 47, vol. 4 (2010), 29–32.

Percival, John. "The Hops and Its English Varieties," *Journal of the Royal Agricultural Society of England* 62 (1901), 67–95.

Praet, T., F. Van Opstaele, B. Jaskula-Goiris, G. Aerts, and L. De Cooman. "Biotransformations of Hop-derived Aroma Compounds by *Saccharomyces cerevisiae* Upon Fermentation," *Cerevisia*, vol. 36 (2012), 125–132.

Pries, F., and W. Mitter. "The Re-discovery of First Wort Hopping," *Brauwelt* (1995), 310–311, 313–315.

Probasco, G., S. Varnum, J. Perrault, and D. Hysert. "Citra—A New Special Aroma Hop Variety," *Master Brewers Association of the Americas Technical Quarterly* 47, vol. 4 (2010), 17–22.

Proust, Marcel, trans. by Lydia Davis. *In Search of Lost Time, Vol. 1: Swann's Way.* New York: Penguin Group, 2003.

Salmon, E.S. "Notes on Hops," *Journal of the South-Eastern Agricul- tural College, Wye, Kent,* no. 42 (1938), 47–59.

Salmon, E.S. "Two New Hops: 'Brewers Favorite' and 'Brewers Gold,'" *Journal of the South-Eastern Agricultural College, Wye, Kent,* no. 34 (1934), 93–106.

Schmelzle, Annette. "The Beer Aroma Wheel," *Brewing Science* 62 (2009), 26–32.

Schönberger, C., and T. Kostelecky. "125th Anniversary Review: The Role of Hops in Brewing," *Journal of the Institute of Brewing* 117, no. 3 (2011), 259–267.

Schönberger, Christina. "Bitter Is Better," *Brewing Science* 59 (2006), 56–66.

___. "Global Trends in Beer Bitterness," *Brauwelt International* 2011/1, 29-31.

___. "Why Cohumulone Is Better Than Its Reputation," *Brauwelt International* 2009/III, 158–159.

Seefelder, S., H. Ehrmaier, G. Schweizer, and E. Seigner. "Genetic Diversity and Phylogenetic Relationships Among Accessions of Hop, *Humulus lupulus*, As Determined by Amplified Fragment Length Poly-morphism Fingerprinting Compared With Pedigree Data," *Plant Breeding* 119, issue 3 (June 2000), 257–263.

Shellhammer, Thomas, ed. *Hop Flavor and Aroma: Proceedings of the 1st International Brewers Symposium.* St. Paul, Minn.: Master Brewers Association of the Americas and American Society of Brewing Chemists, 2009.

Shellhammer, Thomas. "Techniques for Measuring Bitterness in Beer." Presentation at Craft Brewers Conference, San Diego, 2012.

Shellhammer, Thomas, and Daniel Sharp. "Hops-related Research at Oregon State University." Presentation at Craft Brewers Conference, San Francisco, 2011.

Shellhammer, Thomas, D. Sharp, and P. Wolfe. "Oregon State Univer- sity Hop Research Projects." Presentation at Craft Brewers Conference, San Diego, 2012.

Shepherd, Gordon M. *Neurogastronomy: How the Brain Creates Flavor and Why It Matters.* New York: Columbia University Press, 2012.

Simmonds, P.L. *Hops: Their Cultivation, Commerce, and Uses in Various Countries*. London: E. & F.N. Spon., 1877.

Smith, D.C. "Varietal Improvement in Hops," *Year Book of Agriculture.* Washington, D.C.: Government Printing Office, 1937, 1215-1241.

Southby, E.R. *A Systematic Handbook of Practical Brewing.* London: E.R. Southby, 1885.

Spinney, Laura. "You Smell Flowers, I Smell Stale Urine," *Scientific American* 304, issue 2 (2011), 26.

Stevenson, R.J., J. Prescott, and R. Boakes. "Confusing Tastes and Smells: How Odours Can Influence the Perception of Sweet and Sour Tastes," *Chemical Senses* 24 (1999), 627-635.

Stratton, Rev. J.Y. *Hops and Hop-Pickers.* London: Society for Promoting Christian Knowledge, 1883.

Sykes, W., and A. Ling. *The Principles and Practice of Brewing.* London: Charles Griffin & Co., 1907.

Takoi, K., Y. Itoga, K. Koie, T. Kosugi, M. Shimase, Y. Katayama, Y. Nakayama, and J. Watari. "The Contribution of Geraniol Metabolism to the Citrus Flavour of Beer: Synergy of Geraniol and ß-citronellol Under Coexistence With Excess Linalool," *Journal of the Institute of Brewing* 116, no. 3 (2010), 251-260.

Techakriengkrai, I., A. Paterson, B. Taidi, and J. Piggott. "Relationships of Sensory Bitterness in Lager Beers to Iso–Alpha Acid Contents," *Journal of the Institute of Brewing* 110, no. 1 (2004), 51–56.

Thausing, Julius, A. Schwarz, and A.H. Bauer. *Theory and Practice of the Preparation of Malt and the Fabrication of Beer.* Philadelphia: Henry Carey Baird & Co., 1882. Reprint, *BeerBooks.com,* 2007.

Toupin, Alice. *MOOK-SEE, MOXIE, MOXEE: The Enchanting Moxee Valley, Its History and Development,* 1970. Available at *www.evcea.org/ evcea_about/Moxee.pdf.*

Trubeck, Amy. *The Taste of Place.* Berkeley: University of California Press, 2008.

Turin, Luca. *The Secret of Scent: Adventures in Perfume and the Science of Smell.* New York: Harper Perennial, 2007.

Unger, Richard. *Beer in the Middle Ages and Renaissance.* Philadelphia: University of Pennsylvania Press, 2004.

Van Opstaele, F., G. De Rouck, J. De Clippeleer, G. Aerts, and L. Cooman. " Analytical and Sensory Assessment of Hoppy Aroma and Bitterness of Conventionally Hopped and Advance Hopped Pilsner Beers," *Institute of Brewing & Distilling* 116, no. 4 (2010), 445–458.

Van Opstaele, F., Y. Borremans, A. Van Holle, J. Van Nieuwenhove, P. De Paepe, D. Naudts, D. De Keukeleire, G. Aerts, and L. De Cooman. " Fingerprinting of Hop Oil Constituents and Sensory Evaluation of the Essential Oil of Hop Pellets From Pure Hop Varieties and Single–hop Beers Derived Thereof." Poster presented at Tenth Trends in Brewing, Ghent, Belgium. 2012.

Vogel, E., F. Schwaiger, H. Leonhardt, and J.A. Merten. *The Practical Brewer: A Manual for the Brewing Industry.* St. Louis: Master Brewers Association of America, 1946.

Vogel, M. *On Beer: A Statistical Sketch.* London: Tribner & Co., 1874.

Wahl, Robert, and Max Henius. *American Handy Book of the Brewing, Malting, and Auxiliary Trades*. Chicago: Wahl & Henius, 1901.

Webb, Tim, and Stephen Beaumont. *The World Beer Atlas*. New York: Sterling Epicure, 2012.

Whittock, S., A. Price, N. Davies, and A. Koutoulis. " Growing Beer Flavour—A Hop Grower' s Perspective." Presentation at Institute of Brewing and Distilling Asia Pacific Section Convention, Melbourne, Australia, 2012.

Wilson, D. Gay. " Plant Remains From the Graveney Boat and the Early History of *Humulus lupulus* L. in Europe," *New Phystol* 75 (1975),627–648.

Wright, W.E. *A Handy Book for Brewers*. London: Lockwood, 1897.